建筑工程技术文件编制系列丛书

建筑节能工程施工文件一本通

王立信　主编

中国建筑工业出版社

图书在版编目（CIP）数据

建筑节能工程施工文件一本通/王立信主编. —北京：
中国建筑工业出版社，2012.4
（建筑工程技术文件编制系列丛书）
ISBN 978-7-112-14125-8

Ⅰ.①建… Ⅱ.①王… Ⅲ.①建筑-节能-工程施
工-文件-编制 Ⅳ.①TU7

中国版本图书馆 CIP 数据核字（2012）第 042115 号

　　本书是一本编制节能工程施工文件和质量验收文件的实用工具书，是一本内容齐全的节能工程施工及质量验收文件资料。施工文件部分包括设计、材料、隐蔽工程、分项工程、施工试验等；质量验收文件部分针对节能工程质量验收时必备的资料内容，阐述了节能工程质量验收、分项工程和检验批质量验收的要求与实施。完全按照专业规范逐条编制的每一份检验批验收表式，包括：通用验收表式、检查数量、检查方法和验收时应提供的核查资料及其检查方法，并附有验收有关的规范条文和图示。一册在手，即可基本解决节能工程施工和质量验收文件编制的有关问题。

＊　＊　＊

责任编辑：郭　栋
责任设计：李志立
责任校对：肖　剑　刘　钰

建筑工程技术文件编制系列丛书
建筑节能工程施工文件一本通
王立信　主编
＊
中国建筑工业出版社出版、发行（北京西郊百万庄）
各地新华书店、建筑书店经销
霸州市顺浩图文科技发展有限公司制版
北京市安泰印刷厂印刷
＊
开本：787×1092 毫米　1/16　印张：21¼　字数：527 千字
2012 年 7 月第一版　2012 年 7 月第一次印刷
定价：47.00 元
ISBN 978-7-112-14125-8
(22178)

建筑节能工程施工文件一本通
编写委员会

主　　编	王立信			
编写人员	王立信	贾翰卿	郭天翔	刘伟石
	郭晓冰	郭　彦	田云涛	段万喜
	王常丽	赵　涛	孙　宇	马　成
	王春娟	张菊花	付长宏	王　薇
	王　倩	王丽云		

建筑节能工程施工文件

依据《建筑节能工程施工质量验收规范》（GB 50411—2007）、
相关标准与规范及设计文件与资料

编　写

（1）（GB 50411－2007）基本规定第 3.4 节中的第 3.4.1
条规定：建筑节能工程为单位建筑工程的一个分部工程。

第 3.4.1 条第 4 款规定：建筑节能分项工程和检验批的验
收应单独填写验收记录，节能验收资料应单独组卷。

（2）（GB 50411－2007）规范总则第 1.0.3 条规定：建筑节
能工程中采用的工程技术文件、承包合同文件对工程质量的要
求不得低于（GB 50411－2007）的规定。

第 1.0.5 条规定：单位工程竣工验收应在建筑节能分部工
程验收合格后进行。建筑工程必须节能，节能达不到要求的建
筑工程不得验收交付使用。

目　录

第一章　建筑节能工程施工质量验收文件

第二章　建筑节能工程施工文件

第一章 建筑节能工程施工质量验收文件

1 验收实施与规定

《建筑节能工程施工质量验收规范》（GB 50411—2007）是依据国家现行法律、法规和相关标准，总结了近年来我国建筑工程中节能工程的设计、施工、验收和运行管理方面的实践经验和研究成果，借鉴了国际先进经验和做法，充分考虑了我国现阶段建筑节能的实际情况，突出了验收中的基本要求和重点，是一部涉及多专业、以达到建筑节能要求为目标的施工验收规范。其实施规定主要涵盖如下部分。

1.1 技术与管理

（1）承担建筑节能工程的施工企业应具备相应的资质；施工现场应建立相应的质量管理体系、施工质量控制和检验制度，具有相应的施工技术标准。

（2）设计变更不得降低建筑节能效果。当设计变更涉及建筑节能效果时，应经原施工图设计审查机构审查，在实施前应办理设计变更手续，并获得监理或建设单位的确认。

（3）建筑节能工程采用的新技术、新设备、新材料、新工艺，应按照有关规定进行评审、鉴定及备案。施工前应对新的或首次采用的施工工艺进行评价，并制定专门的施工技术方案。

（4）单位工程的施工组织设计应包括建筑节能工程施工内容。建筑节能工程施工前，施工单位应编制建筑节能工程施工方案并经监理（建设）单位审查批准。施工单位应对从事建筑节能工程施工作业的人员进行技术交底和必要的实际操作培训。

（5）建筑节能工程的质量检测，除《建筑节能工程施工质量验收规范》（GB 50411—2007）第14.1.5条规定的以外，应由具备资质的检测机构承担。

注：第14.1.5条：外墙节能构造的现场实体检验应在监理（建设）人员见证下实施，可委托有资质的检测机构实施，也可由施工单位实施。

1.2 材料与设备

（1）建筑节能工程使用的材料、设备等，必须符合设计要求及国家有关标准的规定。严禁使用国家明令禁止使用与淘汰的材料和设备。

（2）材料和设备进场验收应遵守下列规定：

1）对材料和设备的品种、规格、包装、外观和尺寸等进行检查验收，并应经监理工程师（建设单位代表）确认，形成相应的验收记录。

2）对材料和设备质量证明文件进行核查，并应经监理工程师（建设单位代表）确认，纳入工程技术档案。进入施工现场用于节能工程材料和设备均应具有出厂合格证、中文说明书及相关性能检测报告；定型产品和成套技术应有型式检验报告，进口材料和设备应按规定进行出入境商品检验。

3）对材料和设备应按本书第二章表 2.3.1-1 及各章的规定在施工现场抽样复验。复验应为见证取样送检。

（3）建筑节能工程使用材料的燃烧性能等级和阻燃处理，应符合设计要求和现行国家标准《高层民用建筑设计防火规范》（GB 50045）、《建筑内部装修设计防火规范》（GB 50222）和《建筑设计防火规范》（GB 50016）等的规定。

（4）建筑节能工程使用的材料应符合国家现行有关标准对材料有害物质限量的规定，不得对室内外环境造成污染。

（5）现场配制的材料，如保温浆料、聚合物砂浆等，应按设计要求或试验室给出的配合比配制。当未给出要求时，应按照施工方案和产品说明书配制。

（6）节能保温材料在施工使用时的含水率应符合设计要求、工艺要求及施工技术方案要求。当无上述要求时，节能保温材料在施工使用时的含水率不应大于正常施工环境湿度下的自然含水率，否则应采取降低含水率的措施。

1.3　施工与控制

（1）建筑节能工程应按照经审查合格的设计文件和经审查批准的施工方案施工。

（2）建筑节能工程施工前，对于采用相同建筑节能设计的房间和构造做法，应在现场采用相同材料和工艺制作样板间或样板件，经有关各方确认后方可进行施工。

（3）建筑节能工程的施工作业环境和条件，应满足相关标准和施工工艺的要求。节能保温材料不宜在雨雪天气中露天施工。

1.4　建筑节能分项工程划分

1. 建筑节能验收的划分

建筑节能工程为单位建筑工程一个分部工程。分项工程和检验批划分，应符合下列规定：

① 建筑节能分项工程划分一般情况下按《建筑节能工程施工质量验收规范》GB 50441 中第 3.4.1 第 1 条表 3.4.1（共 10 个分项工程验收项目）办理。

② 当建筑节能分项工程的工程量较大时，根据工程实际可将分项工程划分为若干个检验批进行验收。当划分有争议时，可由建设、监理、施工等各方协商进行划分。但验收项目、验收内容、验收标准和验收记录均应遵守《建筑节能工程施工质量验收规范》（GB 50441—2007）的规定。

③ 建筑节能分项工程和检验批的验收应单独填写验收记录，节能验收资料应单独组卷。

2. 建筑节能分项工程和检验批划分标准采用的名目

（1）墙体节能工程：主体结构基层；保温材料；饰面层等。

（2）幕墙节能工程：主体结构基层；隔热材料；保温材料；隔汽层；幕墙玻璃；单元式幕墙板块；通风换气系统；遮阳设施；冷凝水收集排放系统等。

（3）门窗节能工程：门窗；玻璃；遮阳设施等。

（4）屋面节能工程：基层；保温隔热层；保护层；防水层；面层等。

（5）地面节能工程：基层；保温层；保护层；面层等。

（6）采暖节能工程：系统制式；散热器；阀门与仪表；热力入口装置；保温材料；调试等。

（7）通风与空气调节节能工程：系统制式；通风与空调设备；阀门与仪表；绝热材料；调试等。

（8）空调与采暖系统的冷热源及管网节能工程：系统制式；冷热源设备；辅助设备；管网；阀门与仪表；绝热、保温材料；调试等。

（9）配电与照明节能工程：低压配电电源；照明光源、灯具；附属装置；控制功能；调试等。

（10）监测与控制节能工程：冷、热源系统的监测控制系统；空调水系统的监测控制系统；通风与空调系统的监测控制系统；监测与计量装置；供配电的监测控制系统；照明自动控制系统；综合控制系统等。

1.5   保温节能工程材料质量基本要求

（1）用于保温节能工程材料质量均应符合国家技术标准的要求，并应按标准要求的检验要求进行复验。

（2）对不断出现的新的保温材料，凡纳入国家或地方规范或规程的材料，按其规范或规程规定执行。对没有纳入国家或地方标准的材料，应按经当地建设行政主管部门批准后的企业标准执行。对没有纳入国家或地方标准又没有制订经建设行政主管部门批准的企业标准的新的保温用材料，在未经批准前不得用于工程。

（3）各地均提出有专项构造保温用材料，该保温用材料必须经建设行政主管部门批准后方可使用。

外墙外保温系统组成材料性能要求   表 1.5

检 验 项 目		性 能 要 求		试 验 方 法
		EPS 板	胶粉 EPS 颗粒保温浆料	
保温材料	密度（kg/m³）	18～22	—	GB/T 6343—2009
	干密度（kg/m³）	—	180～250	GB/T 6343—2009（70℃恒重）
	导热系数[W/(m·K)]	≤0.041	≤0.060	GB/T 10294—2008
	水蒸气渗透系数[ng/(Pa·m·s)]	符合设计要求	符合设计要求	（JGJ 144—2004）附录 A 第 A.11 节
	压缩性能（MPa）（形变 10%）	≥0.10	≥0.25（养护 28d）	GB/T 8813—2008

续表

检验项目		性能要求		试验方法
		EPS板	胶粉EPS颗粒保温浆料	
保温材料	抗拉强度 (MPa) 干燥状态	≥0.10	≥0.10	（JGJ 144—2004）附录A第A.7节
	抗拉强度 (MPa) 浸水48h，取出后干燥7d	—		
	线性收缩率（%）	—	≤0.3	GB/T 50082—2009
	尺寸稳定性（%）	≤0.3	—	GB/T 8811—2008
	软化系数		≥0.5(养护28d)	JGJ 51—2002
	燃烧性能	阻燃型		GB/T 10801.1—2002
	燃烧性能级别	—	B₁	GB 8624—2006
EPS钢丝网架板	热阻 [(m²·K)/W] 腹丝穿透型	≥0.73(50mm厚EPS板) ≥1.5(100mm厚EPS板)		（JGJ 144—2004）附录A第A.8节
	热阻 [(m²·K)/W] 腹丝非穿透型	≥1.0(50mm厚EPS板) ≥1.6(80mm厚EPS板)		
	腹丝镀锌层	符合QB/T 3897—1999规定		
抹面胶浆、抗裂砂浆、界面砂浆	与EPS板或胶粉EPS颗粒保温浆料拉伸粘结强度(MPa)	干燥状态和浸水48h后≥0.10破坏界面应位于EPS板或胶粉EPS颗粒保温浆料		（JGJ 144—2004）附录A第A.8节
饰面材料	必须与其他系统组成材料相容，应符合设计要求和相关标准规定			
锚栓	符合设计要求和相关标准规定			

1.6　对保温节能工程的基本要求

（1）保温节能工程应能适应基层的正常变形而不产生裂缝或空鼓。

（2）保温节能工程应能长期承受自重而不产生有害的变形。

（3）保温节能工程应能承受风荷载的作用而不产生破坏。

（4）保温节能工程应能耐受室外气候的长期反复作用而不产生破坏。

（5）保温节能工程在罕遇地震发生时不应从基层上脱落。

（6）高层建筑外墙外保温工程应采取防火构造措施。

（7）保温节能工程应具有防水渗透性能。

（8）保温节能工程应符合国家现行标准《民用建筑热工设计规范》（GB 50176—93）、《严寒和寒冷地区居住建筑节能设计标准》（JGJ 26—2010）、《夏热冬冷地区居住建筑节能设计标准》（JGJ 134—2010）、《夏热冬暖地区居住建筑节能设计标准》（JGJ 75—2003）。

（9）保温节能工程各组成部分应具有物理—化学稳定性。所有组成材料应彼此相容且具有防腐性。在可能受到生物侵害（鼠害、虫害等）时，保温节能工程还应具有防生物侵害性能。

（10）在正确使用和正常维护的条件下，保温节能工程的使用年限不应少于 25 年。

1.7　围护结构保温建筑构造性能要求

（1）保温工程构造应对外墙外保温系统进行耐候性检验。

（2）外墙外保温系统经耐候性试验后，不得出现饰面层起泡或剥落、保护层空鼓或脱落等破坏，不得产生渗水裂缝。具有薄抹面层的外保温系统，抹面层与保温层的拉伸粘结强度不得小于 0.1MPa，并且破坏部位应位于保温层内。

（3）对胶粉 EPS 颗粒保温浆料，外墙外保温系统进行抗拉强度检验，抗拉强度不得小于 0.1MPa，并且破坏部位不得位于各层界面。

（4）EPS 板现浇混凝土外墙外保温系统应按《外墙外保温工程技术规程》（JGJ 144—2004）附录 B 第 B.2 节规定做现场粘结强度检验。

（5）EPS（聚苯乙烯泡沫塑料）板现浇混凝土外墙外保温系统现场粘结强度不得小于 0.1MPa，并且破坏部位应位于 EPS 板内。

（6）外墙外保温系统其他性能应符合表 1.7 的规定。

（7）保温工程应对胶粘剂进行拉伸粘结强度检验。

（8）胶粘剂与水泥砂浆的拉伸粘结强度在干燥状态下不得小于 0.6MPa，浸水 48h 后不得小于 0.4MPa；与 EPS 板的拉伸粘结强度在干燥状态和浸水 48h 后均不得小于 0.1MPa，并且破坏部位应位于 EPS 板内。

（9）应按《外墙外保温工程技术规程》（JGJ 144—2004）附录 A 第 12.2 条规定对玻纤网进行耐碱拉伸断裂强力检验。

（10）玻纤网经向和纬向耐碱拉伸断裂强力均不得小于 750N/50mm，耐碱拉伸断裂强力保留率均不得小于 50%。

（11）外保温系统其他主要组成材料性能应符合表 1.5 的规定。

外墙外保温系统性能要求　　　　　　　　　　　　　表 1.7

检验项目	性　能　要　求	试验方法
抗风荷载性能	系统抗风压值 R_d 不小于风荷载设计值。 EPS 板薄抹灰外墙外保温系统、胶粉 EPS 颗粒保温浆料外墙外保温系统、EPS 板现浇混凝土外墙外保温系统和 EPS 钢丝网架板现浇混凝土外墙外保温系统安全系数 K 应不小于 1.5，机械固定 EPS 钢丝网架板外墙外保温系统安全系数 K 应不小于 2	附录 A 第 A.3 节（见 JGJ 144—2004　系统抗风荷载性能试验方法）；由设计要求值降低 1kPa 作为试验起始点
抗冲击性	建筑物首层墙面以及门窗口等易受碰撞部位：10J 级； 建筑物二层以上墙面等不易受碰撞部位：3J 级	（JGJ 144—2004）附录 A 第 A.5 节
吸水量	水中浸泡 1h，只带有抹面层和带有全部保护层的系统的吸水量均不得大于或等于 1.0kg/m²	附录 A 第 A.6 节（见 JGJ 144—2004　系统吸水量试验方法）

检验项目	性 能 要 求	试验方法
耐冻融性能	30次冻融循环后 保护层无空鼓、脱落，无渗水裂缝；保护层与保温层的拉伸粘结强度不小于0.1MPa，破坏部位应位于保温层	附录A第A.4节（见JGJ 144—2004 系统耐冻融性能试验方法）
热 阻	复合墙体热阻符合设计要求	附录A第A.9节（见JGJ 144—2004 系统热阻试验方法）
抹面层不透水性	2h不透水	附录A第A.10节（见JGJ 144—2004 抹面层不透水性试验方法）
保护层水蒸气渗透阻	符合设计要求	附录A第A.11节（见JGJ 144—2004 水蒸气渗透性能试验方法）

注：水中浸泡24h，只带有抹面层和带有全部保护层的系统的吸水量均小于0.5kg/m² 时，不检验耐冻融性能

（12）本章所规定的检验项目应为型式检验项目，型式检验报告有效期为2年。

1.8 外墙外保温施工要求

（1）除采用现浇混凝土外墙外保温系统外，外保温工程的施工应在基层施工质量验收合格后进行。

（2）除采用现浇混凝土外墙外保温系统外，外保温工程施工前，外门窗洞口应通过验收，洞口尺寸、位置应符合设计要求和质量要求门窗框或辅框应安装完毕。伸出墙面的消防梯、水落管、各种进户管线和空调器等的预埋件、连接件应安装完毕，并按外保温系统厚度留出间隙。

（3）外保温工程的施工应具备施工方案，施工人员应经过培训并经考核合格。

（4）基层应坚实、平整。保温层施工前，应进行基层处理。

（5）EPS板表面不得长期裸露，EPS板安装上墙后应及时做抹面层。

（6）薄抹面层施工时，玻纤网不得直接铺在保温层表面，不得干搭接，不得外露。

（7）外保温工程施工期间以及完工后24h内，基层及环境空气温度不应低于5℃。夏季应避免阳光暴晒。在5级以上大风天气和雨天不得施工。

（8）外保温施工各分项工程和子分部工程完工后应做好成品保护。

2 建筑节能分部工程的质量验收
（GB 50411—2007）

建筑节能分部工程质量验收应按检验批、分项工程和分部工程的次序逐一进行。

2.1 分部工程质量验收记录

1. 资料表式

建筑节能分部工程质量验收记录表　　　　　　　　　表 2.1

工程名称		结构类型		层数	
施工单位		技术部门负责人		质量部门负责人	
分包单位		分包单位负责人		分包技术负责人	
序号	分项工程名称	验收结论		监理工程师签字	备　注
1	墙体节能工程				
2	幕墙节能工程				
3	门窗节能工程				
4	屋面节能工程				
5	地面节能工程				
6	采暖节能工程				
7	通风与空调节能工程				
8	空调与采暖系统的冷热源及管网节能工程				
9	配电与照明节能工程				
10	监测与控制节能工程				
质量控制资料					
外墙节能构造现场实体检验					
外窗气密性现场实体检验					
系统节能性能检测					
验收结论					
其他参加验收人员：					
观感质量验收					
验收单位	分包单位		项目经理		年　月　日
	施工单位		项目经理		年　月　日
	设计单位		项目负责人		年　月　日
	监理(建设)单位	总监理工程师 (建设单位项目专业负责人)			年　月　日

2. 应用指导

（1）建筑节能分部工程的质量验收，应在检验批、分项工程全部验收合格的基础上，进行外墙节能构造现场实体检验，严寒、寒冷和夏热冬冷地区的外窗气密性现场实体检测，以及系统节能性能检测和系统联合试运转与调试，确认建筑节能工程质量达到验收条件后方可进行。

（2）建筑节能分部工程质量验收合格，应符合下列规定：

① 分项工程应全部合格；

② 质量控制资料应完整；

③ 外墙节能构造现场实体检验结果应符合设计要求；

④ 严寒、寒冷和夏热冬冷地区的外窗气密性现场实体检测结果应合格；

⑤ 建筑设计工程系统节能性能检测结果应合格。

注：建筑节能项目的检测，应与工程项目一起进行。试验应请建设、监理及有关方共同参加，试验后的有关资料通过审查符合要求后，可不必再进行复试。

（3）建筑节能工程验收时应对下列资料核查，并纳入竣工技术档案：

① 设计文件、图纸会审记录、设计变更和洽商；

② 主要材料、设备和构件的质量证明文件、进场检验记录、进场核查记录、进场复验报告、见证试验报告；

③ 隐蔽工程验收记录和相关图像资料；

④ 分项工程质量验收记录；必要时应核查检验批验收记录；

⑤ 建筑围护结构节能构造现场实体检验记录；

⑥ 严寒、寒冷和夏热冬冷地区的外窗气密性现场实体检测报告；

⑦ 风管及系统严密性检验记录；

⑧ 现场组装的组合式空调机组的漏风量测试记录；

⑨ 设备单机试运转及调试记录；

⑩ 系统联合试运转及调试记录；

⑪ 系统节能性能检验报告；

⑫ 其他对工程质量有影响的重要技术资料。

2.2　建筑节能分项工程质量验收汇总表

1. 资料表式

_____分项工程质量验收汇总表　　　表2.2

工程名称			结构类型		检验批数	
施工单位			项目经理		项目技术负责人	
分包单位			分包单位负责人		分包项目经理	
序号	检验批部位、区段	施工单位检查评定结果	监理（建设）单位验收结论			
1						
2						
3						
4						
5						
6						
7						
8						
9						
10						
11						
12						
13						
14						
15						
16						
17						
检查结论	项目专业技术负责人： 年　月　日		验收结论	监理工程师： （建设单位项目专业技术负责人）： 年　月　日		

2. 应用指导

（1）分项工程应按主要工种、材料、施工工艺、设备类别等进行划分。

（2）一个分项工程可以划分为一个或几个检验批来验收，检验批就是划分小了的分项工程。因此，分项工程验收实际上就是检验批验收。分项工程中的检验批验收完成了，分项工程的验收也就完成了。

（3）因为检验批是划小了的分项工程，因此，分项工程验收实际上就是检验批验收。所以，分项工程验收采取的是核查、统计和汇总的方法进行。检验批验收完成后应按其原来划分的原则，应用标准规定的分项工程验收表式对其进行核查、汇整统计，即为完成了分项工程验收；工程质量验收最小单元应当按主控项目和一般项目进行验收，因此，当分项工程划分结果为最小验收单位时，分项工程可不作汇总，该表即不付诸实施。

（4）分项工程质量应由监理工程师（建设单位项目专业技术负责人）组织项目专业技术负责人等进行验收，并按规定的表式进行记录。

（5）分项工程质量验收合格应符合下列规定：

①分项工程所含的检验批均应符合合格质量的规定。

②分项工程所含的检验批的质量验收记录应完整。

注：分项工程质量的验收应在检验批验收合格的基础上进行。

（6）因分项工程是在检验批验收合格的基础上进行，起一个归纳整理、统计的作用，如同意验收应签字确认，不同意验收应指出存在问题，明确处理意见和完成时间，但应注意以下几点：

① 分项工程质量按检验批部位、区段进行汇总验收，应检查检验批是否将整个工程覆盖，有没有漏掉的部位。

② 检查有保温隔热用混凝土、砂浆强度要求的检验批，到龄期后应检查强度是否达到设计要求和规范规定。

③ 将检验批资料依序进行登记整理。填写分项工程质量验收记录。

④ 施工单位、分包单位只填写单位名称，不盖章；项目经理、项目技术负责人、分包单位负责人、分包项目经理均本人签字，不盖章，有关人员不签字只盖章无效。

⑤ 施工单位项目专业技术负责人填写检查结论、监理工程师（建设单位项目专业技术负责人）填写验收结论，应文字简练，技术用语规范，要求用数据说明的均应有数据资料。

2.3 检验批质量验收记录

1. 资料表式

表 2.3

_____检验批质量验收记录表

工程名称		分项工程名称		验收部位	
施工单位				项目经理	
施工执行标准名称及编号				专业工长	
分包单位		分包项目经理		施工班组长	

检控项目	序号	质量验收规范规定	施工单位检查评定记录	监理（建设）单位验收记录
主控项目	1			
	2			
	3			
	4			
	5			
	6			
	7			
	8			
	9			
一般项目	1			
	2			
	3			
	4			

施工单位检查评定结果	专业工长(施工员)		施工班组长	
	项目专业质量检查员：　　　　　　　　　　　　　　　年　月　日			

监理（建设）单位验收结论	专业监理工程师： （建设单位项目专业技术负责人）：　　　　　　　年　月　日

2. 应用指导

(1) 建筑节能工程的检验批质量验收合格，应符合下列规定：

① 检验批应按主控项目和一般项目验收；

② 主控项目应全部合格；

③ 一般项目应合格；当采用计数检验时，至少应有 90% 以上的检查点合格，并且其余检查点不得有严重缺陷；

④ 应具有完整的施工操作依据和质量验收记录。

(2) 检验批质量验收记录由施工项目专业质量检查员填写，由监理工程师（建设单位项目专业技术负责人）组织项目专业质量检查员等进行验收，并且填写检验批质量验收记录。

检验批的验收，按主控项目、一般项目的条款来验收，只要这些条款达到规定后，检验批就应通过验收。

(3) 检验批质量验收要点

检验批质量验收大多数工程的内容包括：材料、设备的目测与复检状况；施工的操作规程和工艺流程的执行；成品质量等级检验结果等。

① 材料、设备的目测与复检状况：主要包括强度检测（设计或规范有试验要求时），是否经过复测，合格证的提供情况；外观质量检查，主要是外观的完整性、几何尺寸等；材料物理性能检查，检验报告提供的数量、时间、代表批量等；设备随机技术文件。

② 施工的操作规程和工艺流程的执行：主要包括操作规程及工艺流程。

③ 成品质量等级检验结果：主要包括强度检验结果；被检检验批的构造做法；外观质量状况。应按规范规定的主控项目、一般项目的所列子项的应检项目全数进行检查。

(4) 检验批验收的基本原则

① 检验批验收应按规范所列该检验批的主控项目、一般项目进行检查验收。首先，应了解清楚主控项目多少条、一般项目多少条，其中哪些条目是应检项目。应检条目必须逐一检查，不应缺漏。

② 应了解规范对每一条质量检查要求的内容是什么？条目中质量检查的要点是什么？在确认应检条目的质量要求后，按照规范要求的检查方法逐条检查。每一条目的质量检查必须认真做好记录。必须注意，一定要按规范提出的检验方法进行检查。

③ 检查结果填写：施工单位在未验收前的预验完成后填写，预验时施工单位的专业工长、施工班组长、专职质量检查员均应参加预验，并予详细、真实地记录检查结果，主要内容不得缺漏。

检验批验收由项目监理机构的专业监理工程师主持，施工单位的专业工长、施工班组长、专职质量检查员参加，专业监理工程师应认真作好验收记录。

④ 由于检验批表式中每一条目填写说明的区格较小，不可能将其检查内容逐一填入表内，要求填写的检验批验收表式应达到既能说明检查结果，又比较全面。

⑤ 检查结果的填表，有数量要求的一定要把主要的数量检查结果是否符合规范要求

填写清楚。无数量要求的条目可按检查内容综合提出符合或不符合规范要求即可。并且应技术用语规范、流畅、一目了然。必须对其检查结果进行文字整理、化简，然后将其化简汇整的检查结果填入表内。

（5）工程质量等级评定的责任制说明

① 检验批表式的检查与核查结果分别由施工单位的项目经理部和监理单位的项目监理机构的专业监理工程师完成。

② 施工单位的项目经理部填写的内容包括：工程名称、验收部位、施工单位、项目经理、分包单位、分包项目经理、施工执行标准名称及编号，主控项目和一般项目中施工单位检查评定记录和施工单位检查评定结果。

③ 监理单位的项目监理机构填写的内容包括：监理（建设）单位验收记录和监理（建设）单位验收结论。

（6）检验批验收表式中 4 项评定和验收栏的填写要求

检验批验收表式中的 4 项评定和验收栏是指：施工单位检查评定记录和评定结果栏；监理（建设）单位验收记录和验收结论栏。

① 施工单位检查评定记录栏：这一栏是检验批按条目检查时检查评定的记录栏，填写内容应满足：

A. 文字简明扼要、易懂，填写的必须是实际检查结果的记录；

B. 一般应用数据或定性词意表示；

C. 明确该条的检查结果是否符合设计或（和）规范的规定。

② 施工单位检查评定结果栏：这一栏是"施工单位对某检验批检查评定所列子项全部检查完成后，对其质量检查结果按规范要求填写的质量评定的结论性意见"。应填写："预验合格，同意验收"。"预验合格"是指施工单位已通过自检预验收，验收结果按规范要求已达到合格质量等级要求；"同意验收"是因施工单位预验后需要通过项目监理机构检查验收后才能初步确认其质量等级，故填写"同意验收"。

如果检验批检查验收条目或条目中的某一项检查按规范要求应评为不合格时，即不应进行报验，应返修达到合格要求后，重新组织验收再行报验，并且不应形成表格。

③ 监理（建设）单位验收记录栏：这一栏是项目监理机构根据施工单位提请报验的检验批，经监理工程师逐条按标准要求进行验收后，当验收结果质量等级合格时，监理工程师在其栏内填写"初验合格"；经监理工程师验收的检验批子项不合格时，可在其栏内填写"初验不合格"。对验收不合格的检验批经返工或修整达到合格标准后重新组织验收。该检验批验收资料应作为质量记录予以归存。

该栏项目监理机构的监理工程师必须填写"初验合格或不合格"，不能只填写"同意验收或不同意验收"。

④ 监理（建设）单位验收结论栏：这一栏是项目监理机构根据施工单位提请报验的检验批，经监理工程师逐条按标准要求进行验收后，对检验批验收结果的质量等级下的结论性意见，必须填写"初验合格或不合格、同意或不同意验收"，不能填写"同意验收"。因为统一标准规定项目监理机构是主持工程质量验收的，所以必须对其验收的工程质量初步确认其质量等级，不能模棱两可。

2.4 建筑节能工程质量验收的程序和组织

1.（GB 50411—2007）规范对工程质量验收的程序和组织规定

建筑节能工程质量验收的程序和组织应遵守《建筑工程施工质量验收统一标准》（GB 50300）的要求，并应符合下列规定：

（1）节能工程的检验批验收和隐蔽工程验收应由监理工程师主持，施工单位相关专业的质量检查员与施工员参加；

（2）节能分项工程验收应由监理工程师主持，施工单位项目技术负责人和相关专业的质量检查员、施工员参加；必要时可邀请设计单位相关专业的人员参加；

（3）节能分部工程验收应由总监理工程师（建设单位项目负责人）主持，施工单位项目经理、项目技术负责人和相关专业的质量检查员、施工员参加；施工单位的质量或技术负责人应参加；设计单位节能设计人员应参加。

2.（GB 50300）对工程质量验收的程序和组织规定

（1）检验批及分项工程应由监理工程师（建设单位项目技术负责人）组织施工单位项目专业质量（技术）负责人等进行验收。

（2）分部工程应由总监理工程师（建设单位项目负责人）组织施工单位项目负责人和技术、质量负责人等进行验收；地基与基础、主体结构分部工程的勘察、设计单位工程项目负责人和施工单位技术、质量部门负责人也应参加相关分部工程验收。

（3）单位工程完工后，施工单位应自行组织有关人员进行检查评定，并向建设单位提交工程验收报告。

（4）建设单位收到工程验收报告后，应由建设单位（项目）负责人组织施工（含分包单位）、设计、监理等单位（项目）负责人进行单位（子单位）工程验收。

注：单位工程竣工验收记录的形成是：各分部工程完工后，施工单位先行自检合格，项目监理机构的总监理工程师验收合格签认后，建设单位组织有关单位验收，确认满足设计和施工规范要求并签认后该表方为正式完成。

（5）单位工程有分包单位施工时，分包单位对所承包的工程项目应按《建筑工程施工质量验收统一标准》（GB 50300—2001）规定的程序检查评定，总包单位应派人参加。分包工程完成后，应将工程有关资料交总包单位。

（6）当参加验收各方对工程质量验收意见不一致时，可请当地建设行政主管部门或工程质量监督机构协调处理。

（7）单位工程质量验收合格后，建设单位应在规定时间内将工程竣工验收报告和有关文件，报建设行政管理部门备案。

3 建筑节能工程检验批验收表式与实施

【墙体节能工程检验批/分项工程质量验收记录】

墙体节能工程检验批/分项工程质量验收记录表 表 411-1

单位(子单位)工程名称				
分部(子分部)工程名称			验收部位	
施工单位			项目经理	
分包单位			分包项目经理	
施工执行标准名称及编号				

检控项目	序号	质量验收规范规定		施工单位检查评定记录	监理(建设)单位验收记录
主控项目	1	节能材料、构件品种、规格质量要求和规定	第4.2.1条		
	2	保温隔热材料的性能要求	第4.2.2条		
	3	节能保温、粘结材料进场复验性能及见证取、送样规定	第4.2.3条		
	4	严寒和寒冷地区外保温粘结材料冻融试验要求	第4.2.4条		
	5	节能工程施工前的基层处理要求	第4.2.5条		
	6	节能工程各层构造做法施工要求	第4.2.6条		
	7	墙体材料、基层与构造层结合、工艺及锚固规定	第4.2.7条		
	8	预置保温板验收及保温板安装质量要求	第4.2.8条		
	9	保温浆料同条件养护试件及其取、送检规定	第4.2.9条		
	10	节能工程各类饰面基层及面层施工规定	第4.2.10条		
	11	保温砌块墙体砂浆强度等级,水平、竖直灰缝质量要求	第4.2.11条		
	12	预制保温墙板现场安装规定	第4.2.12条		
	13	墙体设置隔汽层设计、标准及施工规定	第4.2.13条		
	14	门窗洞口、凸窗四周侧面节能保温措施要求	第4.2.14条		
	15	严寒和寒冷地区外墙热桥部位节能保温等的隔断热桥措施	第4.2.15条		
一般项目	1	保温材料、构件外观和包装设计及标准规定	第4.3.1条		
	2	加强网铺贴和搭接及砂浆抹压规定	第4.3.2条		
	3	空调房间外墙热桥隔断措施规定	第4.3.3条		
	4	墙体施工产生缺陷的技术措施要求	第4.3.4条		
	5	墙体保温板材施工的接缝严密要求	第4.3.5条		
	6	墙体保温浆料施工的厚度、接茬及其质量要求	第4.3.6条		
	7	墙体阳角、门窗洞口、不同材料基体交接及保温层防开裂措施要求	第4.3.7条		
	8	现场喷涂或模板浇注有机类保温材料施工的陈化时间要求	第4.3.8条		

施工单位检查评定结果	专业工长(施工员)		施工班组长	
	项目专业质量检查员:		年 月 日	
监理(建设)单位验收结论	专业监理工程师: (建设单位项目专业技术负责人):		年 月 日	

本表适用于采用板材、浆料、块材及预制复合墙板等墙体保温材料或构件的建筑墙体节能工程质量验收。

【检查验收时执行的规范条目】

4.1.6　墙体节能工程验收的检验批划分应符合下列规定：

（1）采用相同材料、工艺和施工做法的墙面，每 500～1000m² 面积划分为一个检验批，不足 500m² 也为一个检验批。

（2）检验批的划分也可根据与施工流程相一致且方便施工与验收的原则，由施工单位与监理（建设）单位共同商定。

1. 主控项目

第 4.2.1 条　用于墙体节能工程的材料、构件等，其品种、规格应符合设计要求和相关标准的规定。

检验方法：观察、尺量检查；核查质量证明文件。

检查数量：按进场批次，每批随机抽取 3 个试样进行检查；质量证明文件应按照其出厂检验批进行核查。

第 4.2.2 条　墙体节能工程使用的保温隔热材料，其导热系数、密度、抗压强度或压缩强度、燃烧性能应符合设计要求。

检验方法：核查质量证明文件及进场复验报告。

检查数量：全数检查。

第 4.2.3 条　墙体节能工程采用的保温材料和粘结材料等，进场时应对其下列性能进行复验，复验应为见证取样送检：

1　保温材料的导热系数、密度、抗压强度或压缩强度；

2　粘结材料的粘结强度；

3　增强网的力学性能、抗腐蚀性能。

检验方法：随机抽样送检，核查复验报告。

检查数量：同一厂家同一品种的产品，当单位工程建筑面积在 20000m² 以下时，各抽查不少于 3 次；当单位工程建筑面积在 20000m² 以上时，各抽查不少于 6 次。

第 4.2.4 条　严寒和寒冷地区外保温使用的粘结材料，其冻融试验结果应符合该地区最低气温环境的使用要求。

检验方法：核查质量证明文件。

检查数量：全数检查。

第 4.2.5 条　墙体节能工程施工前应按照设计和施工方案的要求对基层进行处理，处理后的基层应符合保温层施工方案的要求。

检验方法：对照设计和施工方案观察检查；核查隐蔽工程验收记录。

检查数量：全数检查。

第 4.2.6 条　墙体节能工程各层构造做法应符合设计要求，并应按照经过审批的施工方案施工。

检验方法：对照设计和施工方案观察检查；核查隐蔽工程验收记录。

检查数量：全数检查。

第 4.2.7 条　墙体节能工程的施工，应符合下列规定：

1　保温隔热材料的厚度必须符合设计要求。

2　保温板材与基层及各构造层之间的粘结或连接必须牢固。粘结强度和连接方式应符合设计要求。保温板材与基层的粘结强度应做现场拉拔试验。

3　保温浆料应分层施工。当采用保温浆料做外保温时。保温层与基层之间及各层之间的粘结必须牢固，不应脱层、空鼓和开裂。

4　当墙体节能工程的保温层采用预埋或后置锚固件固定时，锚固件数量、位置、锚固深度和拉拔力应符合设计要求。后置锚固件应进行锚固力现场拉拔试验。

检验方法：观察；手扳检查；保温材料厚度采用钢针插入或剖开尺量检查；粘结强度和锚固力核查试验报告；核查隐蔽工程验收记录。

检查数量：每个检验批抽查不少于3处。

第4.2.8条　外墙采用预置保温板现场浇筑混凝土墙体时，保温板的验收应符合本规范第4.2.2条的规定；保温板的安装位置应正确、接缝严密，保温板在浇筑混凝土过程中不得移位、变形，保温板表面应采取界面处理措施，与混凝土粘结应牢固。

混凝土和模板的验收，应按《混凝土结构工程施工质量验收规范》GB 50204的相关规定执行。

检验方法：观察检查；核查隐蔽工程验收记录。

检查数量：全数检查。

第4.2.9条　当外墙采用保温浆料做保温层时，应在施工中制作同条件养护试件，检测其导热系数、干密度和压缩强度。保温浆料的同条件养护试件应见证取样送检。

检验方法：核查试验报告。

检查数量：每个检验批应抽样制作同条件养护试块不少于3组。

第4.2.10条　墙体节能工程各类饰面层的基层及面层施工，应符合设计和《建筑装饰装修工程质量验收规范》GB 50210的要求，并应符合下列规定：

1　饰面层施工的基层应无脱层、空鼓和裂缝，基层应平整、洁净，含水率应符合饰面层施工的要求。

2　外墙外保温工程不宜采用粘贴饰面砖做饰面层；当采用时，其安全性与耐久性必须符合设计要求。饰面砖应做粘结强度拉拔试验，试验结果应符合设计和有关标准的规定。

3　外墙外保温工程的饰面层不得渗漏。当外墙外保温工程的饰面层采用饰面板开缝安装时，保温层表面应具有防水功能或采取其他防水措施。

4　外墙外保温层及饰面层与其他部位交接的收口处，应采取密封措施。

检验方法：观察检查；核查试验报告和隐蔽工程验收记录。

检查数量：全数检查。

第4.2.11条　保温砌块砌筑的墙体，应采用具有保温功能的砂浆砌筑。砌筑砂浆的强度等级应符合设计要求。砌体的水平灰缝饱满度不应低于90%，竖直灰缝饱满度不应低于80%。

检验方法：对照设计核查施工方案和砌筑砂浆强度试验报告。用百格网检查灰缝砂浆饱满度。

检查数量：每楼层的每个施工段至少抽查一次，每次抽查5处，每处不少于3个砌块。

第4.2.12条　采用预制保温墙板现场安装的墙体，应符合下列规定：

1　保温墙板应有型式检验报告，型式检验报告中应包含安装性能的检验；

2　保温墙板的结构性能、热工性能及与主体结构的连接方法应符合设计要求，与主体结构连接必须牢固；

3　保温墙板的板缝处理、构造节点及嵌缝做法应符合设计要求；

4　保温墙板板缝不得渗漏。

检验方法：核查型式检验报告、出厂检验报告、对照设计观察和淋水试验检查；核查隐蔽工程验收记录。

检查数量：型式检验报告、出厂检验报告全数核查；其他项目每个检验批抽查5%，并不少于3块（处）。

第4.2.13条　当设计要求在墙体内设置隔汽层时，隔汽层的位置、使用的材料及构造做法应符合设计要求和相关标准的规定。隔汽层应完整、严密，穿透隔汽层处应采取密封措施。隔汽层冷凝水排水构造应符合设计要求。

检验方法：对照设计观察检查；核查质量证明文件和隐蔽工程验收记录。

检查数量：每个检验批抽查5%，并不少于3处。

第4.2.14条　外墙或毗邻不采暖空间墙体上的门窗洞口四周的侧面，墙体上凸窗四周的侧面，应按设计要求采取节能保温措施。

　　检验方法：对照设计观察检查，必要时抽样剖开检查；核查隐蔽工程验收记录。

　　检查数量：每个检验批抽查5％，并不少于5个洞口。

第4.2.15条　严寒和寒冷地区外墙热桥部位，应按设计要求采取节能保温等隔断热桥措施。

　　检验方法：对照设计和施工方案观察检查；核查隐蔽工程验收记录。

　　检查数量：按不同热桥种类，每种抽查20％，并不少于5处。

2. 一般项目

第4.3.1条　进场节能保温材料与构件的外观和包装应完整无破损，符合设计要求和产品标准的规定。

　　检验方法：观察检查。

　　检查数量：全数检查。

第4.3.2条　当采用加强网作为防止开裂的措施时，加强网的铺贴和搭接应符合设计和施工方案的要求。砂浆抹压应密实，不得空鼓，加强网不得皱褶、外露。

　　检验方法：观察检查；核查隐蔽工程验收记录。

　　检查数量：每个检验批抽查不少于5处，每处不少于2m²。

第4.3.3条　设置空调的房间，其外墙热桥部位应按设计要求采取隔断热桥措施。

　　检验方法：对照设计和施工方案观察检查；核查隐蔽工程验收记录。

　　检查数量：按不同热桥种类，每种抽查10％，并不少于5处。

第4.3.4条　施工产生的墙体缺陷，如穿墙套管、脚手眼、孔洞等，应按照施工方案采取隔断热桥措施，不得影响墙体热工性能。

　　检验方法：对照施工方案观察检查。

　　检查数量：全数检查。

第4.3.5条　墙体保温板材接缝方法应符合施工方案要求。保温板接缝应平整严密。

　　检验方法：观察检查。

　　检查数量：每个检验批抽查10％，并不少于5处。

第4.3.6条　墙体采用保温浆料时，保温浆料层宜连续施工；保温浆料厚度应均匀、接槎应平顺密实。

　　检验方法：观察、尺量检查。

　　检查数量：每个检验批抽查10％，并不少于10处。

第4.3.7条　墙体上容易碰撞的阳角、门窗洞口及不同材料基体的交接处等特殊部位，其保温层应采取防止开裂和破损的加强措施。

　　检验方法：观察检查；核查隐蔽工程验收记录。

　　检查数量：按不同部位，每类抽查10％，并不少于5处。

第4.3.8条　采用现场喷涂或模板浇注的有机类保温材料做外保温时，有机类保温材料应达到陈化时间后方可进行下道工序施工。

　　检验方法：对照施工方案和产品说明书进行检查。

　　检查数量：全数检查。

【检验批验收应提供的核查资料】

墙体节能工程检验批/分项工程质量验收记录应提供的核查资料　　　　表 411-1a

序号	核查资料名称	核查要点
1	墙体节能工程用材料、产品合格证或质量证明书	核查资料的真实性。核查需方及供方单位名称，材料或产品名称、规格、等级、数量(质量或件数)、批号或生产日期、出厂日期、材料或产品出厂检验项目的各项检验结果和供方质检部门印记(必须符合设计和标准与规范要求)，材料或产品应用标准编号、生产许可证编号，应标明的材料或产品注意事项、材料或产品安全警语
2	墙体节能工程用材料出厂检验报告	检查内容同上，分别由厂家提供。提供的出厂检验报告的内容应符合相应标准"出厂检验项目"规定(与试验报告大体相同)
3	材料、成品、试验报告单(见证取样)	检查品种、数量、日期、材料性能，与设计、规范的符合性
4	保温、粘结材料性能试验报告单(见证取样)	检查试验报告的材料性能与设计、规范的符合性
5	保温浆料同条件养护试件试验报告单(见证取样)	检查试验报告的性能与设计、规范的符合性
6	砂浆试验报告单(见证取样)	检查试验报告的性能与设计、规范的符合性
7	砌体砂浆饱满度检查记录	检查砂浆饱满度的检查结果(水平灰缝≥90%、竖直灰缝≥80%)
8	隐蔽工程验收记录	检查隐蔽验收记录内容的完整性

注:1. 合理缺项除外;2. 表列凡有性能要求的均应符合设计和规范要求。

附:规范规定的施工"过程控制"要点

4.1 一般规定

4.1.1 本章适用于采用板材、浆料、块材及预制复合墙板等墙体保温材料或构件的建筑墙体节能工程质量验收。

4.1.2 主体结构完成后进行施工的墙体节能工程,应在基层质量验收合格后施工,施工过程中应及时进行质量检查、隐蔽工程验收和检验批验收,施工完成后应进行墙体节能分项工程验收。与主体结构同时施工的墙体节能工程,应与主体结构一同验收。

4.1.3 墙体节能工程当采用外保温定型产品或成套技术时,其型式检验报告中应包括安全性和耐候性检验。

4.1.4 墙体节能工程应对下列部位或内容进行隐蔽工程验收,并应有详细的文字记录和必要的图像资料:

　　1 保温层附着的基层及其表面处理;

　　2 保温板粘结或固定;

　　3 锚固件;

　　4 增强网铺设;

　　5 墙体热桥部位处理;

    6　预置保温板或预制保温墙板的板缝及构造节点；

    7　现场喷涂或浇注有机类保温材料的界面；

    8　被封闭的保温材料厚度；

    9　保温隔热砌块填充墙体。

4.1.5　墙体节能工程的保温材料在施工过程中应采取防潮、防水等保护措施。

4.1.6　墙体节能工程验收的检验批划分应符合下列规定：

    1　采用相同材料、工艺和施工做法的墙面，每 $500\sim1000m^2$ 面积划分为一个检验批，不足 $500m^2$ 也为一个检验批。

    2　检验批的划分也可根据与施工流程相一致且方便施工与验收的原则，由施工单位与监理(建设)单位共同商定。

【幕墙节能工程检验批/分项工程质量验收记录】

幕墙节能工程检验批/分项工程质量验收记录表　　　**表411-2**

单位(子单位)工程名称						
分部(子分部)工程名称				验收部位		
施工单位				项目经理		
分包单位				分包项目经理		
施工执行标准名称及编号						

检控项目	序号	质量验收规范规定		施工单位检查评定记录	监理(建设)单位验收记录
主控项目	1	节能材料、构件品种、规格质量要求和规定	第5.2.1条		
	2	保温隔热材料、幕墙玻璃等的性能要求	第5.2.2条		
	3	保温、粘结材料的复验及见证取样、送样规定	第5.2.3条		
	4	幕墙气密性能现场取样、试验室检测及见证取样、送样规定	第5.2.4条		
	5	幕墙用保温材料厚度及安装质量规定	第5.2.5条		
	6	遮阳设施安装位置及质量规定	第5.2.6条		
	7	幕墙热桥部位隔断措施及断热节点连接要求	第5.2.7条		
	8	幕墙隔汽层质量及节点密封措施	第5.2.8条		
	9	冷凝水收集与排放畅通并不得渗漏	第5.2.9条		
一般项目	1	镀(贴)膜、中空玻璃安装及密封要求	第5.3.1条		
	2	单元式幕墙板块组装要求	第5.3.2条		
	3	幕墙与周边墙体间接缝填充密封等的要求	第5.3.3条		
	4	伸缩缝、沉降缝、防震缝的保温或密封作法应符合设计要求	第5.3.4条		
	5	活动遮阳设施的调节机构应灵活、调节到位	第5.3.5条		

施工单位检查评定结果	专业工长(施工员)		施工班组长	
	项目专业质量检查员：　　　　　　　年　　月　　日			

监理(建设)单位验收结论	
	专业监理工程师： (建设单位项目专业技术负责人)：　　　　　年　　月　　日

本表适用于透明和非透明的各类建筑幕墙的节能工程质量验收。

【检查验收时执行的规范条目】

幕墙节能工程检验批划分，可按照《建筑装饰装修工程质量验收规范》（GB 50210）的规定执行。

1. 主控项目

第5.2.1条　用于幕墙节能工程的材料、构件等，其品种、规格应符合设计要求和相关标准的规定。

检验方法：观察、尺量检查；核查质量证明文件。

检查数量：按进场批次，每批随机抽取3个试样进行检查；质量证明文件应按照其出厂检验批进行核查。

第5.2.2条　幕墙节能工程使用的保温隔热材料，其导热系数、密度、燃烧性能应符合设计要求。幕墙玻璃的传热系数、遮阳系数、可见光透射比、中空玻璃露点应符合设计要求。

检验方法：核查质量证明文件和复验报告。

检查数量：全数核查。

第5.2.3条　幕墙节能工程使用的材料、构件等进场时，应对其下列性能进行复验，复验应为见证取样送检：

1　保温材料：导热系数、密度；

2　幕墙玻璃：可见光透射比、传热系数、遮阳系数、中空玻璃露点；

3　隔热型材：抗拉强度、抗剪强度。

检验方法：进场时抽样复验，验收时核查复验报告。

检查数量：同一厂家的同一种产品抽查不少于一组。

第5.2.4条　幕墙的气密性能应符合设计规定的等级要求。当幕墙面积大于3000m²或建筑外墙面积50％时，应现场抽取材料和配件，在检测试验室安装制作试件进行气密性能检测，检测结果应符合设计规定的等级要求。

密封条应镶嵌牢固、位置正确、对接严密。单元幕墙板块之间的密封应符合设计要求。开启扇应关闭严密。

检验方法：观察及启闭检查；核查隐蔽工程验收记录、幕墙气密性能检测报告、见证记录。

气密性能检测试件应包括幕墙的典型单元、典型拼缝、典型可开启部分。试件应按照幕墙工程施工图进行设计。试件设计应经建筑设计单位项目负责人、监理工程师同意并确认。气密性能的检测应按照国家现行有关标准的规定执行。

检查数量：核查全部质量证明文件和性能检测报告。现场观察及启闭检查按检验批抽查30％，并不少于5件（处）。气密性能检测应对一个单位工程中面积超过1000m²的每一种幕墙均抽取一个试件进行检测。

第5.2.5条　幕墙节能工程使用的保温材料，其厚度应符合设计要求，安装牢固，且不得松脱。

检验方法：对保温板或保温层采取针插法或剖开法，尺量厚度；手扳检查。

检查数量：按检验批抽查10％，并不少于5处。

第5.2.6条　遮阳设施的安装位置应满足设计要求。遮阳设施的安装应牢固。

检验方法：观察；尺量；手扳检查。

检查数量：检查全数的10％，并不少于5处；牢固程度全数检查。

第5.2.7条　幕墙工程热桥部位的隔断热桥措施应符合设计要求，断热节点的连接应牢固。

检验方法：对照幕墙节能设计文件，观察检查。

检查数量：按检验批抽查10％，并不少于5处。

第5.2.8条　幕墙隔汽层应完整、严密、位置正确，穿透隔汽层处的节点构造应采取密封措施。

检验方法：观察检查。

检查数量：按检验批抽查10％，并不少于5处。

第5.2.9条　冷凝水的收集和排放应通畅，并不得渗漏。

检验方法：通水试验、观察检查。

检查数量：按检验批抽查10％，并不少于5处。

2. 一般项目

第5.3.1条 镀（贴）膜玻璃的安装方向、位置应正确。中空玻璃应采用双道密封。中空玻璃的均压管应密封处理。

检验方法：观察；检查施工记录。

检查数量：每个检验批抽查10％，并不少于5件（处）。

第5.3.2条 单元式幕墙板块组装应符合下列要求：

1 密封条：规格正确，长度无负偏差，接缝的搭接符合设计要求；

2 保温材料：固定牢固，厚度符合设计要求；

3 隔汽层：密封完整、严密；

4 冷凝水排水系统通畅，无渗漏。

检验方法：观察检查；手扳检查；尺量；通水试验。

检查数量：每个检验批抽查10％，并不少于5件（处）。

第5.3.3条 幕墙与周边墙体间的接缝处应采用弹性闭孔材料填充饱满，并应采用耐候密封胶密封。

检验方法：观察检查。

检查数量：每个检验批抽查10％，并不少于5件（处）。

第5.3.4条 伸缩缝、沉降缝、防震缝的保温或密封做法应符合设计要求。

检验方法：对照设计文件观察检查。

检查数量：每个检验批抽查10％，并不少于10件（处）。

第5.3.5条 活动遮阳设施的调节机构应灵活，并应能调节到位。

检验方法：现场调节试验，观察检查。

检查数量：每个检验批抽查10％，并不少于10件（处）。

【检验批验收应提供的核查资料】

幕墙节能工程检验批/分项工程质量验收记录应提供的核查资料 表 411-2a

序号	核查资料名称	核查要点
1	幕墙节能工程用材料、产品合格证或质量证明书	核查资料的真实性。核查需方及供方单位名称，材料或产品名称、规格、等级、数量（质量或件数）、批号或生产日期、出厂日期、材料或产品出厂检验项目的各项检验结果和供方质检部门印记（必须符合设计和标准与规范要求），材料或产品应用标准编号、生产许可证编号，应标明的材料或产品注意事项、材料或产品安全警语
2	幕墙节能工程用材料出厂检验报告	检查内容同上，分别由厂家提供。提供的出厂检验报告的内容应符合相应标准"出厂检验项目"规定（与试验报告大体相同）
3	保温材料、玻璃、型材试验报告单	检查其材料性能与设计、规范要求的符合性
4	气密性试验报告单	检查试验报告单的性能与设计、规范要求的符合性
5	冷凝水的通水试验	检查通水试验报告的通畅性
6	遮阳设施的调节试验记录	检查调节试验记录与设计、规范的符合性
7	隐蔽工程验收记录	检查隐蔽验收记录内容的完整性
8	施工记录	检查施工记录的完整性与正确性

注：1. 合理缺项除外；2. 表列凡有性能要求的均应符合设计和规范要求；3. 相关条款要求对照设计文件进行检验时，应严格按其要求逐项进行。

附:规范规定的施工"过程控制"要点

5.1　一般规定

5.1.1　本章适用于透明和非透明的各类建筑幕墙的节能工程质量验收。

5.1.2　附着于主体结构上的隔汽层、保温层应在主体结构工程质量验收合格后施工。施工过程中应及时进行质量检查、隐蔽工程验收和检验批验收,施工完成后应进行幕墙节能分项工程验收。

5.1.3　当幕墙节能工程采用隔热型材时,隔热型材生产厂家应提供型材所使用的隔热材料的力学性能和热变形性能试验报告。

5.1.4　幕墙节能工程施工中应对下列部位或项目进行隐蔽工程验收,并应有详细的文字记录和必要的图像资料:

1　被封闭的保温材料厚度和保温材料的固定;

2　幕墙周边与墙体的接缝处保温材料的填充;

3　构造缝、结构缝;

4　隔汽层;

5　热桥部位、断热节点;

6　单元式幕墙板块间的接缝构造;

7　冷凝水收集和排放构造;

8　幕墙的通风换气装置。

5.1.5　幕墙节能工程使用的保温材料在安装过程中应采取防潮、防水等保护措施。

5.1.6　幕墙节能工程检验批划分,可按照《建筑装饰装修工程质量验收规范》(GB 50210)的规定执行。

【门窗节能工程检验批/分项工程质量验收记录】

门窗节能工程检验批/分项工程质量验收记录表   表 411-3

单位(子单位)工程名称					
分部(子分部)工程名称				验收部位	
施工单位				项目经理	
分包单位				分包项目经理	
施工执行标准名称及编号					

检控项目	序号	质量验收规范规定		施工单位检查评定记录	监理(建设)单位验收记录
主控项目	1	建筑外门窗品种、规格设计要求和标准规定	第6.2.1条		
	2	建筑外窗气密性、保温性能、中空玻璃露点、玻璃遮阳系数和可见透射比要求	第6.2.2条		
	3	建筑外窗性能复验及见证取、送检规定	第6.2.3条		
	4	建筑门窗用玻璃品种与中空玻璃双道密封规定	第6.2.4条		
	5	金属外门窗隔断热桥措施及与门窗框的措施相当规定	第6.2.5条		
	6	严寒、寒冷、夏热冬冷地区建筑外窗气密性的现场实体检验要求	第6.2.6条		
	7	外门窗框或副框与洞口间隙的填充与密封规定	第6.2.7条		
	8	严寒、寒冷地区外门安装要求及措施	第6.2.8条		
	9	外窗遮阳设施性能、尺寸及其安装要求	第6.2.9条		
	10	特种门性能要求及节能措施	第6.2.10条		
	11	天窗安装位置、坡度及嵌缝要求	第6.2.11条		
一般项目	1	门窗扇密封条的物理性能规定及安装要求	第6.3.1条		
	2	门窗镀(贴)膜玻璃安装要求与中空玻璃均压管密封	第6.3.2条		
	3	外门窗遮阳设施调节应灵活、到位	第6.3.3条		

施工单位检查评定结果	专业工长(施工员)		施工班组长	
	项目专业质量检查员： 年 月 日			

监理(建设)单位验收结论	
	专业监理工程师： (建设单位项目专业技术负责人)： 年 月 日

本表适用于建筑外门窗节能工程的质量验收，包括金属门窗、塑料门窗、木质门窗、各种复合门窗、特种门窗、天窗以及门窗玻璃安装等节能工程。

【检查验收时执行的规范条目】

6.1.5　建筑外门窗工程的检查数量应符合下列规定：

（1）建筑门窗每个检验批应抽查 5％，并不少于 3 樘，不足 3 樘时应全数检查；高层建筑的外窗，每个检验批应抽查 10％，并不少于 6 樘，不足 6 樘时应全数检查。

（2）特种门每个检验批应抽查 50％，并不少于 10 樘，不足 10 樘时应全数检查。

1. 主控项目

第 6.2.1 条　建筑外门窗的品种、规格应符合设计要求和相关标准的规定。

检验方法：观察、尺量检查；核查质量证明文件。

检查数量：按（GB 50411—2007）规范第 6.1.5 条执行；质量证明文件应按照其出厂检验批进行核查。

第 6.2.2 条　建筑外窗的气密性、保温性能、中空玻璃露点、玻璃遮阳系数和可见光透射比应符合设计要求。

检验方法：核查质量证明文件和复验报告。

检查数量：全数核查。

第 6.2.3 条　建筑外窗进入施工现场时，应按地区类别对其下列性能进行复验，复验应为见证取样送检：

1　严寒、寒冷地区：气密性、传热系数和中空玻璃露点；

2　夏热冬冷地区：气密性、传热系数、玻璃遮阳系数、可见光透射比、中空玻璃露点；

3　夏热冬暖地区：气密性、玻璃遮阳系数、可见光透射比、中空玻璃露点。

检验方法：随机抽样送检；核查复验报告。

检查数量：同一厂家同一品种同一类型的产品各抽查不少于 3 樘（件）。

第 6.2.4 条　建筑门窗采用的玻璃品种应符合设计要求。中空玻璃应采用双道密封。

检验方法：观察检查；核查质量证明文件。

检查数量：按本规范第 6.1.5 条执行。

第 6.2.5 条　金属外门窗隔断热桥措施应符合设计要求和产品标准的规定，金属副框的隔断热桥措施应与门窗框的隔断热桥措施相当。

检验方法：随机抽样，对照产品设计图纸剖开或拆开检查。

检查数量：同一厂家同一品种、类型的产品各抽查不少于 1 樘。金属副框的隔断热桥措施按检验批抽查 30％。

第 6.2.6 条　严寒、寒冷、夏热冬冷地区的建筑外窗，应对其气密性做现场实体检验，检测结果应满足设计要求。

检验方法：随机抽样现场检验。

检查数量：同一厂家同一品种、类型的产品各抽查不少于 3 樘。

第 6.2.7 条　外门窗框或副框与洞口之间的间隙应采用弹性闭孔材料填充饱满，并使用密封胶密封；外门窗框与副框之间的缝隙应使用密封胶密封。

检验方法：观察检查；核查隐蔽工程验收记录。

检查数量：全数检查。

第 6.2.8 条　严寒、寒冷地区的外门安装，应按照设计要求采取保温、密封等节能措施。

检验方法：观察检查。

检查数量：全数检查。

第 6.2.9 条　外窗遮阳设施的性能、尺寸应符合设计和产品标准要求；遮阳设施的安装应位置正确、牢固，满足安全和使用功能的要求。

检验方法：核查质量证明文件；观察、尺量、手扳检查。

检查数量：按本规范第 6.1.5 条执行；安装牢固程度全数检查。

第 6.2.10 条　特种门的性能应符合设计和产品标准要求；特种门安装中的节能措施，应符合设计要求。

检验方法：核查质量证明文件；观察、尺量检查。

检查数量：全数检查。

第 6.2.11 条　天窗安装的位置、坡度应正确，封闭严密，嵌缝处不得渗漏。

检验方法：观察、尺量检查；淋水检查。

检查数量：按本规范第 6.1.5 条执行。

2. 一般项目

第 6.3.1 条　门窗扇密封条和玻璃镶嵌的密封条，其物理性能应符合相关标准的规定。密封条安装位置应正确，镶嵌牢固，不得脱槽，接头处不得开裂。关闭门窗时密封条应接触严密。

检验方法：观察检查。

检查数量：全数检查。

第 6.3.2 条　门窗镀（贴）膜玻璃的安装方向应正确，中空玻璃的均压管应密封处理。

检验方法：观察检查。

检查数量：全数检查。

第 6.3.3 条　外门窗遮阳设施调节应灵活，能调节到位。

检验方法：现场调节试验检查。

检查数量：全数检查。

【检验批验收应提供的核查资料】

门窗节能工程检验批/分项工程质量验收记录应提供的核查资料　　表 411-3a

序号	核查资料名称	核查要点
1	门窗节能工程用材料、产品合格证或质量证明书	核查资料的真实性。核查需方及供方单位名称，材料或产品名称、规格、等级、数量（质量或件数）、批号或生产日期、出厂日期、材料或产品出厂检验项目的各项检验结果和供方质检部门印记（必须符合设计和标准与规范要求），材料或产品应用标准编号、生产许可证编号，应标明的材料或产品注意事项、材料或产品安全警语
2	门窗节能工程用材料出厂检验报告	检查内容同上，分别由厂家提供。提供的出厂检验报告的内容应符合相应标准"出厂检验项目"规定（与试验报告大体相同）
3	门窗及配件试验报告单（气密性、保温性能、中空玻璃露点、遮阳系数、光透射比）	试验单位、测试类别的内容不缺项，应符合规范规定值
4	隔断热桥措施检查记录	检查施工过程记录，应符合规范规定值
5	门窗遮阳设施调节试验记录	检查调节试验记录与设计、规范的符合性
6	气密性检验报告	试验单位、测试类别的内容不缺项，应符合规范规定值
7	隐蔽工程验收记录	检查隐蔽验收记录内容的完整性

注：1. 合理缺项除外；2. 表列凡有性能要求的均应符合设计和规范要求。

附:规范规定的施工"过程控制"要点

6.1　一般规定

6.1.1　本章适用于建筑外门窗节能工程的质量验收,包括金属门窗、塑料门窗、木质门窗、各种复合门窗、特种门窗、天窗以及门窗玻璃安装等节能工程。

6.1.2　建筑门窗进场后,应对其外观、品种、规格及附件等进行检查验收,对质量证明文件进行核查。

6.1.3　建筑外门窗工程施工中,应对门窗框与墙体接缝处的保温填充做法进行隐蔽工程验收,并应有隐蔽工程验收记录和必要的图像资料。

6.1.4　建筑外门窗工程的检验批应按下列规定划分:

　　1　同一厂家的同一品种、类型、规格的门窗及门窗玻璃每100樘划分为一个检验批,不足100樘也为一个检验批。

　　2　同一厂家的同一品种、类型和规格的特种门每50樘划分为一个检验批,不足50樘也为一个检验批。

　　3　对于异形或有特殊要求的门窗,检验批的划分应根据其特点和数量,由监理(建设)单位和施工单位协商确定。

6.1.5　建筑外门窗工程的检查数量应符合下列规定:

　　1　建筑门窗每个检验批应抽查5%,并不少于3樘,不足3樘时应全数检查;高层建筑的外窗,每个检验批应抽查10%,并不少于6樘,不足6樘时应全数检查。

　　2　特种门每个检验批应抽查50%,并不少于10樘,不足10樘时应全数检查。

【屋面节能工程检验批/分项工程质量验收记录】

屋面节能工程检验批/分项工程质量验收记录表　　　　　表 411-4

单位(子单位)工程名称					
分部(子分部)工程名称				验收部位	
施工单位				项目经理	
分包单位				分包项目经理	
施工执行标准名称及编号					

检控项目	序号	质量验收规范规定		施工单位检查评定记录	监理(建设)单位验收记录
主控项目	1	节能保温材料、品种、规格要求和规定	第7.2.1条		
	2	节能保温隔热材料性能应符合设计要求	第7.2.2条		
	3	节能保温隔热材料进场复验及见证取、送检规定	第7.2.3条		
	4	保温隔热层敷设方式、厚度、缝隙填充质量、热桥部位保温隔热做法的标准规定	第7.2.4条		
	5	通风隔热架空层施工及其相关质量要求	第7.2.5条		
	6	采光屋面传热系数、遮阳系数、可见光透射比、气密性要求、节点构造做法及采光可开启部分的验收要求	第7.2.6条		
	7	采光屋面安装施工质量要求	第6.2.7条		
	8	屋面隔汽层位置及质量要求	第7.2.8条		
一般项目	1	屋面保温隔热层施工及质量要求	第7.3.1条		
	2	金属板保温夹芯屋面铺装质量要求	第7.3.2条		
	3	坡屋面、内架空屋面保温隔热层防潮保护层做法要求	第7.3.3条		
施工单位检查评定结果	专业工长(施工员)			施工班组长	
	项目专业质量检查员：　　　　　年　　月　　日				
监理(建设)单位验收结论	专业监理工程师：　(建设单位项目专业技术负责人)：　　　　年　　月　　日				

本表适用于建筑屋面节能工程，包括采用松散保温材料、现浇保温材料、喷涂保温材料、板材、块材等保温隔热材料的屋面节能工程的质量验收。

【检查验收时执行的规范条目】

1. 主控项目

第7.2.1条 用于屋面节能工程的保温隔热材料，其品种、规格应符合设计要求和相关标准的规定。

检验方法：观察、尺量检查；核查质量证明文件。

检查数量：按进场批次，每批随机抽取3个试样进行检查；质量证明文件应按照其出厂检验批进行核查。

第7.2.2条 屋面节能工程使用的保温隔热材料，其导热系数、密度、抗压强度或压缩强度、燃烧性能应符合设计要求。

检验方法：核查质量证明文件及进场复验报告。

检查数量：全数检查。

第7.2.3条 屋面节能工程使用的保温隔热材料，进场时应对其导热系数、密度、抗压强度或压缩强度、燃烧性能进行复验，复验应为见证取样送检。

检验方法：随机抽样送检，核查复验报告。   检查数量：同一厂家同一品种的产品各抽查不少于3组。

第7.2.4条 屋面保温隔热层的敷设方式、厚度、缝隙填充质量及屋面热桥部位的保温隔热做法，必须符合设计要求和有关标准的规定。

检验方法：观察、尺量检查。

检查数量：每100m²抽查一处，每处10m²，整个屋面抽查不得少于3处。

第7.2.5条 屋面的通风隔热架空层，其架空高度、安装方式、通风口位置及尺寸应符合设计及有关标准要求。架空层内不得有杂物。架空面层应完整，不得有断裂和露筋等缺陷。

检验方法：观察、尺量检查。

检查数量：每100m²抽查一处，每处10m²，整个屋面抽查不得少于3处。

第7.2.6条 采光屋面的传热系数、遮阳系数、可见光透射比、气密性应符合设计要求。节点的构造做法应符合设计和相关标准的要求。采光屋面的可开启部分应按本规范第6章的要求验收。

检验方法：核查质量证明文件；观察检查。   检查数量：全数检查。

第7.2.7条 采光屋面的安装应牢固，坡度正确，封闭严密，嵌缝处不得渗漏。

检验方法：观察、尺量检查；淋水检查；核查隐蔽工程验收记录。   检查数量：全数检查。

第7.2.8条 屋面的隔汽层位置应符合设计要求，隔汽层应完整、严密。

检验方法：对照设计观察检查；核查隐蔽工程验收记录。

检查数量：每100m²抽查一处，每处10m²，整个屋面抽查不得少于3处。

2. 一般项目

第7.3.1条 屋面保温隔热层应按施工方案施工，并应符合下列规定：

1 松散材料应分层敷设、按要求压实、表面平整、坡向正确；

2 现场采用喷、浇、抹等工艺施工的保温层，其配合比应计量准确，搅拌均匀、分层连续施工，表面平整，坡向正确。

3 板材应粘贴牢固、缝隙严密、平整。

检验方法：观察、尺量、称重检查。

检查数量：每100m²抽查一处，每处10m²，整个屋面抽查不得少于3处。

第7.3.2条 金属板保温夹芯屋面应铺装牢固、接口严密、表面洁净、坡向正确。

检验方法：观察、尺量检查；核查隐蔽工程验收记录。   检查数量：全数检查。

第7.3.3条 坡屋面、内架空屋面当采用敷设于屋面内侧的保温材料做保温隔热层时，保温隔热层应有防潮措施，其表面应有保护层，保护层的做法应符合设计要求。

检验方法：观察检查；核查隐蔽工程验收记录。

检查数量：每100m²抽查一处，每处10m²，整个屋面抽查不得少于3处。

【检验批验收应提供的核查资料】

屋面节能工程检验批/分项工程质量验收记录应提供的核查资料　　　　表 411-4a

序号	核查资料名称	核查要点
1	屋面节能工程用材料、产品合格证或质量证明书	核查资料的真实性。核查需方及供方单位名称,材料或产品名称、规格、等级、数量(质量或件数)、批号或生产日期、出厂日期、材料或产品出厂检验项目的各项检验结果和供方质检部门印记(必须符合设计和标准与规范要求),材料或产品应用标准编号、生产许可证编号,应标明的材料或产品注意事项、材料或产品安全警语
2	屋面节能工程用出厂检验报告	检查内容同上。分别由厂家提供。提供的出厂检验报告的内容应符合相应标准"出厂检验项目"规定(与试验报告大体相同)
3	保温隔热材料试验报告单	试验单位资质,保温隔热材料与设计、规范的符合性
4	采光屋面的传热系数、遮阳系数、光透射比、气密性的质量证明文件	检查质量证明文件与设计、规范的符合性
5	淋水检查记录	检查试验记录的真实性。地面坡度有无积水或倒泛水、坡度实施的正确性,是否漏水,责任制齐全程度,不得渗漏
6	隐蔽工程验收记录	检查隐蔽验收记录内容的完整性

注：1. 合理缺项除外；2. 表列凡有性能要求的均应符合设计和规范要求。

附：规范规定的施工"过程控制"要点

7.1 一般规定

7.1.1 本章适用于建筑屋面节能工程,包括采用松散保温材料、现浇保温材料、喷涂保温材料、板材、块材等保温隔热材料的屋面节能工程的质量验收。

7.1.2 屋面保温隔热工程的施工,应在基层质量验收合格后进行。施工过程中应及时进行质量检查、隐蔽工程验收和检验批验收,施工完成后应进行屋面节能分项工程验收。

7.1.3 屋面保温隔热工程应对下列部位进行隐蔽工程验收,并应有详细的文字记录和必要的图像资料：

　　1 基层；

　　2 保温层的敷设方式、厚度；板材缝隙填充质量；

　　3 屋面热桥部位；

　　4 隔汽层。

7.1.4 屋面保温隔热层施工完成后,应及时进行找平层和防水层的施工,避免保温隔热层受潮、浸泡或受损。

【地面节能工程检验批/分项工程质量验收记录】

地面节能工程检验批/分项工程质量验收记录表　　　　　表 411-5

单位(子单位)工程名称					
分部(子分部)工程名称				验收部位	
施工单位				项目经理	
分包单位				分包项目经理	
施工执行标准名称及编号					

检控项目	序号	质量验收规范规定		施工单位检查评定记录	监理(建设)单位验收记录
主控项目	1	节能保温材料、品种、规格要求和规定	第8.2.1条		
	2	节能保温材料的性能应符合设计要求	第8.2.2条		
	3	节能保温材料进场复验及见证取、送检规定	第8.2.3条		
	4	节能地面施工前的基层处理要求	第8.2.4条		
	5	地面保温层、隔离层、保护层的设置和构造做法及保温层厚度及施工要求	第8.2.5条		
	6	地面节能工程施工质量规定	第8.2.6条		
	7	有防水要求地面的保温做法规定,面层不得渗漏	第8.2.7条		
	8	严寒、寒冷地区直接与土壤接触、毗邻不采暖地面以及底面直接接触室外空气地面的要求与措施	第8.2.8条		
	9	保温层的表面防潮层、保护层应符合设计要求	第8.2.9条		
一般项目	1	地面辐射采暖工程的节能做法规定	第8.3.1条		
	2				

施工单位检查评定结果	专业工长(施工员)		施工班组长	
	项目专业质量检查员:　　　　　　　年　月　日			
监理(建设)单位验收结论	专业监理工程师: (建设单位项目专业技术负责人):　　　　年　月　日			

本表适用于建筑地面节能工程的质量验收。包括底面接触室外空气、土壤或毗邻不采暖空间的地面节能工程。

【检查验收时执行的规范条目】

8.1.4　地面节能分项工程检验批划分应符合下列规定：

　　(1)检验批可按施工段或变形缝划分；

　　(2)当面积超过 200m² 时，每 200m² 可划分为一个检验批，不足 200m² 也为一个检验批；

　　(3)不同构造做法的地面节能工程应单独划分检验批。

1. 主控项目

第8.2.1条　用于地面节能工程的保温材料，其品种、规格应符合设计要求和相关标准的规定。

　　检验方法：观察、尺量或称重检查，核查质量证明文件。

　　检查数量：按进场批次，每批随机抽取 3 个试样进行检查；质量证明文件应按照其出厂检验批进行核查。第

8.2.2条　地面节能工程使用的保温材料，其导热系数、密度、抗压强度或压缩强度、燃烧性能应符合设计要求。

　　检验方法：核查质量证明文件和复验报告。

　　检查数量：全数核查。

第8.2.3条　地面节能工程采用的保温材料，进场时应对其导热系数、密度、抗压强度或压缩强度、燃烧性能进行复验，复验应为见证取样送检。

　　检验方法：随机抽样送检，核查复验报告。

　　检查数量：同一厂家同一品种的产品各抽查不少于 3 组。

第8.2.4条　地面节能工程施工前，应对基层进行处理，使其达到设计和施工方案的要求。

　　检验方法：对照设计和施工方案观察检查。

　　检查数量：全数核查。

第8.2.5条　地面保温层、隔离层、保护层等各层的设置和构造做法以及保温层的厚度应符合设计要求，并应按施工方案施工。

　　检验方法：对照设计和施工方案检查；尺量检查。

　　检查数量：全数核查。

第8.2.6条　地面节能工程的施工质量应符合下列规定：

　　1　保温板与基层之间、各构造层之间的粘结应牢固，缝隙应严密；

　　2　保温浆料应分层施工；

　　3　穿越地面直接接触室外空气的各种金属管道应按设计要求，采取隔断热桥的保温措施。

　　检验方法：观察检查；核查隐蔽工程验收记录。

　　检查数量：每个检验批抽查 2 处，每处 10m²；穿越地面的金属和道处全数核查。

第8.2.7条　有防水要求的地面，其节能保温做法不得影响地面排水坡度，保温层面层不得渗漏。

　　检验方法：用长度 500mm 水平尺检查；观察检查。

　　检查数量：全数核查。

第8.2.8条　严寒、寒冷地区的建筑首层直接与土壤接触的地面、采暖地下室与土壤接触的外墙、毗邻不采暖空间的地面以及底面直接接触室外空气的地面应按设计要求采取保温措施。

　　检验方法：对照设计观察检查。

　　检查数量：全数检查。

第8.2.9条　保温层的表面防潮层、保护层应符合设计要求。

　　检验方法：观察检查。

　　检查数量：全数检查。

2. 一般项目

第8.3.1条　采用地面辐射采暖的工程，其地面节能做法应符合设计要求，并应符合《地面辐射供暖技术规程》JGJ 142 的规定。

　　检验方法：观察检查。

　　检查数量：全数检查。

【检验批验收应提供的核查资料】

地面节能工程检验批/分项工程质量验收记录应提供的核查资料　　　　表 411-5a

序号	核查资料名称	核 查 要 点
1	地面节能工程用材料、产品合格证或质量证明书	核查资料的真实性。核查需方及供方单位名称,材料或产品名称、规格、等级、数量(质量或件数)、批号或生产日期、出厂日期、材料或产品出厂检验项目的各项检验结果和供方质检部门印记(必须符合设计和标准与规范要求),材料或产品应用标准编号,生产许可证编号,应标明的材料或产品注意事项、材料或产品安全警语
2	地面节能工程用出厂检验报告	检查内容同上,分别由厂家提供。提供的出厂检验报告的内容应符合相应标准"出厂检验项目"规定(与试验报告大体相同)
3	地面保温节能材料的试验报告单	试验单位资质,材料性能与设计、规范的符合性
4	隐蔽工程验收记录	检查隐蔽验收记录内容的完整性

注:1. 合理缺项除外;2. 表列凡有性能要求的均应符合设计和规范要求。

附:规范规定的施工"过程控制"要点

8.1　一般规定

8.1.1　本章适用于建筑地面节能工程的质量验收。包括底面接触室外空气、土壤或毗邻不采暖空间的地面节能工程。

8.1.2　地面节能工程的施工,应在主体或基层质量验收合格后进行。施工过程中应及时进行质量检查、隐蔽工程验收和检验批验收,施工完成后应进行地面节能分项工程验收。

8.1.3　地面节能工程应对下列部位进行隐蔽工程验收,并应有详细的文字记录和必要的图像资料:

　　1　基层;

　　2　被封闭的保温材料厚度;

　　3　保温材料粘结;

　　4　隔断热桥部位。

8.1.4　地面节能分项工程检验批划分应符合下列规定:

　　1　检验批可按施工段或变形缝划分;

　　2　当面积超过 200m² 时,每 200m² 可划分为一个检验批,不足 200m² 也为一个检验批;

　　3　不同构造做法的地面节能工程应单独划分检验批。

【采暖节能工程检验批/分项工程质量验收记录】

采暖节能工程检验批/分项工程质量验收记录表　　　表 411-6

单位(子单位)工程名称					
分部(子分部)工程名称				验收部位	
施工单位				项目经理	
分包单位				分包项目经理	
施工执行标准名称及编号					

检控项目	序号	质量验收规范规定		施工单位检查评定记录	监理(建设)单位验收记录
主控项目	1	采暖节能用设备、材料进场验收规定	第9.2.1条		
	2	采暖节能用散热器、保温材料进场验收、复验项目及见证取、送检规定	第9.2.2条		
	3	采暖系统安装规定	第9.2.3条		
	4	散热器规格数量、刷涂料及其安装规定	第9.2.4条		
	5	散热器恒温阀规格数量及安装做法规定	第9.2.5条		
	6	低温热水地面辐射采暖系统的安装规定	第9.2.6条		
	7	采暖系统热力入口装置的安装规定	第9.2.7条		
	8	采暖管道保温层、防潮层用材质及施工质量规定	第9.2.8条		
	9	采暖系统的隐蔽部位或内容验收要求	第9.2.9条		
	10	采暖系统联合试运转和调试要求与规定	第9.2.10条		
一般项目	1	采暖系统过滤器等配件的保温层质量要求	第9.3.1条		
	2				

施工单位检查评定结果	专业工长(施工员)		施工班组长	
	项目专业质量检查员：　　　　　年　月　日			
监理(建设)单位验收结论	专业监理工程师： (建设单位项目专业技术负责人)：　　　年　月　日			

本表适用于温度不超过95℃室内集中热水采暖系统节能工程施工质量的验收。

【检查验收时执行的规范条目】

1. 主控项目

第9.2.1条　采暖系统节能工程采用的散热设备、阀门、仪表、管材、保温材料等产品进场时,应按设计要求对其类型、材质、规格及外观等进行验收,并应经监理工程师(建设单位代表)检查认可,并且应形成相应的验收记录。各种产品和设备的质量证明文件和相关技术资料应齐全,并应符合国家现行有关标准和规定。

　　检验方法:观察检查;核查质量证明文件和相关技术资料。

　　检查数量:全数检查。

第9.2.2条　采暖系统节能工程采用的散热器和保温材料等进场时,应对其下列技术性能参数进行复验,复验应为见证取样送检:

　　1　散热器的单位散热量、金属热强度;

　　2　保温材料的导热系数、密度、吸水率。

　　检验方法:现场随机抽样送检;核查复验报告。

　　检查数量:同一厂家同一规格的散热器按其数量的1%进行见证取样送检,但不得少于2组;同一厂家同材质的保温材料见证取样送检的次数不得少于2次。

第9.2.3条　采暖系统的安装应符合下列规定:

　　1　采暖系统的制式,应符合设计要求;

　　2　散热设备、阀门、过滤器、温度计及仪表应按设计要求安装齐全,不得随意增减和更换;

　　3　室内温度调控装置、热计量装置、水力平衡装置以及热力入口装置的安装位置和方向应符合设计要求,并便于观察、操作和调试;

　　4　温度调控装置和热计量装置安装后,采暖系统应能实现设计要求的分室(区)温度调控、分栋热计量和分户或分室(区)热量分摊的功能。

　　检验方法:观察检查。

　　检查数量:全数检查。

第9.2.4条　散热器及其安装应符合下列规定:

　　1　每组散热器的规格、数量及安装方式应符合设计要求;

　　2　散热器外表面应刷非金属性涂料。

　　检验方法:观察检查。

　　检查数量:按散热器组数抽查5%,不得少于5组。

第9.2.5条　散热器恒温阀及其安装应符合下列规定:

　　1　恒温阀的规格、数量应符合设计要求;

　　2　明装散热器恒温阀不应安装在狭小和封闭空间,其恒温阀阀头应水平安装,且不应被散热器、窗帘或其他障碍物遮挡;

　　3　暗装散热器的恒温阀应采用外置式温度传感器,并应安装在空气流通且能正确反映房间温度的位置上。

　　检验方法:观察检查。

　　检查数量:按总数抽查5%,不得少于5个。

第9.2.6条　低温热水地面辐射供暖系统的安装除了应符合本规范第9.2.3条的规定外,尚应符合下列规定:

　　1　防潮层和绝热层的做法及绝热层的厚度应符合设计要求;

2 室内温控装置的传感器应安装在避开阳光直射和有发热设备且距地 1.4m 处的内墙面上。

检验方法:防潮层和绝热层隐蔽前观察检查;用钢针刺入绝热层、尺量;观察检查、尺量室内温控装置传感器的安装高度。

检查数量:防潮层和绝热层按检验批抽查 5 处,每处检查不少于 5 点;温控装置按每个检验批抽查 10 个。

第9.2.7条 采暖系统热力入口装置的安装应符合下列规定:

1 热力入口装置中各种部件的规格、数量,应符合设计要求;

2 热计量装置、过滤器、压力表、温度计的安装位置、方向应正确,并便于观察、维护;

3 水力平衡装置及各类阀门的安装位置、方向应正确,并便于操作和调试。安装完毕后,应根据系统水力平衡要求进行调试并做出标志。

检验方法:观察检查;核查进场验收记录和调试报告。

检查数量:全数检查。

第9.2.8条 采暖管道保温层和防潮层的施工应符合下列规定:

1 保温层应采用不燃或难燃材料,其材质、规格及厚度等应符合设计要求;

2 保温管壳的粘贴应牢固、铺设应平整;硬质或半硬质的保温管壳每节至少应用防腐金属丝或难腐织带或专用胶带进行捆扎或粘贴 2 道,其间距为 300～350mm,且捆扎、粘贴应紧密,无滑动、松弛及断裂现象;

3 硬质或半硬质保温管壳的拼接缝隙不应大于 5mm,并用粘结材料勾缝填满;纵缝应错开,外层的水平接缝应设在侧下方;

4 松散或软质保温材料应按规定的密度压缩其体积,疏密应均匀;毡类材料在管道上包扎时,搭接处不应有空隙;

5 防潮层应紧密粘贴在保温层上,封闭良好,不得有虚粘、气泡、褶皱、裂缝等缺陷;

6 防潮层的立管应由管道的低端向高端敷设,环向搭接缝应朝向低端;纵向搭接缝应位于管道的侧面,并顺水;

7 卷材防潮层采用螺旋形缠绕的方式施工时,卷材的搭接宽度宜为 30～50mm;

8 阀门及法兰部位的保温层结构应严密,且能单独拆卸并不得影响其操作功能。

检验方法:观察检查;用钢针刺入保温层、尺量。

检查数量:按数量抽查 10%,且保温层不得少于 10 段、防潮层不得少于 10m、阀门等配件不得少于 5 个。

第9.2.9条 采暖系统应随施工进度对与节能有关的隐蔽部位或内容进行验收,并应有详细的文字记录和必要的图像资料。

检验方法:观察检查;核查隐蔽工程验收记录。

检查数量:全数检查。

第9.2.10条 采暖系统安装完毕后,应在采暖期内与热源进行联合试运转和调试。联合试运转和调试结果应符合设计要求。采暖房间温度相对于设计计算温度不得低于 2℃,且不高于 1℃。

检验方法:检查室内采暖系统试运转和调试记录。

检查数量:全数检查。

2. 一般项目

第9.3.1条 采暖系统过滤器等配件的保温层应密实、无空隙,且不得影响其操作功能。

检验方法:观察检查。

检查数量:按类别数量抽查 10%,且均不得少于 2 件。

【检验批验收应提供的核查资料】

采暖节能工程检验批/分项工程质量验收记录应提供的核查资料　　　表411-6a

序号	核查资料名称	核查要点
1	采暖节能工程用材料、产品合格证或质量证明书	核查资料的真实性。核查需方及供方单位名称,材料或产品名称、规格、等级、数量(质量或件数)、批号或生产日期、出厂日期、材料或产品出厂检验项目的各项检验结果和供方质检部门印记(必须符合设计和标准与规范要求),材料或产品应用标准编号、生产许可证编号,应标明的材料或产品注意事项、材料或产品安全警语
2	采暖节能工程用材料出厂检验报告	检查内容同上,分别由厂家提供。提供的出厂检验报告的内容应符合相应标准"出厂检验项目"规定(与试验报告大体相同)
3	散热设备、阀门、仪表、管件、保温材料等试验报告单	试验单位资质,检查试验报告与设计、规范的符合性
4	隐蔽工程验收记录	检查隐蔽验收记录内容的完整性
5	热力入口装置调试报告	试验单位、调试内容不缺项,应符合规范规定值
6	与热源联合试运转记录	检查与热源联合试运转记录与设计、规范的符合性

注:1.合理缺项除外;2.表列凡有性能要求的均应符合设计和规范要求。

附:规范规定的施工"过程控制"要点

10.1　一般规定

10.1.1　本章适用于通风与空调系统节能工程施工质量的验收。

10.1.2　通风与空调系统节能工程的验收,可按系统、楼层等进行,并应符合本规范第3.4.1条的规定。

【通风与空调节能工程检验批/分项工程质量验收记录】

通风与空调节能工程检验批/分项工程质量验收记录表　　　　表 411-7

单位(子单位)工程名称						
分部(子分部)工程名称				验收部位		
施工单位				项目经理		
分包单位				分包项目经理		
施工执行标准名称及编号						

检控项目	序号	质量验收规范规定		施工单位检查评定记录	监理(建设)单位验收记录
主控项目	1	通风与空调节能用设备、材料进场验收规定	第10.2.1条		
	2	风机盘管机组和绝缘材料进场验收、复验项目及见证取、送检要求	第10.2.2条		
	3	**通风与空调系统送、排风系统及空调风系统、空调水系统安装规定**	第10.2.3条		
	4	风管制作与安装规定	第10.2.4条		
	5	组合式、柜式空调机组,新风机组,单元式空调机组安装规定	第10.2.5条		
	6	风机盘管机组安装规定	第10.2.6条		
	7	通风空调系统中风机安装规定	第10.2.7条		
	8	带热回收功能的双向换气和集中排风系统的排风热回收装置的安装规定	第10.2.8条		
	9	空调机组及风机盘管机组回水管上调节阀、空调冷热水系统、冷(热)量计量装置等自控阀门与仪表安装规定	第10.2.9条		
	10	空调风管系统及部件绝热层、防潮层施工规定	第10.2.10条		
	11	空调水系统管道及配件绝热层和防潮层施工规定	第10.2.11条		
	12	空调水系统冷热水管道与支、吊架绝热施工技术要求	第10.2.12条		
	13	与节能有关的隐蔽部位或内容的验收要求	第10.2.13条		
	14	**通风与空调系统设备单机试运转和调试规定**	第10.2.14条		
一般项目	1	空气风幕机的规格、数量安装位置和方向及纵横向垂直、水平偏差规定	第10.3.1条		
	2	变风量末端装置与风管连接前的动作试验及封口要求	第10.3.2条		

施工单位检查评定结果	专业工长(施工员)		施工班组长	
	项目专业质量检查员:		年　月　日	

监理(建设)单位验收结论	专业监理工程师: (建设单位项目专业技术负责人):　　　　　年　月　日

本表适用于通风与空调系统节能工程施工质量的验收。

【检查验收时执行的规范条目】

1. 主控项目

第10.2.1条   通风与空调系统节能工程所使用的设备、管道、阀门、仪表、绝热材料等产品进场时，应按设计要求对其类型、材质、规格及外观等进行验收，并应对下列产品的技术性能参数进行核查。验收与核查的结果应经监理工程师（建设单位代表）检查认可，并应形成相应的验收、核查记录。各种产品和设备的质量证明文件和相关技术资料应齐全，并应符合有关国家现行标准和规定。

1   组合式空调机组、柜式空调机组、新风机组、单元式空调机组、热回收装置等设备的冷量、热量、风量、风压、功率及额定热回收效率；

2   风机的风量、风压、功率及其单位风量耗功率；

3   成品风管的技术性能参数；

4   自控阀门与仪表的技术性能参数。

检验方法：观察检查；技术资料和性能检测报告等质量证明文件与实物核对。

检查数量：全数检查。

第10.2.2条   风机盘管机组和绝热材料进场时，应对其下列技术性能参数进行复验，复验应为见证取样送检。

1   风机盘管机组的供冷量、供热量、风量、出口静压、噪声及功率；

2   绝热材料的导热系数、密度、吸水率。

检验方法：现场随机抽样送检；核查复验报告。   检查数量：同一厂家的风机盘管机组按数量复验2％，但不得少于2台；同一厂家同材质的绝热材料复验次数不得少于2次。

第10.2.3条   通风与空调节能工程中的送、排风系统及空调风系统、空调水系统的安装，应符合下列规定：

1   各系统的制式。应符合设计要求；

2   各种设备、自控阀门与仪表应按设计要求安装齐全。不得随意增减和更换；

3   水系统各分支管路水力平衡装置、温控装置与仪表的安装位置、方向应符合设计要求，并便于观察、操作和调试；

4   空调系统应能实现设计要求的分室（区）温度调控功能。对设计要求分栋、分区或分户（室）冷、热计量的建筑物，空调系统应能实现相应的计量功能。

检验方法：观察检查。   检查数量：全数检查。

第10.2.4条   风管的制作与安装应符合下列规定：

1   风管的材质、断面尺寸及厚度应符合设计要求；

2   风管与部件、风管与土建风道及风管间的连接应严密、牢固；

3   风管的严密性及风管系统的严密性检验和漏风量，应符合设计要求或现行国家标准《通风与空调工程施工质量验收规范》GB 50243的有关规定；

4   需要绝热的风管与金属支架的接触处、复合风管及需要绝热的非金属风管的连接和内部支撑加固等处，应有防热桥的措施，并应符合设计要求。

检验方法：观察、尺量检查；核查风管及风管系统严密性检验记录。

检查数量：按数量抽查10％，且不得少于1个系统。

第10.2.5条   组合式空调机组、柜式空调机组、新风机组、单元式空调机组的安装应符合下列规定：

1   各种空调机组的规格、数量应符合设计要求；

2   安装位置和方向应正确，且与风管、送风静压箱、回风箱的连接应严密可靠；

3   现场组装的组合式空调机组各功能段之间连接应严密，并应做漏风量的检测，其漏风量应符合现行国家标准《组合式空调机组》GB/T 14294的规定；

4 机组内的空气热交换器翅片和空气过滤器应清洁、完好,且安装位置和方向必须正确,并便于维护和清理。当设计未注明过滤器的阻力时,应满足粗效过滤器的初阻力≤50Pa(粒径≥5.0μm,效率:80%>E≥20%);中效过滤器的初阻力≤80Pa(粒径≥1.0μm,效率:70%>E≥20%)的要求。

检验方法:观察检查;核查漏风量测试记录。 检查数量:按同类产品的数量抽查20%,且不得少于1台。

第10.2.6条 风机盘管机组的安装应符合下列规定:

1 规格、数量应符合设计要求;

2 位置、高度、方向应正确,并便于维护、保养;

3 机组与风管、回风箱及风口的连接应严密、可靠;

4 空气过滤器的安装应便于拆卸和清理。

检验方法:观察检查。 检查数量:按总数抽查10%,且不得少于5台。

第10.2.7条 通风与空调系统中风机的安装应符合下列规定:

1 规格、数量应符合设计要求;

2 安装位置及进、出口方向应正确,与风管的连接应严密、可靠。

检验方法:观察检查。 检查数量:全数检查。

第10.2.8条 带热回收功能的双向换气装置和集中排风系统中的排风热回收装置的安装应符合下列规定:

1 规格、数量及安装位置应符合设计要求;

2 进、排风管的连接应正确、严密、可靠;

3 室外进、排风口的安装位置、高度及水平距离应符合设计要求。

检验方法:观察检查。 检查数量:按总数抽检20%,且不得少于1台。

第10.2.9条 空调机组回水管上的电动两通调节阀、风机盘管机组回水管上的电动两通(调节)阀、空调冷热水系统中的水力平衡阀、冷(热)量计量装置等自控阀门与仪表的安装应符合下列规定:

1 规格、数量应符合设计要求;

2 方向应正确,位置应便于操作和观察。

检验方法:观察检查。 检查数量:按类型数量抽查10%,且均不得少于1个。

第10.2.10条 空调风管系统及部件的绝热层和防潮层施工应符合下列规定:

1 绝热层应采用不燃或难燃材料,其材质、规格及厚度等应符合设计要求;

2 绝热层与风管、部件及设备应紧密贴合,无裂缝、空隙等缺陷,且纵、横向的接缝应错开;

3 绝热层表面应平整,当采用卷材或板材时,其厚度允许偏差为5mm;采用涂抹或其他方式时,其厚度允许偏差为10mm;

4 风管法兰部位绝热层的厚度,不应低于风管绝热层厚度的80%;

5 风管穿楼板和穿墙处的绝热层应连续不间断;

6 防潮层(包括绝热层的端部)应完整,且封闭良好,其搭接缝应顺水;

7 带有防潮层隔汽层绝热材料的拼缝处,应用胶带封严,粘胶带的宽度不应小于50mm;

8 风管系统部件的绝热,不得影响其操作功能。

检验方法:观察检查;用钢针刺入绝热层、尺量检查。 检查数量:管道按轴线长度抽查10%,风管穿楼板和穿墙处及阀门等配件抽查10%,且不得少于2个。

第10.2.11条 空调水系统管道及配件的绝热层和防潮层施工,应符合下列规定:

1 绝热层应采用不燃或难燃材料,其材质、规格及厚度等应符合设计要求;

2 绝热管壳的粘贴应牢固、铺设应平整;硬质或半硬质的绝热管壳每节至少应用防腐金属丝或难腐织带或专用胶带进行捆扎或粘贴2道,其间距为300~350mm,且捆扎、粘贴应紧密,无滑动、松弛与断裂现象;

3 硬质或半硬质绝热管壳的拼接缝隙，保温时不应大于 5mm、保冷时不应大于 2mm，并用粘结材料勾缝填满；纵缝应错开，外层的水平接缝应设在侧下方；

4 松散或软质保温材料应按规定的密度压缩其体积，疏密应均匀；毡类材料在管道上包扎时，搭接处不应有空隙；

5 防潮层与绝热层应结合紧密，封闭良好，不得有虚粘、气泡、褶皱、裂缝等缺陷；

6 防潮层的立管应由管道的低端向高端敷设，环向搭接缝应朝向低端；纵向搭接缝应位于管道的侧面，并顺水；

7 卷材防潮层采用螺旋形缠绕的方式施工时，卷材的搭接宽度宜为 30～50mm；

8 空调冷热水管穿楼板和穿墙处的绝热层应连续不间断，且绝热层与穿楼板和穿墙处的套管之间应用不燃材料填实，不得有空隙，套管两端应进行密封封堵；

9 管道阀门、过滤器及法兰部位的绝热结构应能单独拆卸，且不得影响其操作功能。

检验方法：观察检查；用钢针刺入绝热层、尺量检查。   检查数量：按数量抽查 10％，且绝热层不得少于 10 段、防潮层不得少于 10m、阀门等配件不得少于 5 个。

第 10.2.12 条   空调水系统的冷热水管道与支、吊架之间应设置绝热衬垫，其厚度不应小于绝热层厚度，宽度应大于支、吊架支承面的宽度。衬垫的表面应平整，衬垫与绝热材料之间应填实无空隙。

检验方法：观察、尺量检查。   检查数量：按数量抽检 5％，且不得少于 5 处。

第 10.2.13 条   通风与空调系统应随施工进度对与节能有关的隐蔽部位或内容进行验收，并应有详细的文字记录和必要的图像资料。

检验方法：观察检查；核查隐蔽工程验收记录。   检查数量：全数检查。

第 10.2.14 条   通风与空调系统安装完毕，应进行通风机和空调机组等设备的单机试运转和调试，并应进行系统的风量平衡调试。单机试运转和调试结果应符合设计要求；系统的总风量与设计风量的允许偏差不应大于 10％，风口的风量与设计风量的允许偏差不应大于 15％。

检验方法：观察检查；核查试运转和调试记录。   检验数量：全数检查。

2. 一般项目

第 10.3.1 条   空气风幕机的规格、数量、安装位置和方向应正确，纵向垂直度和横向水平度的偏差均不应大于 2/1000。

检验方法：观察检查。   检查数量：按总数量抽查 10％，且不得少于 1 台。

第 10.3.2 条   变风量末端装置与风管连接前宜做动作试验，确认运行正常后再封口。

检验方法：观察检查。   检查数量：按总数量抽查 10％，且不得少于 2 台。

【检验批验收应提供的核查资料】

通风与空调节能工程检验批/分项工程质量验收记录应提供的核查资料　表 411-7a

序号	核查资料名称	核 查 要 点
1	通风与空调节能工程用材料、产品合格证或质量证明书	核查资料的真实性。核查需方及供方单位名称,材料或产品名称、规格、等级、数量(质量或件数)、批号或生产日期、出厂日期、材料或产品出厂检验项目的各项检验结果和供方质检部门印记(必须符合设计和标准与规范要求),材料或产品应用标准编号、生产许可证编号,应标明的材料或产品注意事项、材料或产品安全警语
2	通风与空调节能工程用出厂检验报告	检查内容同上,分别由厂家提供。提供的出厂检验报告的内容应符合相应标准"出厂检验项目"规定(与试验报告大体相同)
3	设备、管道、阀门、仪表、绝热材料等试验报告单	试验单位资质,检查试验报告与设计、规范的符合性
4	系统严密性检验记录	试验单位、调试内容不缺项,应符合规范规定值
5	空调机组漏风量测试记录	试验单位、调试内容不缺项,应符合规范规定值
6	保温绝热层检查记录	核查检查数量,应符合规范规定值
7	隐蔽工程验收记录	检查隐蔽验收记录内容的完整性
8	单机试运转和调试记录	试验单位、调试内容不缺项,应符合产品技术性能和规范规定
9	系统风量平衡调试记录	试验单位、调试内容不缺项,应符合规范规定

注:1. 合理缺项除外;2. 表列凡有性能要求的均应符合设计和规范要求。

附: 规范规定的施工"过程控制"要点

10.1　一般规定

10.1.1　本章适用于通风与空调系统节能工程施工质量的验收。

10.1.2　通风与空调系统节能工程的验收,可按系统、楼层等进行,并应符合本规范第 3.4.1 条的规定。

【空调与采暖系统冷热源及管网节能工程检验批/分项工程质量验收记录】

空调与采暖系统冷热源及管网节能工程检验批/分项工程质量验收记录表　　表 411-8

单位(子单位)工程名称						
分部(子分部)工程名称				验收部位		
施工单位				项目经理		
分包单位				分包项目经理		
施工执行标准名称及编号						

检控项目	序号	质量验收规范规定		施工单位检查评定记录	监理(建设)单位验收记录
主控项目	1	系统冷热源设备、材料进场类型、规格和外观验收、形成记录,资料齐全等的标准与规定	第11.2.1条		
	2	绝缘管道、绝热材料等进场的复验及见证取样、送检规定	第11.2.2条		
	3	冷热源设备、辅助设备及管网系统安装规定	第11.2.3条		
	4	冷热源设备、辅助设备及管道和室外管网的隐蔽部位或内容的验收要求	第11.2.4条		
	5	冷热源侧的电动两通调节法、水力平衡法及冷(热)量计量装置等自动阀门与仪表的安装规定	第11.2.5条		
	6	蒸汽压缩循环冷水(热泵)机组、溴化锂吸收式机组等的设备安装规定	第11.2.6条		
	7	冷却塔、水泵等辅助设备安装要求	第11.2.7条		
	8	空调冷热源水系统管道及配件绝热层和防潮层施工规定	第11.2.8条		
	9	非闭孔绝热材料作绝热层时的防潮层和保护层质量要求	第11.2.9条		
	10	冷热源机房、换热站内部空调冷热水管道与支、吊架绝热衬垫的施工规定	第11.2.10条		
	11	冷热源和辅助设备及其管道和管网系统试运转及调试规定	第11.2.11条		
一般项目	1	冷热源设备及辅助设备、配件的绝热要求	第11.3.1条		
	2				

施工单位检查评定结果	专业工长(施工员)		施工班组长		
	项目专业质量检查员：		年　　月　　日		

监理(建设)单位验收结论	专业监理工程师：(建设单位项目专业技术负责人)：	年　　月　　日

本表适用于空调与采暖系统中冷热源设备、辅助设备及其管道和室外管网系统节能工程施工质量的验收。

【检查验收时执行的规范条目】

1. 主控项目

第11.2.1条 空调与采暖系统冷热源设备及其辅助设备、阀门、仪表、绝热材料等产品进场时，应按照设计要求对其类型、规格和外观等进行检查验收，并应对下列产品的技术性能参数进行核查。验收与核查的结果应经监理工程师（建设单位代表）检查认可，并应形成相应的验收、核查记录。各种产品和设备的质量证明文件和相关技术资料应齐全，并应符合国家现行有关标准和规定。

1 锅炉的单台容量及其额定热效率；

2 热交换器的单台换热量；

3 电机驱动压缩机的蒸汽压缩循环冷水（热泵）机组的额定制冷量（制热量）、输入功率、性能系数（COP）及综合部分负荷性能系数（IPLV）；

4 电机驱动压缩机的单元式空气调节机、风管送风式和屋顶式空气调节机组的名义制冷量、输入功率及能效比（EER）；

5 蒸汽和热水型溴化锂吸收式机组及直燃型溴化锂吸收式冷（温）水机组的名义制冷量、供热量、输入功率及性能系数；

6 集中采暖系统热水循环水泵的流量、扬程、电机功率及耗电输热比（EHR）；

7 空调冷热水系统循环水泵的流量、扬程、电机功率及输送能效比（ER）；

8 冷却塔的流量及电机功率；

9 自控阀门与仪表的技术性能参数。

检验方法：观察检查；技术资料和性能检测报告等质量证明文件与实物核对。 检查数量：全数核查。

第11.2.2条 空调与采暖系统冷热源及管网节能工程的绝热管道、绝热材料进场时，应对绝热材料的导热系数、密度、吸水率等技术性能参数进行复验，复验应为见证取样送检。

检验方法：现场随机抽样送检；核查复验报告。

检查数量：同一厂家同材质的绝热材料复验次数不得少于2次。

第11.2.3条 空调与采暖系统冷热源设备和辅助设备及其管网系统的安装，应符合下列规定：

1 管道系统的制式，应符合设计要求；

2 各种设备、自控阀门与仪表应按设计要求安装齐全，不得随意增减和更换；

3 空调冷（热）水系统，应能实现设计要求的变流量或定流量运行；

4 供热系统应能根据热负荷及室外温度变化实现设计要求的集中质调节、量调节或质—量调节相结合的运行。

检验方法：观察检查。 检查数量：全数检查。

第11.2.4条 空调与采暖系统冷热源和辅助设备及其管道和室外管网系统，应随施工进度对与节能有关的隐蔽部位或内容进行验收，并应有详细的文字记录和必要的图像资料。

检验方法：观察检查；核查隐蔽工程验收记录。 检查数量：全数检查。

第11.2.5条 冷热源侧的电动两通调节阀、水力平衡阀及冷（热）量计量装置等自控阀门与仪表的安装，应符合下列规定：

1 规格、数量应符合设计要求；

2 方向应正确，位置应便于操作和观察。

检验方法：观察检查。 检查数量：全数检查。

第11.2.6条 锅炉、热交换器、电机驱动压缩机的蒸气压缩循环冷水（热泵）机组、蒸汽或热水型溴化锂吸收式冷水机组及直燃型溴化锂吸收式冷（温）水机组等设备的安装，应符合下列要求：

1 规格、数量应符合设计要求；

2 安装位置及管道连接应正确。

检验方法：观察检查。　　检查数量：全数检查。

第11.2.7条　冷却塔、水泵等辅助设备的安装应符合下列要求：

1　规格、数量应符合设计要求；

2　冷却塔设置位置应通风良好，并应远离厨房排风等高温气体；

3　管道连接应正确。

检验方法：观察检查。　　检查数量：全数检查。

第11.2.8条　空调冷热源水系统管道及配件绝热层和防潮层的施工要求，可按照本规范第10.2.11条的规定执行。

附：第10.2.11条

第10.2.11条　空调水系统管道及配件的绝热层和防潮层施工，应符合下列规定：

1　绝热层应采用不燃或难燃材料，其材质、规格及厚度等应符合设计要求；

2　绝热管壳的粘贴应牢固、铺设应平整；硬质或半硬质的绝热管壳每节至少应用防腐金属丝或难腐织带或专用胶带进行捆扎或粘贴2道，其间距为300～350mm，且捆扎、粘贴应紧密，无滑动、松弛与断裂现象；

3　硬质或半硬质绝热管壳的拼接缝隙，保温时不应大于5mm、保冷时不应大于2mm，并用粘结材料勾缝填满；纵缝应错开，外层的水平接缝应设在侧下方；

4　松散或软质保温材料应按规定的密度压缩其体积，疏密应均匀；毡类材料在管道上包扎时，搭接处不应有空隙；

5　防潮层与绝热层应结合紧密，封闭良好，不得有虚粘、气泡、褶皱、裂缝等缺陷；

6　防潮层的立管应由管道的低端向高端敷设，环向搭接缝应朝向低端；纵向搭接缝应位于管道的侧面，并顺水；

7　卷材防潮层采用螺旋形缠绕的方式施工时，卷材的搭接宽度宜为30～50mm；

8　空调冷热水管穿楼板和穿墙处的绝热层应连续不间断，且绝热层与穿楼板和穿墙处的套管之间应用不燃材料填实，不得有空隙，套管两端应进行密封封堵；

9　管道阀门、过滤器及法兰部位的绝热结构应能单独拆卸，且不得影响其操作功能。

检验方法：观察检查；用钢针刺入绝热层、尺量检查。　　检查数量：按数量抽查10%，且绝热层不得少于10段，防潮层不得少于10m、阀门等配件不得少于5个。

第11.2.9条　当输送介质温度低于周围空气露点温度的管道，采用非闭孔绝热材料作绝热层时，其防潮层和保护层应完整，且封闭良好。

检验方法：观察检查。　　检查数量：全数检查。

第11.2.10条　冷热源机房、换热站内部空调冷热水管道与支、吊架之间绝热衬垫的施工，可按照本规范第10.2.12条执行。

附：第10.2.12条

第10.2.12条　空调水系统的冷热水管道与支、吊架之间应设置绝热衬垫，其厚度不应小于绝热层厚度，宽度应大于支、吊架支承面的宽度。衬垫的表面应平整，衬垫与绝热材料之间应填实无空隙。

检验方法：观察、尺量检查。　　检查数量：按数量抽检5%，且不得少于5处。

第11.2.11条　空调与采暖系统冷热源和辅助设备及其管道和管网系统安装完毕后，系统试运转及调试必须符合下列规定：

1　冷热源和辅助设备必须进行单机试运转及调试；

2　冷热源和辅助设备必须同建筑物室内空调或采暖系统进行联合试运转及调试。

3　联合试运转及调试结果应符合设计要求，且允许偏差或规定值应符合表11.2.11的有关规定。

当联合试运转及调试不在制冷期或采暖期时，应先对表11.2.11中序号2、3、5、6四个项目进行检测，并在第一个制冷期或采暖期内，带冷（热）源补做序号1、4两个项目的检测。

联合试运转及调试检测项目与允许偏差或规定值　　　　表 11.2.11

序号	检测项目	允许偏差或规定值
1	室内温度	冬季不得低于设计计算温度2℃，且不应高于1℃； 夏季不得高于设计计算温度2℃，且不应低于1℃
2	供热系统室外管网的水力平衡度	0.9～1.2
3	供热系统的补水率	≤0.5%
4	室外管网的热输送效率	≥0.92
5	空调机组的水流量	≤20%
6	空调系统冷热水、冷却水总流量	≤10%

检验方法：观察检查；核查试运转和调试记录。　　检查数量：全数检查。

2. 一般项目

第11.3.1条　空调与采暖系统的冷热源设备及其辅助设备、配件的绝热，不得影响其操作功能。

检验方法：观察检查。　　检查数量：全数检查。

【检验批验收应提供的核查资料】

空调与采暖系统冷热源及管网节能工程检验批质量验收记录应提供核查资料　　　　表 411-8a

序号	核查资料名称	核查要点
1	空调与采暖系统冷热源及管网节能工程用材料、产品合格证或质量证明书	核查资料的真实性。核查需方及供方单位名称、材料或产品名称、规格、等级、数量（质量或件数）、批号或生产日期、出厂日期、材料或产品出厂检验项目的各项检验结果和供方质检部门印记（必须符合设计和标准与规范要求），材料或产品应用标准编号、生产许可证编号，应标明的材料或产品注意事项、材料或产品安全警语
2	空调与采暖系统冷热源及管网节能工程用材料出厂检验报告	检查内容同上，分别由厂家提供。提供的出厂检验报告的内容应符合相应标准"出厂检验项目"规定（与试验报告大体相同）
3	设备、阀门、仪表、绝热材料等试验报告单	试验单位资质，检查试验报告与设计、规范的符合性
4	施工过程记录（设备、辅助设备及管网安装，锅炉热交换器、蒸汽压缩循环冷水（热泵）机组、溴化锂冷（温）水机组等的设备安装，绝热层、防潮层、试运行及调试等）	检查施工记录的完整性与正确性
5	保温绝热层检查记录	试验单位、调试内容不缺项，应符合规范规定值
6	隐蔽工程验收记录	检查隐蔽验收记录内容的完整性
7	单机试运转和调试记录	试验单位、调试内容不缺项，应符合产品技术性能和规范规定
8	联合试运转和调试记录	试验单位、调试内容不缺项，应符合规范规定

注：1. 合理缺项除外；2. 表列凡有性能要求的均应符合设计和规范要求。

附：规范规定的施工"过程控制"要点

10.1　一般规定

10.1.2　空调与采暖系统冷热源设备、辅助设备及其管道和管网系统节能工程的验收，可分别按冷源和热源系统及室外管网进行，并应符合《建筑节能工程施工质量验收规范》（GB 50411—2007）规范第3.4.1条的规定（建筑节能分项工程划分空调与采暖系统的冷热及管网节能工程的主要验收内容：系统制式；冷热制式；冷热源设备；辅助设备；管网；阀门与仪表；绝热、保温材料；调试等）。

【配电与照明节能工程检验批/分项工程质量验收记录】

配电与照明节能工程检验批/分项工程质量验收记录表 表 411-9

单位(子单位)工程名称				
分部(子分部)工程名称			验 收 部 位	
施工单位			项 目 经 理	
分包单位			分包项目经理	
施工执行标准名称及编号				

检控项目	序号	质量验收规范规定		施工单位检查评定记录	监理(建设)单位验收记录
主控项目	1	照明光源、灯具及其附属装置的选择,进场验收时对技术性能核查的规定,形成资料齐全,符合标准和规定	第12.2.1条		
	2	低压配电系统电缆、电线进场,截面和每芯导体电阻值的送检,电阻值符合标准规定	第12.2.2条		
	3	低压配电系统调试及低压配电电源质量检测	第12.2.3条		
	4	通电试运行测试,照明系统照度和功率密度值的规定	第12.2.4条		
一般项目	1	母线与母线或母线与电器接线端子,螺栓搭接连接时的力矩板手拧紧规定	第12.3.1条		
	2	交流单芯电缆或分相后的每相电缆敷设,不得形成闭合铁磁回路	第12.3.2条		
	3	三相照明配电干线的各相负荷规定	第12.3.3条		

施工单位检查评定结果	专业工长(施工员)		施工班组长	
	项目专业质量检查员: 年 月 日			

监理(建设)单位验收结论	
	专业监理工程师: (建设单位项目专业技术负责人): 年 月 日

本表适用于建筑节能工程配电与照明的施工质量验收。

【检查验收时执行的规范条目】

1. 主控项目

第12.2.1条　照明光源、灯具及其附属装置的选择必须符合设计要求，进场验收时应对下列技术性能进行核查，并经监理工程师（建设单位代表）检查认可，形成相应的验收、核查记录。质量证明文件和相关技术资料应齐全，并应符合国家现行有关标准和规定。

1　荧光灯灯具和高强度气体放电灯灯具的效率不应低于表12.2.1-1的规定。

荧光灯灯具和高强度气体放电灯灯具的效率允许值　　　表 12.2.1-1

灯具出光口形式	开敞式	保护罩（玻璃或塑料）		格栅	格栅或透光罩
		透明	磨砂、棱镜		
荧光灯灯具	75%	65%	55%	60%	—
高强度气体放电灯灯具	75%	—	—	60%	60%

2　管型荧光灯镇流器能效限定值应不小于表12.2.1-2的规定。

镇流器能效限定值　　　表 12.2.1-2

标称功率(W)		18	20	22	30	32	36	40
镇流器能效因数（BEF）	电感型	3.154	2.952	2.770	2.232	2.146	2.030	1.992
	电子型	4.778	4.370	3.998	2.870	2.678	2.402	2.270

3　照明设备谐波含量限值应符合表12.2.1-3的规定。

照明设备谐波含量的限值　　　表 12.2.1-3

谐波次数	基波频率下输入电流百分比数表示的最大允许谐波电流(%)
2	2
3	$30 \times \lambda$注
5	10
7	7
9	5
$11 \leqslant n \leqslant 39$　（仅有奇次谐波）	3

注：λ是电路功率因数。

检验方法：观察检查；技术资料和性能检测报告等质量证明文件与实物核对。

检查数量：全数核查。

第12.2.2条　低压配电系统选择的电缆、电线截面不得低于设计值，进场时应对其截面和每芯导体电阻值进行见证取样送检。每芯导体电阻值应符合表12.2.2的规定。

检验方法：进场时抽样送检，验收时核查检验报告。

检查数量：同厂家各种规格总数的10%，且不少于2个规格。

第12.2.3条　工程安装完成后应对低压配电系统进行调试，调试合格后应对低压配电电源质量进行检测。其中：

1　供电电压允许偏差：三相供电电压允许偏差为标称系统电压的±7%；单相220V 为+7%、-10%。

2　公共电网谐波电压限值为：380V 的电网标称电压，电压总谐波畸变率（THDu）为5%，奇次（1～25 次）谐波含有率为4%，偶次（2～24 次）谐波含有率为2%。

3　谐波电流不应超过表12.2.3中规定的允许值。

不同标称截面的电缆、电线每芯导体最大电阻值　　　　表 12.2.2

标称截面 （mm²）	20℃时导体最大电阻（Ω/km） 圆铜导体（不镀金属）
0.5	36.0
0.75	24.5
1.0	18.1
1.5	12.1
2.5	7.41
4	4.61
6	3.08
10	1.83
16	1.15
25	0.727
35	0.524
50	0.387
70	0.268
95	0.193
120	0.153
150	0.124
185	0.0991
240	0.0754
300	0.0601

谐波电流允许值　　　　表 12.2.3

标准电压 （kV）	基准短路 容量(MV·A)	谐波次数及谐波电流允许值(A)											
		2	3	4	5	6	7	8	9	10	11	12	13
0.38	10	78	62	39	62	26	44	19	21	16	28	13	24
		谐波次数及谐波电流允许值(A)											
		14	15	16	17	18	19	20	21	22	23	24	25
		11	12	9.7	18	8.6	16	7.8	8.9	7.1	14	6.5	12

4 三相电压不平衡度允许值为 2%，短时不得超过 4%。

检验方法：在已安装的变频和照明等可产生谐波的用电设备均可投入的情况下，使用三相电能质量分析仪在变压器的低压侧测量。

检查数量：全部检测。

第 12.2.4 条　在通电试运行中，应测试并记录照明系统的照度和功率密度值。

1 照度值不得小于设计值的 90%；

2 功率密度值应符合《建筑照明设计标准》GB 50034 中的规定。

检验方法：在无外界光源的情况下，检测被检区域内平均照度和功率密度。

检查数量：每种功能区检查不少于 2 处。

2. 一般项目

第12.3.1条 母线与母线或母线与电器接线端子，当采用螺栓搭接连接时，应采用力矩扳手拧紧，制作应符合《建筑电气工程施工质量验收规范》GB 50303 标准中有关规定。

检验方法：使用力矩扳手对压接螺栓进行力矩检测。 检查数量：母线按检验批抽查10%。

第12.3.2条 交流单芯电缆或分相后的每相电缆宜品字形（三叶形）敷设，且不得形成闭合铁磁回路。

检验方法：观察检查。 检查数量：全数检查。

第12.3.3条 三相照明配电干线的各相负荷宜分配平衡，其最大相负荷不宜超过三相负荷平均值的115%，最小相负荷不宜小于三相负荷平均值的85%。

检验方法：在建筑物照明通电试运行时开启全部照明负荷，使用三相功率计检测各相负载电流、电压和功率。

检查数量：全部检查。

【检验批验收应提供的核查资料】

配电与照明节能工程检验批/分项工程质量验收记录应提供的核查资料　表 411-9a

序号	核查资料名称	核查要点
1	配电与照明节能工程检验批/分项工程用材料、产品合格证或质量证明书	核查资料的真实性。核查需方及供方单位名称,材料或产品名称、规格、等级、数量(质量或件数)、批号或生产日期、出厂日期、材料或产品出厂检验项目的各项检验结果和供方质检部门印记(必须符合设计和标准与规范要求),材料或产品应用标准编号、生产许可证编号,应标明的材料或产品注意事项、材料或产品安全警语
2	配电与照明节能工程检验批/分项工程用出厂检验报告	检查内容同上,分别由厂家提供。提供的出厂检验报告的内容应符合相应标准"出厂检验项目"规定(与试验报告大体相同)
3	电缆、电线截面和每芯导体电阻值测定记录	试验单位、调试内容不缺项,应符合规范规定值
4	低压配电系统调试记录	试验单位、调试内容不缺项,应符合规范规定
5	通电试运行记录	试验单位、调试内容不缺项,应符合规范规定

注：1. 合理缺项除外；2. 表列凡有性能要求的均应符合设计和规范要求。

附：规范规定的施工"过程控制"要点

10.1 一般规定

10.1.2 建筑配电与照明节能工程验收的检验批划分应按《建筑节能工程施工质量验收规范》（GB 50411—2007）规范第 3.4.1 条的规定（建筑节能分项工程划分配电与照明节能工程的主要验收内容：低压配电电源；照明光源、灯具；附属装置；控制功能；调试等）。

【监测与控制节能工程检验批/分项工程质量验收记录】

监测与控制节能工程检验批/分项工程质量验收记录表　　　　表 411-10

单位(子单位)工程名称					
分部(子分部)工程名称				验收部位	
施工单位				项目经理	
分包单位				分包项目经理	
施工执行标准名称及编号					

检控项目	序号	质量验收规范规定		施工单位检查评定记录	监理(建设)单位验收记录
主控项目	1	设备、材料及附属产品进场时的品种、规格、型号、外观和性能检查验收规定	第13.2.1条		
	2	监测与控制系统安装质量的规定	第13.2.2条		
	3	经过试运行项目的系统投入情况、监控功能、故障报警联锁控制及数据采集等功能要求	第13.2.3条		
	4	冷热源、空调水系统监测控制系统应成功运行,控制及故障报警功能符合设计要求	第13.2.4条		
	5	通风与空调监测控制系统的控制功能及故障报警功能,符合设计要求	第13.2.5条		
	6	监测与计量装置的检测计量数据准确,符合系统对测量准确度要求	第13.2.6条		
	7	供配电的监测与数据采集系统,符合设计要求	第13.2.7条		
	8	照明自动控制系统功能要求与控制功能符合设计要求,设计无要求时应实现的控制功能	第13.2.8条		
	9	综合控制系统的功能检测项目,检测结果满足设计要求	第13.2.9条		
	10	建筑能源管理系统的能耗数据采集与分析功能,设备管理和运行管理功能,优化能源调度功能,数据集成功能符合设计要求	第13.2.10条		
一般项目	1	检测监测与控制系统的可靠性、实时性、可维护性等的系统性能包括内容	第13.3.1条		
	2				

施工单位检查评定结果	专业工长(施工员)		施工班组长	
	项目专业质量检查员:　　　　　　　年　月　日			

监理(建设)单位验收结论	专业监理工程师: (建设单位项目专业技术负责人):　　　　　年　月　日

本表适用于建筑节能工程监测与控制系统的施工质量验收。

【检查验收时执行的规范条目】

1. 主控项目

第13.2.1条 监测与控制系统采用的设备、材料及附属产品进场时，应按照设计要求对其品种、规格、型号、外观和性能等进行检查验收，并应经监理工程师（建设单位代表）检查认可，且应形成相应的质量记录。各种设备、材料和产品附带的质量证明文件和相关技术资料应齐全，并应符合国家现行有关标准和规定。

　　检验方法：进行外观检查；对照设计要求核查质量证明文件和相关技术资料。

　　检查数量：全数检查。

第13.2.2条 监测与控制系统安装质量应符合以下规定：

　　1 传感器的安装质量应符合《自动化仪表工程施工及验收规范》GB 50093 的有关规定；

　　2 阀门型号和参数应符合设计要求，其安装位置、阀前后直管段长度、流体方向等应符合产品安装要求；

　　3 压力和差压仪表的取压点、仪表配套的阀门安装应符合产品要求；

　　4 流量仪表的型号和参数、仪表前后的直管段长度等应符合产品要求；

　　5 温度传感器的安装位置、插入深度应符合产品要求；

　　6 变频器安装位置、电源回路敷设、控制回路敷设应符合设计要求；

　　7 智能化变风量末端装置的温度设定器安装位置应符合产品要求；

　　8 涉及节能控制的关键传感器应预留检测孔或检测位置，管道保温时应做明显标注。

　　检验方法：对照图纸或产品说明书目测和尺量检查。

　　检查数量：每种仪表按20％抽检，不足10台全部检查。

第13.2.3条 对经过试运行的项目，其系统的投入情况、监控功能、故障报警连锁控制及数据采集等功能，应符合设计要求。

　　检验方法：调用节能监控系统的历史数据、控制流程图和试运行记录，对数据进行分析。

　　检查数量：检查全部进行过试运行的系统。

第13.2.4条 空调与采暖的冷热源、空调水系统的监测控制系统应成功运行，控制及故障报警功能应符合设计要求。

　　检验方法：在中央工作站使用检测系统软件，或采用在直接数字控制器或冷热源系统自带控制器上改变参数设定值和输入参数值，检测控制系统的投入情况及控制功能；在工作站或现场模拟故障，检测故障监视、记录和报警功能。

　　检查数量：全部检测。

第13.2.5条 通风与空调监测控制系统的控制功能及故障报警功能应符合设计要求。

　　检验方法：在中央工作站使用检测系统软件，或采用在直接数字控制器或通风与空调系统自带控制器上改变参数设定值和输入参数值，检测控制系统的投入情况及控制功能；在工作站或现场模拟故障，检测故障监视、记录和报警功能。

　　检查数量：按总数的20％抽样检测，不足5台全部检测。

第13.2.6条 监测与计量装置的检测计量数据应准确，并符合系统对测量准确度的要求。

　　检验方法：用标准仪器仪表在现场实测数据，将此数据分别与直接数字控制器和中央工作站显示数据进行比对。

　　检查数量：按20％抽样检测，不足10台全部检测。

第13.2.7条 供配电的监测与数据采集系统应符合设计要求。

　　检验方法：试运行时，监测供配电系统的运行工况，在中央工作站检查运行数据和报警功能。

　　检查数量：全部检测。

第13.2.8条   照明自动控制系统的功能应符合设计要求，当设计无要求时应实现下列控制功能：

1   大型公共建筑的公用照明区应采用集中控制并应按照建筑使用条件和天然采光状况采取分区、分组控制措施，并按需要采取调光或降低照度的控制措施；

2   旅馆的每间（套）客房应设置节能控制型开关；

3   居住建筑有天然采光的楼梯间、走道的一般照明，应采用节能自熄开关；

4   房间或场所设有两列或多列灯具时，应按下列方式控制：

1）所控灯列与侧窗平行；

2）电教室、会议室、多功能厅、报告厅等场所，按靠近或远离讲台分组。

检验方法：

1   现场操作检查控制方式；

2   依据施工图，按回路分组，在中央工作站上进行被检回路的开关控制，观察相应回路的动作情况；

3   在中央工作站改变时间表控制程序的设定，观察相应回路的动作情况；

4   在中央工作站采用改变光照度设定值、室内人员分布等方式，观察相应回路的控制情况。

5   在中央工作站改变场景控制方式，观察相应的控制情况。

检查数量：现场操作检查为全数检查，在中央工作站上检查按照明控制箱总数的5％检测，不足5台全部检测。

第13.2.9条   综合控制系统应对以下项目进行功能检测，检测结果应满足设计要求：

1   建筑能源系统的协调控制；

2   采暖、通风与空调系统的优化监控。

检验方法：采用人为输入数据的方法进行模拟测试，按不同的运行工况检测协调控制和优化监控功能。

检查数量：全部检测。

第13.2.10条   建筑能源管理系统的能耗数据采集与分析功能，设备管理和运行管理功能，优化能源调度功能，数据集成功能应符合设计要求。

检验方法：对管理软件进行功能检测。

检查数量：全部检查。

2. 一般项目

第13.3.1条   检测监测与控制系统的可靠性、实时性、可维护性等系统性能，主要包括下列内容：

1   控制设备的有效性，执行器动作应与控制系统的指令一致，控制系统性能稳定符合设计要求；

2   控制系统的采样速度、操作响应时间、报警反应速度应符合设计要求；

3   冗余设备的故障检测正确性及其切换时间和切换功能应符合设计要求；

4   应用软件的在线编程（组态）、参数修改、下载功能、设备及网络故障自检测功能应符合设计要求；

5   控制器的数据存储能力和所占存储容量应符合设计要求；

6   故障检测与诊断系统的报警和显示功能应符合设计要求；

7   设备启动和停止功能及状态显示应正确；

8   被控设备的顺序控制和联锁功能应可靠；

9   应具备自动控制/远程控制/现场控制模式下的命令冲突检测功能；

10   人机界面及可视化检查。

检验方法：分别在中央工作站、现场控制器和现场利用参数设定、程序下载、故障设定、数据修改和事件设定等方法，通过与设定的显示要求对照，进行上述系统的性能检测。

检查数量：全部检测。

【检验批验收应提供的核查资料】

监测与控制节能工程检验批/分项工程质量验收记录应提供的核查资料   表 411-10a

序号	核查资料名称	核查要点
1	监测与控制系统安装质量验收相关文件	核查质量验收相关文件的齐全、正确及完整性
2	冷、热源系统的监测控制系统的调试和试运行记录	核查冷、热源系统的调试和试运行记录与设计、规范的符合性
3	空调水系统的监测控制系统的调试和试运行记录	核查空调水系统的调试和试运行记录与设计、规范的符合性
4	通风与空调系统的监测控制系统的调试和试运行记录	核查通风与空调系统的调试和试运行记录与设计、规范的符合性
5	监测与计量装置的调试和试运行记录	核查监测与计量装置的调试和试运行记录与设计、规范的符合性
6	供配电的监测控制系统的调试和试运行记录	核查供配电的监测控制系统的调试和试运行记录与设计、规范的符合性
7	照明自动控制系统的调试和试运行记录	核查照明自动控制系统的调试和试运行记录与设计、规范的符合性
8	综合控制系统等的调试和试运行记录	核查综合控制系统等的调试和试运行记录与设计、规范的符合性
9	检测与控制系统的可靠性、实时性、可维护性	核查检测与控制系统的可靠性、实时性、可维护性与设计、规范的符合性

注：对核查不符合设计、规范要求的项目，应在审核调试记录的基础上进行模拟检测，以检测监测与控制系统的节能监控功能。

附：规范规定的施工"过程控制"要点

13.1 一般规定

13.1.1 本章适用于建筑节能工程监测与控制系统的施工质量验收。

13.1.2 监测与控制系统施工质量的验收应执行《智能建筑工程质量验收规范》GB 50339 相关章节的规定和本规范的规定。

13.1.3 监测与控制系统验收的主要对象应为采暖、通风与空气调节和配电与照明所采用的监测与控制系统，能耗计量系统以及建筑能源管理系统。

建筑节能工程所涉及的可再生能源利用、建筑冷热电联供系统、能源回收利用以及其他与节能有关的建筑设备监控部分的验收，应参照本章的相关规定执行。

13.1.4 监测与控制系统的施工单位应依据国家相关标准的规定，对施工图设计进行复核。当复核结果不能满足节能要求时，应向设计单位提出修改建议，由设计单位进行设计变更，并经原节能设计审查机构批准。

13.1.5 施工单位应依据设计文件制定系统控制流程图和节能工程施工验收大纲。

13.1.6 监测与控制系统的验收分为工程实施和系统检测两个阶段。

13.1.7 工程实施由施工单位和监理单位随工程实施过程进行，分别对施工质量管理文件、设计符合性、产品质量、安装质量进行检查，及时对隐蔽工程和相关接口进行检查。

同时，应有详细的文字和图像资料，并对监测与控制系统进行不少于 168h 的不间断试运行。

13.1.8   系统检测内容应包括对工程实施文件和系统自检文件的复核，对监测与控制系统的安装质量、系统节能监控功能、能源计量及建筑能源管理等进行检查和检测。

系统检测内容分为主控项目和一般项目，系统检测结果是监测与控制系统的验收依据。

13.1.9   对不具备试运行条件的项目，应在审核调试记录的基础上进行模拟检测，以检测监测与控制系统的节能监控功能。

建筑节能分项工程划分的监测与控制节能工程的主要验收内容：冷、热源系统的监测控制系统；空调水系统的监测控制系统；通风与空调系统的监测控制系统；监测与计量装置；供配电的监测控制系统；照明自动控制系统；综合控制系统等。

第二章 建筑节能工程施工文件

1. 施工文件编制说明

《建筑节能工程施工质量验收规范》（GB 50411—2007），第 15 章建筑节能分部工程质量验收第 15.0.6 条规定提出了"建筑节能工程验收时应对下列资料核查，并纳入竣工技术档案"的要求。"建筑节能工程施工文件"按此作为编制建筑节能工程施工文件目次。

注：因《建筑节能工程施工质量验收规范》（GB 50411—2007）规范中未列出"建筑节能工程质量控制资料核查记录"和"建筑节能工程安全和功能检验资料核查及主要功能抽查记录"的检验项目，故本书按（GB 50411—2007）规范第 15.0.6 条作为编制建筑节能工程施工文件的目次。

2. 编制依据与参考文件

建筑节能工程施工文件编制主要依据：

（1）《建筑工程施工质量验收统一标准》（GB 50300）标准及各专业工程质量验收规范和国家现行有关标准规定。

（2）《建筑节能工程施工质量验收规范》（GB 50411—2007）。

（3）《严冬和寒冷地区居住建筑节能设计标准》（JGJ 26—2010）。

（4）《居住建筑节能检测标准》（JGJ/T 132—2009）。

（5）《建筑工程施工技术标准》（中建八局）。

（6）相关建筑节能工程用材料标准。

建筑节能工程验收应提施工文件目次（GB 50411—2007）

（1）设计文件、图纸会审记录、设计变更和洽商记录；

（2）主要材料、设备和构件的质量证明文件、进场检验记录、进场核查记录、进场复验报告、见证试验报告；

（3）隐蔽工程验收记录和相关图像资料；

（4）分项工程质量验收记录（必要时应核查检验批验收记录）；

（5）建筑围护结构节能构造现场实体检验记录；

（6）严寒、寒冷和夏热冬冷地区的外窗气密性现场实体检测报告；

（7）风管及系统严密性检验记录；

（8）现场组装的组合式空调机组的漏风量测试记录；

（9）设备单机试运转及调试记录；

（10）系统联合试运转及调试记录；

（11）系统节能性能检验报告；

（12）其他对工程质量有影响的重要技术资料。

1　设计文件、图纸会审记录、设计变更和洽商记录

1.1　设计文件

设计文件即建筑节能工程施工图设计文件及其相关的设计说明。

节约能源是我国的基本国策，是建设节约型社会的根本要求。建筑物节能设计的合理与否和建筑群的布置、平面设计等的相关技术参数密切相关。

建筑节能设计的各类居住建筑包括：住宅、集体宿舍、住宅公寓、商住楼的住宅部分、托儿所、幼儿园等，其采暖、空调、通风、热水供应、照明、炊事、家用电器、电梯等是巨大的耗能主体。因此，必须做好建筑节能设计工作。

居住建筑的节能设计主要包括："建筑与围护结构的热工设计"和"采暖、通风和空气调节节能设计"。

对设计文件的基本要求是：设计部门应当严格执行相关标准或规范。施工图设计文件应当符合《严寒和寒冷地区居住建筑节能设计标准》（JGJ 26—2010）标准的相关限值规定。

1.1.1　建筑与围护结构热工设计

1. 居住建筑的体形系数和窗墙面积比限值

（1）严寒和寒冷地区居住建筑的体形系数不应大于表 1.1.1.1 规定的限值。当体形系数大于表 1.1.1.1 规定的限值时。必须按照《严寒和寒冷地区居住建筑设计标准》（JGJ 26—2010）的要求进行围护结构热工性能的权衡判断。

严寒和寒冷地区居住建筑的体形系数限值　　　　　　　　表 1.1.1.1

	建 筑 层 数			
	≤3 层	4～8 层	9～13 层	≥14 层
严寒地区	0.50	0.30	0.28	0.25
寒冷地区	0.52	0.33	0.30	0.26

（2）严寒和寒冷地区居住建筑的窗墙面积比不应大于表 1.1.1.2 规定的限值。当窗墙面积比大于表 1.1.1.2 规定的限值时。必须按照《严寒和寒冷地区居住建筑设计标准》（JGJ 26—2010）标准的要求进行围护结构热工性能的权衡判断，并且在进行权衡判断时，各朝向的窗墙面积比最大也只能比表 1.1.1.2 中的对应值大 0.1。

严寒和寒冷地区居住建筑的窗墙面积比限值　　　　　　　　表 1.1.1.2

朝　　　向	窗墙面积比	
	严寒地区	寒冷地区
北	0.25	0.30
东、西	0.30	0.35
南	0.45	0.50

注：1　敞开式阳台的阳台门上部透明部分应计入窗户面积，下部不透明部分不应计入窗户面积。
　　2　表中的窗墙面积比应按开间计算。表中的"北"代表从北偏东小于 60°至北偏西小于 60°的范围；"东、西"代表从东或西偏北小于等于 30°至偏南小于 60°的范围；"南"代表从南偏东小于等于 30°至偏西小于等于 30°的范围。

2. 围护结构热工设计

（1）根据建筑物所处城市的气候分区区属不同，建筑围护结构的传热系数不应大于表1.1.1.3～表1.1.1.8规定的限值。周边地面和地下室外墙的保温材料层热阻不应小于表1.1.1.3～表1.1.1.8规定的限值，寒冷（B）区外窗综合遮阳系数不应大于表1.1.1.8规定的限值。当建筑围护结构的热工性能参数不满足上述规定时，必须按照《严寒和寒冷地区居住建筑节能设计标准》（JGJ 26—2010）的规定进行围护结构热工性能的权衡判断。

严寒（A）区围护结构热工性能参数限值   表1.1.1.3

围护结构部位		传热系数 $K[\text{W}/(\text{m}^2 \cdot \text{K})]$		
		≤3 层建筑	4～8 层的建筑	≥9 层建筑
屋面		0.20	0.25	0.25
外墙		0.25	0.40	0.50
架空或外挑楼板		0.30	0.40	0.40
非采暖地下室顶板		0.35	0.45	0.45
分隔采暖与非采暖空间的隔墙		1.2	1.2	1.2
分隔采暖与非采暖空间的户门		1.5	1.5	1.5
阳台门下部门芯板		1.2	1.2	1.2
外窗	窗墙面积比≤0.2	2.0	2.5	2.5
	0.2＜窗墙面积比≤0.3	1.8	2.0	2.2
	0.3＜窗墙面积比≤0.4	1.6	1.8	2.0
	0.4＜窗墙面积比≤0.45	1.5	1.6	1.8
围护结构部位		保温材料层热阻 $R[(\text{m}^2 \cdot \text{K})/\text{W}]$		
周边地面		1.70	1.40	1.10
地下室外墙（与土壤接触的外墙）		1.80	1.50	1.20

严寒（B）区围护结构热工性能参数限值   表1.1.1.4

围护结构部位		传热系数 $K[\text{W}/(\text{m}^2 \cdot \text{K})]$		
		≤3 层建筑	4～8 层的建筑	≥9 层建筑
屋面		0.25	0.30	0.30
外墙		0.30	0.45	0.55
架空或外挑楼板		0.30	0.45	0.45
非采暖地下室顶板		0.35	0.50	0.50
分隔采暖与非采暖空间的隔墙		1.2	1.2	1.2
分隔采暖与非采暖空间的户门		1.5	1.5	1.5
阳台门下部门芯板		1.2	1.2	1.2
外窗	窗墙面积比≤0.2	2.0	2.5	2.5
	0.2＜窗墙面积比≤0.3	1.8	2.2	2.2
	0.3＜窗墙面积比≤0.4	1.6	1.9	2.0
	0.4＜窗墙面积比≤0.45	1.5	1.7	1.8
围护结构部位		保温材料层热阻 $R[(\text{m}^2 \cdot \text{K})/\text{W}]$		
周边地面		1.40	1.10	0.83
地下室外墙（与土壤接触的外墙）		1.50	1.20	0.91

严寒 (C) 区围护结构热工性能参数限值   表 1.1.1.5

围护结构部位		传热系数 $K[W/(m^2 \cdot K)]$		
		≤3 层建筑	4~8 层的建筑	≥9 层建筑
屋面		0.30	0.40	0.40
外墙		0.35	0.50	0.60
架空或外挑楼板		0.35	0.50	0.50
非采暖地下室顶板		0.50	0.60	0.60
分隔采暖与非采暖空间的隔墙		1.5	1.5	1.5
分隔采暖与非采暖空间的户门		1.5	1.5	1.5
阳台门下部门芯板		1.2	1.2	1.2
外窗	窗墙面积比≤0.2	2.0	2.5	2.5
	0.2<窗墙面积比≤0.3	1.8	2.2	2.2
	0.3<窗墙面积比≤0.4	1.6	2.0	2.0
	0.4<窗墙面积比≤0.45	1.5	1.8	1.8
围护结构部位		保温材料层热阻 $R[(m^2 \cdot K)/W]$		
周边地面		1.10	0.83	0.56
地下室外墙(与土壤接触的外墙)		1.20	0.91	0.61

寒冷 (A) 区围护结构热工性能参数限值   表 1.1.1.6

围护结构部位		传热系数 $K/[W(m^2 \cdot K)]$		
		≤3 层建筑	4~8 层的建筑	≥9 层建筑
屋面		0.35	0.45	0.45
外墙		0.45	0.60	0.70
架空或外挑楼板		0.45	0.60	0.60
非采暖地下室顶板		0.50	0.65	0.65
分隔采暖与非采暖空间的隔墙		1.5	1.5	1.5
分隔采暖与非采暖空间的户门		2.0	2.0	2.0
阳台门下部门芯板		1.7	1.7	1.7
外窗	窗墙面积比≤0.2	2.8	3.1	3.1
	0.2<窗墙面积比≤0.3	2.5	2.8	2.8
	0.3<窗墙面积比≤0.4	2.0	2.5	2.5
	0.4<窗墙面积比≤0.5	1.8	2.0	2.3
围护结构部位		保温材料层热阻 $R[(m^2 \cdot K)/W]$		
周边地面		0.83	0.56	—
地下室外墙(与土壤接触的外墙)		0.91	0.61	—

寒冷（B）区围护结构热工性能参数限值　　　　　表 1.1.1.7

围护结构部位		传热系数 $K[W/(m^2 \cdot K)]$		
		≤3 层建筑	4～8 层的建筑	≥9 层建筑
屋面		0.35	0.45	0.45
外墙		0.45	0.60	0.70
架空或外挑楼板		0.45	0.60	0.60
非采暖地下室顶板		0.50	0.65	0.65
分隔采暖与非采暖空间的隔墙		1.5	1.5	1.5
分隔采暖与非采暖空间的户门		2.0	2.0	2.0
阳台门下部门芯板		1.7	1.7	1.7
外窗	窗墙面积比≤0.2	2.8	3.1	3.1
	0.2<窗墙面积比≤0.3	2.5	2.8	2.8
	0.3<窗墙面积比≤0.4	2.0	2.5	2.5
	0.4<窗墙面积比≤0.5	1.8	2.0	2.3
围护结构部位		保温材料层热阻 $R[(m^2 \cdot K)/W]$		
周边地面		0.83	0.56	—
地下室外墙（与土壤接触的外墙）		0.91	0.61	—

注：周边地面和地下室外墙的保温材料层不包括土壤和混凝土地面。

寒冷（B）区外窗综合遮阳系数限值　　　　　表 1.1.1.8

围护结构部位		遮阳系数 SC(东、西向/南、北向)		
		≤3 层建筑	4～8 层的建筑	≥9 层建筑
外窗	窗墙面积比≤0.2	—/—	—/—	—/—
	0.2<窗墙面积比≤0.3	—/—	—/—	—/—
	0.3<窗墙面积比≤0.4	0.45/—	0.45/—	0.45/—
	0.4<窗墙面积比≤0.5	0.35/—	0.35/—	0.35/—

（2）外窗及敞开式阳台门应具有良好的密闭性能。严寒地区外窗及敞开式阳台门的气密性等级不应低于国家标准《建筑外门窗气密、水密、抗风压性能分级及检测方法》GB/T 7106—2008 中规定的 6 级。寒冷地区 1～6 层的外窗及敞开式阳台门的气密性等级不应低于国家标准《建筑外门窗气密、水密、抗风压性能分级及检测方法》GB/T 7106—2008 中规定的 4 级，7 层及 7 层以上不应低于 6 级。

1.1.2　采暖、通风和空气调节节能设计

集中采暖和集中空气调节系统的施工图设计，必须对每一个房间进行热负荷和逐项逐

时的冷负荷计算。

除当地电力充足和供电政策支持，或者建筑所在地无法利用其他形式的能源外，严寒和寒冷地区的居住建筑内，不应设计直接电热采暖。

1. 热源、热力站及热力网

（1）锅炉的选型。应与当地长期供应的燃料种类相适应。锅炉的设计效率不应低于表1.1.2中规定的数值。

锅炉的最低设计效率（%）   表1.1.2

锅炉类型、燃料种类及发热值		在下列锅炉容量(MW)下的设计效率(%)						
		0.7	1.4	2.8	4.2	7.0	14.0	>28.0
燃煤	Ⅱ	—	—	73	74	78	79	80
烟煤	Ⅲ	—	—	74	76	78	80	82
燃油、燃气		86	87	87	88	89	90	90

（2）锅炉房和热力站的总管上，应设置计量总供热量的热量表（热量计量装置）。集中采暖系统中建筑物的热力入口处，必须设置楼前热量表，作为该建筑物采暖耗热量的热量结算点。

（3）室外管网应进行严格的水力平衡计算。当室外管网通过阀门截流来进行阻力平衡时，各并联环路之间的压力损失差值，不应大于15%。当室外管网水力平衡计算达不到上述要求时，应在热力站和建筑物热力入口处设置静态水力平衡阀。

（4）当区域供热锅炉房设计采用自动监测与控制的运行方式时，应满足下列规定：

① 应通过计算机自动监测系统，全面、及时地了解锅炉的运行状况。

② 应随时测量室外的温度和整个热网的需求，按照预先设定的程序。通过调节投入燃料量实现锅炉供热量调节，满足整个热网的热量需求，保证供暖质量。

③ 应通过锅炉系统热特性识别和工况优化分析程序，根据前几天的运行参数、室外温度，预测该时段的最佳工况。

④ 应通过对锅炉运行参数的分析，作出及时判断。

⑤ 应建立各种信息数据库，对运行过程中的各种信息数据进行分析，并应能够根据需要打印各类运行记录，储存历史数据。

⑥ 锅炉房、热力站的动力用电、水泵用电和照明用电应分别计量。

（5）对于未采用计算机进行自动监测与控制的锅炉房和换热站，应设置供热量控制装置。

2. 采暖系统

集中采暖（集中空调）系统，必须设置住户分室（户）温度调节、控制装置及分户热计量（分户热分摊）的装置或设施。

3. 通风和空气调节系统

（1）当采用电机驱动压缩机的蒸汽压缩循环冷水（热泵）机组或采用名义制冷量大于7100W的电机驱动压缩机单元式空气调节机作为住宅小区或整栋楼的冷热源机组时，所选用机组的能效比（性能系数）不应低于现行国家标准《公共建筑节能设计标准》GB

50189 中的规定值；当设计采用多联式空调（热泵）机组作为户式集中空调（采暖）机组时，所选用机组的制冷综合性能系数不应低于国家标准《多联式空调（热泵）机组能效限定值及能源效率等级》GB 21454—2008 中规定的第 3 级。

（2）当选择土壤源热泵系统、浅层地下水源热泵系统、地表水（淡水、海水）源热泵系统、污水水源热泵系统作为居住区或户用空调（热泵）机组的冷热源时，严禁破坏、污染地下资源。

1.1.3 对施工图设计的基本要求

1. 设计文件

（1）施工图设计的平、立、剖面与体系用制品节点构造详图及施工操作工艺说明等应齐全、正确。

（2）施工图设计必须经当地建设行政主管部门批准的审图机构审查批准后实施。

（3）施工图设计应对以下内容提出符合标准与规范规定的施工实施规定与要求：

1）对保温节能工程材料质量提出基本要求；

2）对保温节能工程质量提出其质量标准要求；

3）对围护结构保温建筑构造性能提出施工详图与做法要求；

4）对外墙外保温的设计与施工操作与工艺要求；

5）对外墙外保温的现场试验方法提出执行标准与要求；

6）对外墙外保温系统及其组成材料性能试验方法提出执行标准与要求。

（4）设计文件应满足下列要求：

1）认真执行国家有关建筑节能的政策与标准，严格执行建筑节能标准规定的相关参数。应满足建筑节能设计要求，这是设计的目的。

2）应做到设计选用的材料、构件（或制品）应与地方标准设计要求相符合，做到就地取材。"就地"的建设经验可帮助节能工程的持续发展和保证其质量要求。

（5）施工单位应依据国家相关标准的规定对施工图设计进行复核。当复核结果不能满足节能要求时，应向设计单位提出修改建议，由设计单位进行设计变更，并经原节能设计审查机构批准。

（6）要求施工单位依据设计文件制定系统控制流程图和节能工程施工验收大纲。

2. 设计说明

建设节能施工图设计说明通常均有较详细的设计说明，这是指导施工的重要技术组成部分，应予重视并严格遵照执行。可将其汇总整理后直接归存。

（1）设计说明以施工图设计对应的设计项目为基础编制。

（2）对应的设计说明内容应齐全。

（3）设计说明通常包括：适用范围，编制依据，材料性能特点、相关参数与技术要求，选用方法，材料配制，施工程序，相关的计算参数与方法，基本构造，质量验收与允许偏差，材料的运输与储存。

1.2　图纸会审记录

1.2.1　图纸会审记录表式与说明

1. 资料表式

图 纸 会 审 记 录

表 1.2.1

工程编号：　　　　　　　　　　　　　　　　　　　　　　　　　　　　首页

工程名称			会审日期及地点	
建筑面积			结构类型	
参加人员	设计单位			
	施工单位			
	监理单位			
	建设单位			
主 持 人				
记录内容				
				记录人：

建设单位签章 代表：	设计单位签章 代表：	监理单位盖章 代表：	施工单位签章 代表：

注：1. 图纸会审记录由施工单位整理、汇总，建设单位、监理单位、施工单位各保存一份。
　　2. 图纸会审记录，设计单位应由专业设计负责人签字，其他相关单位应由项目技术负责或相关专业负责人签认。

图纸会审记录表 次页

图纸会审记录		编 号		
工程名称			日 期	
地 点			专业名称	
序号	图 号	图纸问题		图纸问题交底
建设单位	监理单位		设计单位	施工单位

2. 资料要求

（1）应按要求组织图纸会审。重点工程应有设计单位对工程质量的技术交底记录，应有对重要部位的技术要求和施工程序要求等的技术交底资料。

（2）要求参加人员签字齐全，日期、地点填写清楚。

（3）有关专业均应有专人参加会审，会审记录整理完整成文，签字盖章齐全为正确。

（4）会审记录内容基本符合要求，签章齐全为基本正确。

（5）会审记录内容不符合要求，与设计、施工规范有矛盾，并且记录中没有说明原因；签章不全者均为不正确。

3. 应用指导

图纸会审记录是对已正式批准的设计文件进行技术交底、审查和会审，对提出的问题予以记录的技术文件。

（1）正式施工前，施工图设计由建设单位组织，设计单位、监理单位、施工单位参加共同进行的图纸会审，将施工图设计中将要遇到的问题提前予以解决。图纸会审是设计和施工双方的技术文件交接的一种方式，是明确、完善设计质量的一个过程，也是保证工程顺利施工的措施。

（2）图纸会审时，会审记录资料应认真整理。当图纸会审分次进行时，其经整理完成的记录依序组排。

（3）设计图纸和有关设计技术文件资料，是施工单位赖以施工的、带根本性的技术文件，必须认真地组织学习和会审。会审的目的：

1）通过事先认真地熟悉图纸和说明书，以达到了解设计意图、工程质量标准及新技术、新材料、新工艺的技术要求，了解图纸间的尺寸关系、相互要求与配合等内在的联系，更能采取正确的施工方法去实现设计能力；

2）在熟悉图纸、说明书的基础上，通过有设计、建设、监理、施工等单位的专业技术人员参加的会审，将有关问题解决在施工之前，给施工创造良好的条件。

凡参加该工程的建设、施工、监理各单位均应参加图纸会审，在施工前均应对施工图设计进行学习（熟悉），解决好专业间有关联的事宜；有总分包单位时，总分包单位之间按施工图要求进行专业间的协作、配合事项的会商性综合会审。

（4）会审方法

1）图纸会审应由建设单位组织，设计单位交底，施工、监理单位参加。

2）会审通常分两个阶段进行，一是内部预审，由施工单位的有关人员负责在一定期限内完成。提出施工图纸中的问题，并进行整理归类，会审时候一并提出；监理单位同时也应进行类似的工作，为正确开展监理工作奠定基础。二是会审，由建设单位组织、设计单位交底、施工、监理单位参加，对预审及会审中提出的问题要逐一解决。

3）图纸会审是对已正式签署的设计文件进行交底和审查，对提出问题提出的实施办法应会签图纸、记录会审纪要。加盖各参加单位的公章，存档备查。

4）对提出问题的处理，一般问题设计单位同意的，可在图纸会审记录中注释进行修改，并办理手续；较大的问题必须由建设（或监理）、设计和施工单位洽商，由设计单位修改，经监理单位同意后向施工单位签发设计变更图或设计变更通知单方为有效；如果设计变更影响了建设规模和投资方向，要报请原批准初步设计的单位同意方准修改。

（5）图纸的会审内容按施工图设计进行，设计单位必须进行设计交底。

（6）表列子项

1）工程编号：指施工企业按施工顺序组排或按设计图注编号。

2）结构类型：按设计文件确定的结构类型填写。

3）参加人员：指表列单位参加会审的人员，应分别签记参加人姓名。

4）建设单位、施工单位、监理单位、设计单位：以上单位参加图纸会审，单位盖章有效。

5）会审日期：填写会审时的年、月、日。

6）主持人：一般由建设单位主持或建设、设计单位共同主持，有几个人主持时可以分别签记姓名。

7）记录内容：记录会审中发现所有需要记录的内容。已解决的注明解决办法，未解决的注明解决时间及方式。

记录由设计、施工的任一方整理，可在会审时协商确定。

8）建设、设计、施工、监理单位：应分别盖章有效，不盖章无效。

1.3　设 计 变 更

1. 资料表式

设计变更的表式以设计单位签发的设计变更文件为准。

2. 资料要求

(1) 工程设计变更图纸内容明确、具体，办理及时。

(2) 应先有变更然后施工。特殊情况需先施工后变更者，必须先征得设计单位同意，设计变更在一周内补上。

(3) 设计变更无设计部门盖章者无效。

3. 应用指导

设计变更的表式以设计单位签发的设计变更文件为准汇整。

设计变更是施工过程中由于设计图纸本身差错，设计图纸与实际情况不符，施工条件变化，原材料的规格、品种、质量不符合设计要求，以及职工提出合理化建议等原因，需要对设计、图纸部分内容进行修改而办理的变更设计的文件。

(1) 设计变更是施工图的补充和修改的记载，应及时办理，内容要求明确具体，必要时附图，不得任意涂改和后补。

(2) 工程设计变更由施工单位提出时，对其相关技术问题，必须取得设计单位和建设、监理单位的同意，并加盖同意单位章。

(3) 工程设计变更由设计单位提出时，如设计计算错误、做法改变、尺寸矛盾等问题，必须由设计单位提出变更设计联系单或设计变更图纸，由施工单位根据施工准备和工程进展情况，做出能否变更的决定。

(4) 遇有下列情况之一时，必须由设计单位签发设计变更通知单（或施工变更图纸）：

1) 当决定对图纸进行较大修改时；

2) 施工前及施工过程中发现图纸有差错、做法、尺寸矛盾、结构变更或与实际情况不符时；

3) 由建设单位提出，属细部做法、使用功能等方面提出的修改意见，必须经过设计单位同意，并提出设计变更通知书或设计变更图纸。

(5) 建筑节能设计变更的遵循原则

1) 设计变更不得降低建筑节能效果。当设计变更涉及建筑节能效果时，应经原施工图设计审查机构审查，在实施前应办理设计变更手续，并获得监理或建设单位的确认。

2) 对任何有关的节能设计变更，均须事先办理设计变更手续。

3) 涉及节能效果的设计变更，除应由原设计单位认可外，还应报原负责节能设计审查机构方可确定。确定变更后，应获得监理单位或建设单位的确认。

1.4　洽商记录

1. 资料表式

工程洽商记录   表 1.4

工程名称：			
洽商事项：			
建设单位：　　　　监理单位：　　　　设计单位：　　　　施工单位：			
代表：　　　　　　代表：　　　　　　代表：　　　　　　代表：　　年　月　日			

2. 资料要求

（1）洽商记录按签订日期先后顺序编号，要求责任制明确、签字齐全。

（2）应先有洽商变更然后施工。特殊情况需先施工后变更者，必须先征得设计单位同意，洽商记录需在一周内补上。

（3）先有洽商记录后施工者为符合要求，无洽商不按图纸施工者为不符合要求。

3. 应用指导

洽商记录是施工过程中，由于设计图纸本身差错，设计图纸与实际情况不符，施工条件变化，原材料的规格、品种、质量不符合设计要求，以及职工提出合理化建议等原因，需要对设计图纸部分内容进行修改，上述问题由实施单位发现并提出需要办理的工程洽商记录文件。

（1）洽商记录是施工图的补充和修改的记载，应及时办理，应详细叙述洽商内容及达成的协议或结果，内容要求明确具体，必要时附图，不得任意涂改和后补。

（2）洽商记录由施工单位提出时，必须取得设计单位和建设、监理单位的同意。洽商记录施工单位盖章，核查同意单位也应签章方为有效。

（3）当洽商与分包单位工作有关时，应及时通知分包单位参加洽商讨论，必要时（合同允许）参加会签。

（4）表列子项

洽商事项：按提请洽商变更的事项逐一填写。

2 主要材料、设备和构件质量证明文件，进场检验记录、进场核查记录，进场复验报告，见证试验报告

2.1 主要材料、设备和构件的合格证或质量证明文件

2.1.1 合格证或质量证明文件、试验报告汇总表和合格证粘贴表

2.1.1.1 合格证或质量证明文件、试验报告汇总表（通用）

1. 资料表式

合格证或质量证明文件、试验报告汇总表（通用）　　　　表 2.1.1.1

工程名称：

| 序　号 | 材料名称规格品种 | 生　产　厂　家 | 进　场 | | 合格证编　号 | 复试报告日　　期 | 试验结论 | 主要使用部位及有关说明 |
			数量	时间				

填表单位：　　　　　　　审核：　　　　　　　　　　　制表：

注：本表除有名称对象的合格证、试验报告汇总表外均用此表进行合格证、试验报告汇总。

2. 应用指导

（1）合格证或质量证明文件、试验报告汇总表是指核查用于工程的各种材料的品种、规格、数量，通过汇总对某种乃至全部材料达到便于检查的目的。

（2）合格证或质量证明文件、试验报告的整理汇总按工程进度形成的资料为序进行。

（3）表列子项

1）材料名称、规格、品种：照合格证、试验报告上材料的名称、规格、品种的实际汇整。

2）主要使用部位及有关说明：指进厂批材料主要使用在何处及需要说明的事宜。

2.1.1.2 ＿＿＿＿＿＿合格证（质量证明文件）粘贴表

1. 资料表式

＿＿＿＿＿＿合格证（质量证明文件）粘贴表　　　　表2.1.1.2

审核：	整理：		年　　月　　日

2. 应用指导

　　＿＿＿＿＿＿合格证粘贴表是为整理不同厂家提供的出厂合格证，因规格、形式不一，为统一规格而规定的表式。

　　（1）合格证粘贴表的一般要求

　　1）本表适用于建筑节能用防水材料、隔热保温材料、防腐材料等的建筑节能用材料、构件（制品）的出厂合格证或质量证明文件的整理粘贴，上述材料、构件（制品）的合格证或质量证明文件均应进行整理粘贴。

　　2）合格证的整理粘贴应按工程进度为序，应按品种分别整理粘贴。粘贴布局要清晰、合理。

　　3）某种材料合格证的整理粘贴，其品种、规格、数量，应满足设计要求，性能质量应满足相应标准质量要求。

　　（2）关于型式检验报告的说明

　　型式检验是由生产厂家委托有资质的检测机构，对定型产品或成套技术的全部性能及其适用性所作的检验。其报告称型式检验报告。

　　型式检验是材料生产厂家在完成产品生产过程中进行的试验，以证明产品具有满足预期使用性能的要求。由于材料、构件系供应方配套提供，对其生产过程中的材料，工艺难以判断，故《建筑节能工程施工质量验收规范》（GB 50411—2007）规范规定：**"建筑节能材料进场时，生产厂家应提供型式检验报告"**。可据此与材料的见证取样复验结果进行核查与对照。

　　型式检验报告应对规范规定应检测项目全部进行核查，不得缺项。检查结果应全部符合规范要求，同时必须符合设计要求。

　　建筑节能工程用材料、制品均应在提供出厂质量证明文件提供型式检验报告。

　　《外墙外保温工程技术规程》（JGJ 144—2004）规程规定的型式检验报告的有效期为两年。

2.1.1.3　设备开箱检验记录

1. 资料表式

设备开箱检验记录（通用）　　　　　　　　表 2.1.1.3

工程名称			分部(或单位)工程		
设备名称			型号、规格		
系统编号			装箱单号		
设备检查	1. 包装 2. 设备外观 3. 设备零部件 4. 其他			检查结果	
技术文件检查	1. 装箱单　　份　　张 2. 合格证　　份　　张 3. 说明书　　份　　张 4. 设备图　　份　　张 5. 其他			检查结果	
存在问题及处理意见					
		检查人员：　　　　　　年　月　日			
参加人员	监理(建设)单位		施　工　单　位		
		专业技术负责人	质检员	工　长	材料员

2. 应用指导

设备开箱检验记录是工程重要设备进场后，按设计和施工质量验收规范的要求进行检验的记录。

（1）建筑节能工程用设备进场时应进行开箱检验并有检验记录。

（2）建筑节能工程使用的主要材料、成品、半成品、配件、器具和设备必须具有中文质量合格证明文件，规格、型号及性能检测报告应符合国家技术标准或设计要求。进场时应做检查验收，并经监理工程师核查确认。

1）承接建筑节能工程的施工单位应当具有相应的资质。工程质量验收人员应具备相应的专业技术资格。

2）设备进场必须有完整的安装使用说明书。在运输、保管和施工过程中，应采取有效措施防止损坏或腐蚀。

3）主要设备、风机的开箱检验

① 设备开箱检查应由安装单位、供货单位、监理单位和建设单位共同组成，并做好检验记录；应按照设备清单、施工图纸及设备技术资料，核对设备本体及附件、备件的规格、型号是否符合设计图纸要求；附件、备件、产品合格证件、技术文件资料、说明书是否齐全；设备本体外观检查应无损伤及变形，油漆完整无损；设备内部检查：电器装置及元件、绝缘瓷件应齐全，无损伤、裂纹等缺陷；对检查出现的问题，应由参加方共同研究解决。

② 根据设备装箱清单，核对叶轮、机壳和其他部位（如地脚螺栓孔中心距，进、排气口法兰直径和方位及中心距、轴的中心标高等）的主要安装尺寸是否与设计相符。

③ 叶轮旋转方向应符合设备技术文件的规定。

④ 进气口、排气口应有盖板严密遮盖，防止尘土和杂物进入。

⑤ 检查风机外露部分各加工面的防锈情况，以及转子是否发生明显的变形或严重锈蚀、碰伤等；如有上述情况，应会同有关单位研究处理。

4）表列子项

① 系统编号：指该设备用于某系统的系统编号。

② 分部（或单位）工程：指开箱检验设备所在分部（或单位）的工程，照实际填写。

③ 装箱单号：照实际填写。

④ 设备检查：分别检查包装、设备外观、设备零部件、其他等项。

⑤ 技术文件检查：指开箱检验时的技术文件，应检查装箱单、合格证、说明书、设备图、其他等分别填写份数和张数。检查其是否符合设备安装及运行需要。

⑥ 检查结果及处理意见：分别指设备检查和技术文件检查结果及处理意见，照实际填写。

⑦ 存在问题及处理意见：指开箱检验中材料、设备存在的问题及处理建议，照实际填写。

2.1.2　合格证或质量证明文件的核查要求与说明

2.1.2.1　墙体节能工程合格证或质量证明文件核查

（1）墙体节能工程用材料、构件（制品）等，质量证明文件应核查其品种、规格、数量。

抽查数量按进场批次，每批随机抽取 3 个试样进行检查；质量证明文件应按照其出厂检验批进行核查。保温隔热材料，全数核查其导热系数、密度、抗压强度或压缩强度、燃烧性能。

（2）墙体节能材料、构件（制品）核查结果均应符合设计要求和标准（规范）的要求。

2.1.2.2　幕墙节能工程合格证或质量证明文件核查

（1）幕墙节能工程用材料、构件（制品）等，质量证明文件应核查其品种、规格、数量。

抽查数量按进场批次，每批随机抽取 3 个试样进行检查；质量证明文件应按照其出厂检验批进行核查。

（2）幕墙节能工程用保温隔热材料，全数核查其导热系数、密度、燃烧性能。幕墙玻璃全数核查其传热系数、遮阳系数、可见光透射比、中空玻璃露点。

（3）幕墙节能材料、构件（制品）核查结果均应符合设计要求和标准（规范）的要求。

2.1.2.3 门窗节能工程合格证或质量证明文件核查

（1）建筑外门窗的质量证明文件应核查其品种、规格、数量。

建筑外窗的气密性、保温性能、中空玻璃露点、玻璃遮阳系数和可见光透射比。质量证明文件应按照其出厂检验批进行核查。

（2）门窗节能工程抽查数量应符合下列规定：

1）建筑门窗每个检验批应抽查 5%，并不少于 3 樘，不足 3 樘时应全数检查；高层建筑的外窗，每个检验批应抽查 10%，并不少于 6 樘，不足 6 樘时应全数检查。

2）特种门每个检验批应抽查 50%，并不少于 10 樘，不足 10 樘时应全数检查。

（3）建筑门窗节能的核查结果均应符合设计要求和标准（规范）的要求。

2.1.2.4 屋面节能工程合格证或质量证明文件核查

（1）屋面节能工程的保温隔热材料质量证明文件应核查其品种、规格、数量。

抽查数量按进场批次，每批随机抽取 3 个试样进行检查；质量证明文件应按照其出厂检验批进行核查。保温隔热材料应全数核查其导热系数、密度、抗压强度或压缩强度、燃烧性能。

（2）屋面节能材料、构件（制品）核查结果均应符合设计要求和标准（规范）的要求。

2.1.2.5 地面节能工程合格证或质量证明文件核查

（1）地面节能工程的保温材料质量证明文件应核查其品种、规格、数量。

抽查数量按进场批次，每批随机抽取 3 个试样进行检查；质量证明文件应按照其出厂检验批进行核查。保温材料，全数核查其导热系数、密度、抗压强度或压缩强度、燃烧性能。

（2）地面节能用材料、构件（制品）核查结果均应符合设计要求和标准（规范）的要求。

2.1.2.6 采暖节能工程合格证或质量证明文件核查

（1）采暖系统节能工程采用的散热设备、阀门、仪表、管材、保温材料等产品，质量证明文件应全数核查其类型、材质、规格及外观等，并且应经监理工程师（建设单位代表）检查认可，且应形成相应的验收记录。各种产品和设备的质量证明文件和相关技术资料应齐全。

（2）采暖节能用材料、构件（制品）核查结果均应符合设计要求和标准（规范）的要求。

2.1.2.7 通风与空调节能工程合格证或质量证明文件核查

（1）通风与空调系统节能工程所使用的设备、管道、阀门、仪表、绝热材料等产品质量证明文件应全数核查其类型、材质、规格及外观等，并应对下列产品的技术性能参数进行全数核查。验收与核查的结果应经监理工程师（建设单位代表）检查认可，并应形成相应的验收、核查记录。各种产品和设备的质量证明文件和相关技术资料应齐全。

1）组合式空调机组、柜式空调机组、新风机组、单元式空调机组、热回收装置等设备的冷量、热量、风量、风压、功率及额定热回收效率；

2）风机的风量、风压、功率及其单位风量耗功率；

3）成品风管的技术性能参数；

4）自控阀门与仪表的技术性能参数。

（2）通风与空调节能用材料设备、管道、阀门、仪表、绝热材料核查结果，均应符合设计要求和标准（规范）的要求。

2.1.2.8 空调与采暖系统冷热源及管网节能工程合格证或质量证明文件核查

（1）空调与采暖系统冷热源设备及其辅助设备、阀门、仪表、绝热材料等产品质量证明文件应全数核查其类型、规格和外观等进行检查验收，并应对下列产品的技术性能参数进行全数核查。验收与核查的结果应经监理工程师（建设单位代表）检查认可，并应形成相应的验收、核查记录。各种产品和设备的质量证明文件和相关技术资料应齐全。

1）锅炉的单台容量及其额定热效率；

2）热交换器的单台换热量；

3）电机驱动压缩机的蒸汽压缩循环冷水（热泵）机组的额定制冷量（制热量）、输入功率、性能系数（COP）及综合部分负荷性能系数（IPLV）；

4）电机驱动压缩机的单元式空气调节机、风管送风式和屋顶式空气调节机组的名义制冷量、输入功率及能效比（EER）；

5）蒸汽和热水型溴化锂吸收式机组及直燃型溴化锂吸收式冷（温）水机组的名义制冷量、供热量、输入功率及性能系数；

6）集中采暖系统热水循环水泵的流量、扬程、电机功率及耗电输热比（EHR）；

7）空调冷热水系统循环水泵的流量、扬程、电机功率及输送能效比（ER）；

8）冷却塔的流量及电机功率；

9）自控阀门与仪表的技术性能参数。

（2）空调与采暖系统冷热源及管网节能设备核查结果均应符合设计要求和标准（规范）的要求。

2.1.2.9 配电与照明节能工程合格证或质量证明文件核查

（1）配电与照明节能工程合格证或质量证明文件应对其进场的配电与照明产品的品种、规格、数量进行核查，并经监理工程师（建设单位代表）检查认可，形成相应的验收、核查记录。

（2）配电与照明节能产品对合格证或质量证明文件核查结果均应符合设计要求和标准（规范）的要求。

2.1.2.10 监测与控制节能工程合格证或质量证明文件核查

（1）监测与控制系统采用的设备、材料及附属产品质量证明文件应全数核查其品种、规格、型号、外观和性能等进行检查验收，并应经监理工程师（建设单位代表）检查认可，且应形成相应的质量记录。各种设备、材料和产品附带的质量证明文件和相关技术资料应齐全。

（2）监测与控制节能设备、产品及附属产品质量证明文件核查结果均应符合设计要求和标准（规范）的要求。

2.2 进场检验记录、进场核查记录

1. 资料表式

材料（设备）进场验收记录   表 2.2

收货日期 年　月　日	材料(设备)名称	单位	数量	送货单 编　号	供货单位名称
材　料 (设备) 数量及 质　量 情　况	1. 不同品种的各自应送产品数量； 2. 不同品种的各自实收产品数量； 3. 实收质量状况				
有效 地点 及 保管 状况	1. 露天或仓库； 2. 能否正常保管				
备 注	1. 运输单位名称； 2. 送货人名称； 3. 其他				
施工单位材料员：	供货单位人员：		专职质检员：		专业技术负责人：

注：1. 每品种、批次填表一次。
　　2. 进场验收记录为管理资料，不作为归存资料。

2. 应用指导

（1）材料（设备）进场检验

材料（设备）进场检验是指对进入施工现场的材料、构配件、设备等进场后，应对其品种、规格、数量，协同出厂质量证明文件，检验其是否符合设计要求，由施工单位会同建设（监理）单位共同对进场物资进行核查验收。

（2）建筑节能工程使用的材料、设备等，必须符合设计要求及国家有关标准的规定。严禁使用国家明令禁止使用与淘汰的材料和设备。

（3）材料和设备进场验收应遵守下列规定：

1）对材料和设备的品种、规格、包装、外观和尺寸等进行检查验收，并应经监理工程师（建设单位代表）确认，形成相应的验收记录。

2）对材料和设备的质量证明文件进行核查，并应经监理工程师（建设单位代表）确认，纳入工程技术档案。进入施工现场用于节能工程的材料和设备均应具有出厂合格证、中文说明书及相关性能检测报告；定型产品和成套技术应有型式检验报告，进口材料和设备应按规定进行出入境商品检验。

3）对材料和设备应按照规定在施工现场抽样复验。复验应为见证取样送检。

（4）进场检验或进场核查应包括 10 个分项/检验批项目中的材料、构件和设备。

2.3　进场复验报告（见证取样）

　　进场复验报告即建筑节能工程用材料进场后标准规定应进行的复（试）验，其试（检）验报告主要包括：墙体节能材料、幕墙节能材料、门窗节能材料、屋面节能材料、地面节能材料、采暖节能材料、通风与空调节能材料、空调与采暖系统冷热源及管网节能材料、配电与照明节能各章中规定使用的材料。其品种概括为：保温隔热材料、粘结材料、预制保温墙板、保温砌块及其他规范要求试（检）验的材料。

　　幕墙玻璃及门窗玻璃。

2.3.1 　　　　材料复（试）验报告

1. 资料表式

　　　　　　　　　　　材料复（试）验报告表（通用）　　　　　　表 2.3.1

委托单位：　　　　　　　　　　　　　　　　　　　　　　　　试验编号：

工程名称		委托日期	
使用部位		报告日期	
试样名称及规格型号		检验类别	
生产厂家		批　号	

序　号	复(试)验项目	标 准 要 求	实测结果	单项结论

依据标准：

检验结论：

备　注：

试验单位：　　　　技术负责人：　　　　审核：　　　　试(检)验：

2. 应用指导

材料复（试）验报告表是指为保证建筑节能工程质量而对用于工程的除已明确有对象的试验表式以外的材料，根据标准要求应用本表进行有关指标的测试，由试验单位出具试验证明文件。

（1）材料质量检验的目的是按照标准和设计要求，通过一系列的检测手段，将所取的材料试验数据与材料质量标准相比较，借以判断材料质量的可靠性，能否使用于工程。

材料质量标准是用于衡量材料质量的尺度，也是作为验收、检验材料的依据。不同材料应用不同的质量标准，应据此分别对照执行。

（2）材料试（检）验的抽样数量和检验方法应按标准规定进行，以真实反映该批材料质量的性能。对于重要材料或非匀质材料，标准要求应酌情增加取样数量。

（3）材料质量试（检）验控制的内容主要应包括：材料的质量标准、材料的性能、材料的取样、试验方法、材料的适用范围和施工要求。

（4）进口材料、设备应会同商检局检验，如核对凭证中发现问题，应取得供方商检人员签署的商务记录，据此进行处理。

（5）设备进场复验的表式按当地建设行政主管部门批准的试验单位提供的试验报告直接归存，并列入施工文件中。

（6）表列子项

1）标准要求：指标准对测试有关项目质量指标的要求，由试验部门填写。

2）实测结果：指试验室测定的实际结果，由试验部门填写。

3）单项结论：指材料的单项试验结果，由试验室填写能否使用的单项结论。

附1：建筑节能工程进场材料和设备的复验项目（GB 50411—2007 表 A.0.1）

建筑节能工程进场材料和设备的复验项目　　　　　　　　　　表 2.3.1-1

章号	分项工程	复 验 项 目
4	墙体节能工程	1. 保温材料的导热系数、密度、抗压强度或压缩强度； 2. 粘结材料的粘结强度； 3. 增强网的力学性能、抗腐蚀性能
5	幕墙节能工程	1. 保温材料：导热系数、密度； 2. 幕墙玻璃：可见光透射比、传热系数、遮阳系数、中空玻璃露点； 3. 隔热型材：抗拉强度、抗剪强度
6	门窗节能工程	1. 严寒、寒冷地区：气密性、传热系数和中空玻璃露点； 2. 夏热冬冷地区：气密性、传热系数，玻璃遮阳系数、可见光透射比、中空玻璃露点； 3. 夏热冬暖地区：气密性、玻璃遮阳系数、可见光透射比、中空玻璃露点
7	屋面节能工程	保温隔热材料的导热系数、密度、抗压强度或压缩强度
8	地面节能工程	保温材料的导热系数、密度、抗压强度或压缩强度
9	采暖节能工程	1. 散热器的单位散热量、金属热强度； 2. 保温材料的导热系数、密度、吸水率
10	通风与空调节能工程	1. 风机盘管机组的供冷量、供热量、风量、出口静压、噪声及功率； 2. 绝热材料的导热系数、密度、吸水率
11	空调与采暖系统冷、热源及管网节能工程	绝热材料的导热系数、密度、吸水率
12	配电与照明节能工程	电缆、电线截面和每芯导体电阻值

附2：常用建筑材料（节能材料部分）进场复试项目、主要检测参数和取样依据（JGJ 190—2010）

常用建筑节能材料进场复试项目、主要检测参数和取样依据

名称(复试项目)	主要检测参数		取样依据
建筑外门窗	气密性能		《建筑装饰装修工程质量验收规范》GB 50210 《建筑节能工程施工质量验收规范》GB 50411
	水密性能		
	抗风压性能		
	传热系数(适用于严寒、寒冷和夏热冬冷地区)		
	中空玻璃露点		
	玻璃遮阳系数	适用于夏热冬冷和夏热冬暖地区	
	可见光透射比		
绝热用模塑聚苯乙烯泡沫塑料(适用墙体及屋面)	表观密度		《建筑节能工程施工质量验收规范》GB 50411
	压缩强度		
	导热系数		
绝热用挤塑聚苯乙烯泡沫塑料(适用墙体及屋面)	压缩强度		《建筑节能工程施工质量验收规范》GB 50411
	导热系数		
胶粉聚苯颗粒(适用墙体及屋面)	导热系数		《建筑节能工程施工质量验收规范》GB 50411
	干表观密度		
	抗压强度		
胶粘材料(适用墙体)	拉伸粘结强度		《建筑节能工程施工质量验收规范》GB 50411 《外墙外保温工程技术规程》JGJ 144
瓷砖胶粘剂(适用墙体)	拉伸胶粘强度		《建筑节能工程施工质量验收规范》GB 50411 《陶瓷墙地砖胶粘剂》JC/T 547
耐碱型玻纤网格布(适用墙体)	断裂强力(经向、纬向)		《建筑节能工程施工质量验收规范》GB 50411 《外墙外保温工程技术规程》JGJ 144
	耐碱强力保留率(经向、纬向)		
保温板钢丝网架(适用墙体)	焊点抗拉力		《建筑节能工程施工质量验收规范》GB 50411
	抗腐蚀性能(镀锌层质量或镀锌层均匀性)		
保温砂浆(适用屋面、地面)	导热系数		《建筑节能工程施工质量验收规范》GB 50411 《建筑保温砂浆》GB/T 20473
	干密度		
	抗压强度		
抹面胶浆、抗裂砂浆(适用抹面)	拉伸粘结强度		《建筑节能工程施工质量验收规范》GB 50411 《外墙外保温工程技术规程》JGJ 144
岩棉、矿渣棉、玻璃棉、橡塑材料(适用采暖)	导热系数		《建筑节能工程施工质量验收规范》GB 50411
	密度		
	吸水率		
散热器	单位散热量		《建筑节能工程施工质量验收规范》GB 50411
	金属热强度		
风机盘管机组	供冷量		《建筑节能工程施工质量验收规范》GB 50411
	供热量		
	风量		
	出口静压		
	噪声		
	功率		
电线、电缆(适用低压配电系统)	截面		《建筑节能工程施工质量验收规范》GB 50411
	每芯导体电阻值		

2.3.2 见证试验报告

2.3.2.1 见证取样

见证取样是保证建设工程质量检测工作的科学性、公正性和正确性，杜绝"仅对来样负责"而不对"工程质量负责"的不规范检测报告，建设部先后下达建监〔1996〕208号《关于加强工程质量检测工作的若干意见》及建监〔1996〕488号《建筑企业试验室管理规定》等文件，要求在检测工作中执行见证取样、送样制度。全国各地建设行政主管部门也陆续发文执行建设工程质量检测执行见证取送样制度。

见证取样制度是保证工程质量记录资料科学、公正和正确的必须执行的制度。凡不执行或不认真执行见证取样制度的，均应为工程质量记录资料不符合要求。对因无见证取样、送样而被评为不符合要求的工程，应根据工程实际进行抽测。抽测结果不符合要求时，应按第5.0.6条和5.0.7条办理。

中华人民共和国建设部令第141号（2005年11月1日施行），《建设工程质量检测管理办法》规定，具有相应资质的检测单位，按其批准的不同资质可以进行不同的检测内容。

1. 见证取样送检见证人授权书见表2.3.2.1-1。
见证取样送检见证人授权书以本表格式形式或当地建设行政主管部门授权部门下发的表式归存。

（1）见证人员应由建设单位或项目监理机构书面通知施工、检测单位和负责该项工程的质量监督机构。

（2）施工过程中，见证人员应按照见证取样和送检计划，对施工现场的取样和送检进行见证，并由见证人、取样人签字。见证人应制作见证记录，并归入工程档案。

见证取样送检见证人授权书　　　　　　　　　　　　　表2.3.2.1-1

＿＿＿＿＿＿＿＿＿＿＿＿＿＿＿＿＿＿（质量监督机构）	
经研究决定授权＿＿＿＿＿＿＿＿同志任＿＿＿＿＿＿＿＿＿＿＿＿＿＿＿＿＿＿工程见证取样和送检见证人。负责对其试块、试样和材料见证取样和送检，施工单位、试验单位予以认可。	
见证取样和送检印章	见证人签字手迹
	监理（建设）单位（章） 　　　年　　月　　日

2. 建筑节能工程实施中按标准规定提供的试块、试件和材料必须实施见证取样和送检。

3. 见证取样相关规定

（1）见证取样及送检的监督管理一般由当地建设行政主管部门委托的质量监督机构办理。

（2）见证取样必须采取相应措施，以保证见证取样具有公正性、真实性，应做到：

1）严格按照建设部建建〔2000〕211号文确定的见证取样项目及数量执行。项目不超过该文规定，数量按规定取样数量的30％；

2）按规定确定见证人员，见证人员应为建设单位或监理单位具备建筑施工试验知识的专业技术人员担任，并通知施工、检测单位和质量监督机构；

3）见证人员应在试件或包装上做好标识、封志、标明工程名称、取样日期、样品名称、数量及见证人签名；

4）见证人应保证取样具有代表性和真实性并对其负责。见证人应作见证记录并归档；

5）检测单位应保证严格按上述要求对其试件确认无误后进行检测，其报告应科学、真实、准确，应签章齐全。

4. 见证取样试验委托单

（1）见证取样试验委托单见表2.3.2.1-2。

见证取样试验委托单 表 2.3.2.1-2

工程名称		使用部位	
委托试验单位		委托日期	
样品名称		样品数量	
产地(生产厂家)		代表数量	
合格证号		样品规格	
试验内容及要求			
备注			
取样人		见证人	

见证取样试验委托单以本表格式或当地建设行政主管部门授权部门下发的表式归存。

（2）承担见证取样检测及有关结构安全检测的单位应具有相应资质。

相应资质是指经过管理部门确认其是该项检测任务的单位，具有相应的设备及条件，人员经过培训有上岗证；有相应的管理制度，并通过计量部门认可，不一定是当地的检测中心等检测单位，应考虑就近，以减少交通费用及时间。

5. 见证取样送检记录（参考用表）

见证取样送检记录（参考用表）　　　　　表 2.3.2.1-3

编号：_____

工程部位：_____

取样部位：_____

样品名称：_____　取样数量：_____

取样地点：_____　取样日期：_____

见证记录：

有见证取样和送检印章：

取样人签字：_____

见证人签字：_____

　　　　　　　　　　　填制本记录日期：

6. 有见证试验汇总表见表 2.3.2.1-4。

有见证试验汇总表　　　　　　　表 2.3.2.1-4

工程名称：_____

施工单位：_____

建设单位：_____

监理单位：_____

见　证　人：_____

试验室名称：_____

试验项目	应送试总次数	有见证试验次数	不合格次数	备注

施工单位：　　　　　　　　　　　　　　　　　　制表人：

注：此表由施工单位汇总填写，报当地质量监督总站（或站）。

填表说明：

（1）见证人：指已取得见证取样送检资质并对某一品种实际送试的见证人。填写见证人姓名。

（2）应送试总次数：指该试验项目，该品种根据标准规定应送检的代表批次的应送数量的总次数。

（3）有见证试验次数：指该试验项目，该品种按见证取样要求的实际送检批次数。

（4）不合格次数：指该试验项目，该品种按见证取样送检的批次中，按标准规定测试结果，不符合某标准规定的批次数。

2.3.3   绝热（保温）材料或产品的检测

2.3.3.1   绝热用模塑聚苯乙烯泡沫塑料的检验报告

1. 资料表式

绝热用模塑聚苯乙烯泡沫塑料检验报告　　　　表 2.3.3.1

资质证号：　　　　　　　　统一编号：　　　　　　　　共　页　第　页

委托单位			委托日期	
工程名称			报告日期	
使用部位			检测类别	
产品名称			生产厂家	
样品数量			规格型号	
样品状态			样品标识	
见证单位			见证人	

序号	检验项目		计量单位	标准要求	检测结果	单项判定
1	表观密度		kg/m^3			
2	压缩强度		kPa			
3	导热系数		W/(m·K)			
4	尺寸稳定性		%			
5	水蒸气透过系数		ng/(Pa·m·s)			
6	吸水率(体积分数)		%			
7	熔结性[1]	断裂弯曲负荷	N			
		弯曲变形	mm			
8	燃烧性能[2]	氧指数	%			
		燃烧分级	达到 B_2 级			

依据标准		试验方法执行标准	
检测结论			
备　　注			

批准：　　　　审核：　　　　校对：　　　　检测：

注：1) 断裂弯曲负荷或弯曲变形有一项能符合指标要求即为合格。

　　2) 普通型聚苯乙烯泡沫塑料板材不要求。

2. 应用指导

(1) 绝热用模塑聚苯乙烯泡沫塑料是指可发性聚苯乙烯珠粒经加热预发泡后，在模具中加热成型而制得的具有闭孔结构的使用温度不超过 75℃ 的聚苯乙烯泡沫塑料板材。

(2) 绝热用模塑聚苯乙烯泡沫塑料试验报告用表按表 2.3.3.1 或当地建设行政主管部门批准的试验室出具的试验报告直接归存。

(3) 主要检测参数：表观密度；压缩强度；导热系数。

(4) 执行标准（GB/T 10801.1—2002）的主要技术要求，见表 2 和表 3。

绝热用模塑聚苯乙烯泡沫塑料
（GB/T 10801.1—2002）（摘选）

1. 绝热用模塑聚苯乙烯泡沫塑料分类

绝热用模塑聚苯乙烯泡沫塑料分为阻燃型和普通型。绝热用模塑聚苯乙烯泡沫塑料按密度分为 Ⅰ、Ⅱ、Ⅲ、Ⅳ、Ⅴ、Ⅵ类，其密度范围见表 1。

绝热用模塑聚苯乙烯泡沫塑料密度范围　　　　　　　　　　　表 1

类　　别	密 度 范 围
Ⅰ	≥15～<20
Ⅱ	≥20～<30
Ⅲ	≥30～<40
Ⅳ	≥40～<50
Ⅴ	≥50～<60
Ⅵ	≥60

2. 技术要求

(1) 规格尺寸由供需双方商定，允许偏差应符合表 2 的规定。

规格尺寸和允许偏差（mm）　　　　　　　　　　　　表 2

长度、宽度尺寸	允许偏差	厚度尺寸	允许偏差	对角线尺寸	对角线差
<1000	±5	<50	±2	<1000	5
1000～2000	±8	50～75	±3	1000～2000	7
>2000～4000	±10	>75～100	±4	>2000～4000	13
>4000	正偏差不限，—10	>100	供需双方决定	>4000	15

(2) 外观要求色泽均匀，阻燃型应掺有颜色的颗粒，以示区别；外形表面平整，无明显收缩变形和膨胀变形；熔结良好；无明显油渍和杂质。

(3) 物理机械性能应符合表 3 要求。

物理机械性能　　　　　　　　　　　　表3

项　目		单位	性能指标					
			I	II	III	IV	V	VI
表观密度	不小于	kg/m³	15.0	20.0	30.0	40.0	50.0	60.0
压缩强度	不小于	kPa	60	100	150	200	300	400
导热系数	不大于	W/(m·K)	0.041			0.039		
尺寸稳定性	不大于	%	4	3	2	2	2	1
水蒸气透过系数	不大于	ng/(Pa·m·s)	6	4.5	4.5	4	3	2
吸水率(体积分数)	不大于	%	6	4		2		
熔结性[1]	断裂弯曲负荷　不小于	N	15	25	35	60	90	120
	弯曲变形　不小于	mm	20			—		
燃烧性能[2]	氧指数　不小于	%	30					
	燃烧分级		达到 B_2 级					

注:1)断裂弯曲负荷或弯曲变形有一项能符合指标要求即为合格。

　　2)普通型聚苯乙烯泡沫塑料板材不要求。

3. 检验规则的组批、检验项目与判定

（1）组批按同一规格的产品数量不超过 2000 m³ 为一批。

（2）出厂检验项目为尺寸、外观、密度、压缩强度、熔结性。

（3）型式检验项目为尺寸、外观、密度、压缩强度、熔结性、导热系数、尺寸变化率、水蒸气透过系数、吸水率、燃烧性能。

（4）出厂检验与型式检验的判定

1）出厂检验的判定

尺寸偏差及外观任取 20 块进行检验，其中 2 块以上不合格时，该批为不合格品。

物理机械性能从该批产品中随机取样，任何一项不合格时应重新从原批中双倍取样。对不合格项目进行复验，复验结果仍不合格时整批为不合格品。

2）型式检验的判定

从合格品中随机抽取 1 块样品，按（GB/T 10801.1—2002）规定的方法进行测试，其结果应符合"技术要求"中的规定。

2.3.3.2　绝热用挤塑聚苯乙烯泡沫塑料（XPS）的检验报告

1. 资料表式

绝热用挤塑聚苯乙烯泡沫塑料检验报告　　　　　表 2.3.3.2

资质证号：　　　　　　　　统一编号：　　　　　　　共　页　第　页

委托单位		委托日期	
工程名称		报告日期	
使用部位		检测类别	
产品名称		生产厂家	
样品数量		规格型号	
样品状态		样品标识	
见证单位		见证人	

序号	检验项目		计量单位	标准要求		检测结果	单项判定
1	压缩强度		kPa				
2	吸水率,浸水 96 h		％（体积分数）				
3	透湿系数,23℃±1℃,RH50％±5％		ng/(m・s・Pa)				
4	尺寸稳定性 70℃±2℃下,48h		％	长度			
				宽度			
				高度			
5	绝热性能	热阻厚度 25 mm 时平均温度 10℃ 25℃	(m²・K)/W				
		导热系数平均温度 10℃ 25℃	W/(m・K)				
依据标准				试验方法执行标准			
检测结论							
备　　注							

批准：　　　　审核：　　　　校对：　　　　检测：

2. 应用指导

（1）绝热用挤塑聚苯乙烯泡沫塑料（XPS）是指用于使用温度不超过 75℃的绝热用挤塑聚苯乙烯泡沫塑料（XPS）或用于带有塑料、箔片贴面以及带有表面深层的绝热用挤塑聚苯乙烯泡沫塑料（XPS）。

（2）绝热用挤塑聚苯乙烯泡沫塑料（XPS）试验报告用表按表 2.3.3.2 或当地建设行政主管部门批准的试验室出具的试验报告直接归存。

（3）主要检测参数：压缩强度；导热系数。

（4）执行标准（GB/T 10801.2—2002）的主要技术要求见表2和表3。

绝热用挤塑聚苯乙烯泡沫塑料（XPS）
（GB/T 10801.2—2002）
（摘选）

1. 绝热用挤塑聚苯乙烯泡沫塑料（XPS）的分类

（1）按制品压缩强度P和表皮分为以下十类：

① X150—P≥150kPa，带表皮；　②X200—P≥200kPa，带表皮；　③X250—P≥250kPa，带表皮；④X300—P≥300kPa，带表皮；　⑤X350—P≥350kPa，带表皮；　⑥X400—P≥400kPa，带表皮；⑦X450—P≥450kPa，带表皮；⑧X500—P≥500kPa，带表皮；⑨W200—P≥200kPa，不带表皮；⑩W300—P≥300kPa，不带表皮。

注：其他表面结构的产品，由供需双方商定。

（2）标记方法

①标记顺序：产品名称—类别—边缘结构形式—长度×宽度×厚度—标准号。

②边缘结构形式用以下代号表示：

边缘结构型式表示方法：SS 表示四边平头；SL 表示两长边搭接；TG 表示两长边为榫槽型；RC 表示两长边为雨槽形。若需四边搭接、四边榫槽或四边雨槽形需特殊说明。

标记示例：类别为 X250、边缘结构为两长边搭接，长度 1200mm、宽度 600mm、厚度 50mm 的挤出聚苯乙烯板，标记表示为：XPS—X250—SL—1200×600×50—GB/T 10801.2。

2. 技术要求

（1）规格尺寸和允许偏差

① 产品主要规格尺寸见表1，其他规格由供需双方商定，但允许偏差应符合表2的规定。

规格尺寸（单位：mm）　　　　　　　　　　　　　　　　　表 1

长　　度	宽　　度	厚　　度
L		h
1200,1250,2450,2500	600,900,1200	20,25,30,40,50,75,100

②允许偏差应符合表2的规定。

允许偏差（单位：mm）　　　　　　　　　　　　　　　　　表 2

长度和宽度 L		厚度 h		对角线差	
尺寸 L	允许偏差	尺寸 h	允许偏差	尺寸 T	对角线差
$L<1000$	±5	$h<50$	±2	$T<1000$	5
$1000{\leqslant}L<2000$	±7.5	$h{\geqslant}50$	±3	$1000{\leqslant}T<2000$	7
$L{\geqslant}2000$	±10			$T{\geqslant}2000$	13

（2）产品外观质量的表面平整，无夹杂物，颜色均匀。不应有明显影响使用的可见缺陷，如起泡、裂口、变形等。

（3）产品的物理机械性能应符合表3的规定。

物理机械性能　　　　　　　　　　　　　　　　　　　　表 3

项　目	单　位	性能指标									
		带表皮								不带表皮	
		X150	X200	X250	X300	X350	X400	X450	X500	W200	W300
压缩强度	kPa	≥150	≥200	≥250	≥300	≥350	≥400	≥450	≥500	≥200	≥300
吸水率，浸水 96 h	%（体积分数）	≤1.5		≤1.0						≤2.0	≤1.5
透湿系数，23℃±1℃，RH50%±5%	ng/(m·s·Pa)	≤3.5		≤3.0			≤2.0			≤3.5	≤3.0
绝热性能　热阻　厚度 25 mm 时　平均温度　10℃　25℃	(m²·K)/W			≥0.89 ≥0.83			≥0.93 ≥0.86			≥0.76 ≥0.71	≥0.83 ≥0.78
绝热性能　导热系数　平均温度　10℃　25℃	W/(m·K)			≤0.028 ≤0.030			≤0.027 ≤0.029			≤0.033 ≤0.035	≤0.030 ≤0.032
尺寸稳定性，70℃±2℃下，48 h	%	≤2.0		≤1.5			≤1.0			≤2.0	≤1.5

（4）燃烧性能：按《建筑材料可燃性试验方法》GB/T 8626 进行检验，按《建筑材料及制品燃烧性能分级》GB 8624 分级应达到 B₂。

3. 检验规则

（1）出厂检验

1）出厂检验的检验项目为：尺寸、外观、压缩强度、绝热性能。

2）组批：以出厂的同一类别、同一规格的产品 300m³ 为一批，不足 300m³ 的按一批计。

3）抽样：尺寸和外观随机抽取 6 块样品进行检验，压缩强度取 3 块样品进行检验，绝热性能取两块样品进行检验。

4）尺寸、外观、压缩强度、绝热性能按（GB/T 10801.1—2002）规定的试验方法进行检验，检验结果应符合"技术要求"的规定。如果有两项指标不合格，则判该批产品不合格；如果只有一项指标（单块值）不合格，应加倍抽样复验；复验结果仍有一项（单块值）不合格，则判该批产品不合格。

（2）型式检验

1）型式检验的检验项目为"技术要求"规定的各项要求：尺寸、外观、压缩强度、吸水率、透湿系数、绝热性能、燃烧性能、尺寸稳定性。

2）型式检验应在工厂仓库的合格品中随机抽取样品，每项性能测试 1 块样品，按（GB/T 10801.2—2002）规定的试验方法切取试件并进行检验，检验结果应符合"技术要求"的规定。

2.3.4　胶粉聚苯颗粒外墙外保温系统的检测（JG 158—2004）

（1）胶粉聚苯颗粒外墙外保温系统是指设置在外墙外侧，由界面层、胶粉聚苯颗粒保温层、抗裂防护层和饰面层构成，起保温隔热、防护和装饰作用的构造系统。

（2）胶粉聚苯颗粒外墙外保温系统试验报告用表按下表或当地行政主管部门批准的试验室出具的试验报告直接归存。

（3）主要检测参数：导热系数；干表观密度；抗压强度。

（4）执行标准：《胶粉聚苯颗粒外墙外保温系统》（JG 158—2004）。

2.3.4.1 胶粉聚苯颗粒外保温系统的检验报告

1. 资料表式

胶粉聚苯颗粒外保温系统检验报告　　　　　　表2.3.4.1

资质证号：　　　　　　统一编号：　　　　　　　　共 页 第 页

委托单位		委托日期	
工程名称		报告日期	
使用部位		检测类别	
产品名称		生产厂家	
样品数量		规格型号	
样品状态		样品标识	
见证单位		见证人	

序号	检验项目		计量单位	标准要求	检测结果	单项判定
1	耐候性					
2	吸水量		(g/m²)浸水 1h			
3	抗冲击强度	C 型	—			
		T 型	—			
4	抗风压值		—			
5	耐冻融					
6	水蒸气湿流密度		g/(m²·h)			
7	不透水性		—			
8	耐磨损		500L 砂			
9	系统抗拉强度(C 型)		MPa			
10	饰面砖粘结强度(T 型) (现场抽测)		MPa			
11	抗震性能(T 型)		—			
12	火反应性		—			
依据标准			试验方法 执行标准			
检测结论						
备　注						

批准：　　　　　审核：　　　　　校对：　　　　　检测：

注：标准要求按表 3 性能指标项下的相关参数执行。

2. 应用指导

（1）胶粉聚苯颗粒外保温系统试验报告用表按表 2.3.4.1 或当地建设行政主管部门批准的试验室出具的试验报告直接归存。

（2）主要检测参数见表 2.3.4.1-1。

（3）执行标准：《胶粉聚苯颗粒外墙外保温系统》（JG 158—2004）。

（4）外保温系统应经大型耐候性试验验证。对于面砖饰面外保温系统，还应经抗震试验验证并确保其在设防烈度等级地震下，面砖饰面及外保温系统无脱落。

（5）胶粉聚苯颗粒外保温系统的性能应符合表 2.3.4.1-1 的要求。

胶粉聚苯颗粒外保温系统的性能指标　　　　　　表 2.3.4.1-1

试 验 项 目		性 能 指 标	
耐候性		经 80 次高温（70℃）—淋水（15℃）循环和 20 次加热（50℃）—冷冻（—20℃）循环后不得出现开裂、空鼓或脱落。抗裂防护层与保温层的拉伸粘结强度不应小于 0.1MPa，破坏界面应位于保温层	
吸水量（g/m²）浸水 1h		≤1000	
抗冲击强度	C 型	普通型（单网）	3J 冲击合格
		加强型（双网）	10J 冲击合格
	T 型	3.0J 冲击合格	
抗风压值		不小于工程项目的风荷载设计值	
耐冻融		严寒及寒冷地区 30 次循环、夏热冬冷地区 10 次循环表面无裂纹、空鼓、起泡、剥离现象	
水蒸气湿流密度[g/(m² · h)]		≥0.85	
不透水性		试样防护层内侧无水渗透	
耐磨损，500L 砂		无开裂，龟裂或表面保护层剥落、损伤	
系统抗拉强度（C 型，MPa）		≥0.1 并且破坏部位不得位于各层界面	
饰面砖粘结强度（T 型，MPa）（现场抽测）		≥0.4	
抗震性能（T 型）		设防烈度等级下砸砖饰面及外保温系统无脱落	
火反应性		不应被点燃，试验结束后试件厚度变化不超过 10%	

2.3.4.2 建筑节能界面砂浆性能的检验报告

1. 资料表式

建筑节能界面砂浆性能检验报告　　　　表 2.3.4.2

资质证号：　　　　　　　统一编号：　　　　　　　共 页 第 页

委托单位			委托日期	
工程名称			报告日期	
使用部位			检测类别	
产品名称			生产厂家	
样品数量			规格型号	
样品状态			样品标识	
见证单位			见证人	

序号	检验项目		计量单位	标准要求	检测结果	单项判定
1	界面砂浆压剪粘结强度	原强度	MPa	≥0.7		
		耐水	MPa	≥0.5		
		耐冻融	MPa	≥0.5		
依据标准				试验方法执行标准		
检测结论						
备　注						

批准：　　　　　审核：　　　　　校对：　　　　　检测：

2. 应用指导

界面砂浆是指由高分子聚合物乳液与助剂配制成的界面剂与水泥和中砂按一定比例拌合均匀制成的砂浆。

（1）建筑节能界面砂浆性能检验报告用表按表 2.3.4.2 或当地建设行政主管部门批准的试验室出具的试验报告直接归存。

（2）主要检测参数见表 2.3.4.2。

（3）执行标准：《胶粉聚苯颗粒外墙外保温系统》（JG 158—2004）。

（4）界面砂浆性能指标的检测结果应符合表 2.3.4.2 的规定。

2.3.4.3　胶粉料性能的检验报告

1. 资料表式

胶粉料性能检验报告
表 2.3.4.3

资质证号：　　　　　　　　统一编号：　　　　　　　　　共　页　第　页

委托单位		委托日期	
工程名称		报告日期	
使用部位		检测类别	
产品名称		生产厂家	
样品数量		规格型号	
样品状态		样品标识	
见证单位		见证人	

序号	检验项目	计量单位	标准要求	检测结果	单项判定
1	初凝时间	h	≥4		
2	终凝时间	h	≤12		
3	安定性（试饼法）	—	合格		
4	拉伸粘结强度	MPa	≥0.6		
5	浸水拉伸粘结强度	MPa	≥0.4		

依据标准		试验方法执行标准	
检测结论			
备　注			

批准：　　　　审核：　　　　校对：　　　　检测：

2. 应用指导

（1）胶粉料性能检验报告用表按表 2.3.4.3 或当地建设行政主管部门批准的试验室出具的试验报告直接归存。

（2）主要检测参数见表 2.3.4.3。

（3）执行标准：《胶粉聚苯颗粒外墙外保温系统》（JG 158—2004）。

（4）胶粉料性能指标的检测结果应符合表 2.3.4.3 的规定。

2.3.4.4　聚苯颗粒的检验报告

1. 资料表式

聚苯颗粒检验报告　　　　　　　　　表 2.3.4.4

资质证号：　　　　　　　　统一编号：　　　　　　　　　　　共　页　第　页

委托单位		委托日期	
工程名称		报告日期	
使用部位		检测类别	
产品名称		生产厂家	
样品数量		规格型号	
样品状态		样品标识	
见证单位		见证人	

序号	检验项目	计量单位	标准要求	检测结果	单项判定
1	堆积密度	kg/m³	8.0～21.0		
2	粒度（5mm 筛孔筛余）	%	≤5		

依据标准		试验方法执行标准	
检测结论			
备　注			

批准：　　　　审核：　　　　校对：　　　　检测：

2. 应用指导

（1）聚苯颗粒检验报告用表按表 2.3.4.4 或当地建设行政主管部门批准的试验室出具的试验报告直接归存。

（2）主要检测参数见表 2.3.4.4。

（3）执行标准：《胶粉聚苯颗粒外墙外保温系统》（JG 158—2004）。

（4）聚苯颗粒性能指标的检测结果应符合表 2.3.4.4 的规定。

2.3.4.5 胶粉聚苯颗粒保温浆料的检验报告

1. 资料表式

胶粉聚苯颗粒保温浆料检验报告　　　　　　表 2.3.4.5

资质证号：　　　　　　　　　统一编号：　　　　　　　　共　页　第　页

委托单位		委托日期	
工程名称		报告日期	
使用部位		检测类别	
产品名称		生产厂家	
样品数量		规格型号	
样品状态		样品标识	
见证单位		见证人	

序号	检验项目	计量单位	标准要求	检测结果	单项判定
1	湿表观密度	kg/m³	≤420		
2	干表观密度	kg/m³	180～250		
3	导热系数	W/(m·K)	≤0.060		
4	蓄热系数	W/(m·K)	≤0.095		
5	抗压强度	kPa	≥200		
6	压剪粘结强度	kPa	≥50		
7	线性收缩率	%	≤0.3		
8	软化系数	—	≥0.5		
9	难燃性	—	B_1 级		

依据标准		试验方法执行标准	
检测结论			
备注			

批准：　　　　审核：　　　　校对：　　　　检测：

2. 应用指导

(1) 胶粉聚苯颗粒保温浆料检验报告用表按表 2.3.4.5 或当地建设行政主管部门批准的试验室出具的试验报告直接归存。

(2) 主要检测参数见表 2.3.4.5。

(3) 执行标准：《胶粉聚苯颗粒外墙外保温系统》(JG 158—2004)。

(4) 胶粉聚苯颗粒保温浆料性能指标的检测结果应符合表 2.3.4.5 的规定。

2.3.4.6 抗裂剂及抗裂砂浆性能的检验报告

1. 资料表式

抗裂剂及抗裂砂浆性能检验报告

表 2.3.4.6

资质证号：　　　　　　　　　统一编号：　　　　　　　　　共　页　第　页

委托单位		委托日期	
工程名称		报告日期	
使用部位		检测类别	
产品名称		生产厂家	
样品数量		规格型号	
样品状态		样品标识	
见证单位		见证人	

序号		检验项目	计量单位	标准要求	检测结果	单项判定
1	抗裂剂	不挥发物含量	%	≥20		
		贮存稳定性 （20℃±5℃）	—	6个月，试样无结块凝聚及发霉现象，且拉伸粘结强度满足抗裂砂浆指标要求		
2	抗裂砂浆	可使用时间 可操作时间	h	≥1.5		
		可使用时间 在可操作时间内拉伸粘结强度	MPa	≥0.7		
		拉伸粘结强度（常温28 d）	MPa	≥0.7		
		浸水拉伸粘结强度（常温28 d，浸水7 d）	MPa	≥0.5		
		压折比	—	≤3.0		

依据标准		试验方法执行标准	
检测结论			
备　　注			

批准：　　　　　审核：　　　　　校对：　　　　　检测：

注：水泥应采用强度等级42.5的普通硅酸盐水泥，并应符合《通用硅酸盐水泥》GB 175—1999 的要求，砂应符合《普通混凝土用砂、石质量及检验方法标准》JGJ 52—2006 的规定，筛除大于2.5mm颗粒，含泥量少于3%。

2. 应用指导

抗裂砂浆是指在聚合物乳液中参加多种外加剂和抗裂物质制得的抗裂剂和普通硅酸盐水泥、中砂按一定比例拌合均匀制成的具有一定柔韧性，能满足一定变形而保持不开裂的砂浆。

（1）抗裂剂及抗裂砂浆性能检验报告用表按表2.3.4.6或当地建设行政主管部门批准的试验室出具的试验报告直接归存。

（2）主要检测参数见表2.3.4.6。

（3）执行标准：《胶粉聚苯颗粒外墙外保温系统》（JG 158—2004）。

（4）抗裂剂及抗裂砂浆性能指标的检测结果应符合表2.3.4.6的规定。

2.3.4.7　耐碱网布性能的检验报告

1. 资料表式

耐碱网布性能检验报告

表 2.3.4.7

资质证号：　　　　　　　　　　统一编号：　　　　　　　　共　页　第　页

委托单位					委托日期		
工程名称					报告日期		
使用部位					检测类别		
产品名称					生产厂家		
样品数量					规格型号		
样品状态					样品标识		
见证单位					见证人		
序号	检验项目		计量单位	标准要求	检测结果		单项判定
1	外观		—	合格			
2	长度、宽度		m	50～100、0.9～1.2			
3	网孔中心距	普通型	mm	4×4			
		加强型	mm	6×6			
4	单位面积质量	普通型	g/m²	≥160			
		加强型	g/m²	≥500			
5	断裂强力(经、纬向)	普通型	N/50mm	≥1250			
		加强型	N/50mm	≥3000			
6	耐碱强力保留率(经、纬向)		%	≥90			
7	断裂伸长率(经、纬向)		%	≤5			
8	涂塑量	普通型	g/m²	≥20			
		加强型	g/m²	≥20			
9	玻璃成分		%	符合《耐碱玻璃球》JC 719 的规定，其中 ZrO_2　14.5±0.8，TiO_2　6±0.5			
依据标准				试验方法执行标准			
检测结论							
备　注							

批准：　　　　审核：　　　　校对：　　　　检测：

2. 应用指导

（1）耐碱网布性能检验报告用表按表 2.3.4.7 或当地建设行政主管部门批准的试验室出具的试验报告直接归存。

（2）主要检测参数见表 2.3.4.7。

（3）执行标准：《胶粉聚苯颗粒外墙外保温系统》（JG 158—2004）。

（4）耐碱网布性能指标的检测结果应符合表 2.3.4.7 的规定。

2.3.4.8 弹性底涂性能的检验报告

1. 资料表式

弹性底涂性能检验报告

表 2.3.4.8

资质证号：　　　　　　　　统一编号：　　　　　　　　　　共 页 第 页

委托单位		委托日期	
工程名称		报告日期	
使用部位		检测类别	
产品名称		生产厂家	
样品数量		规格型号	
样品状态		样品标识	
见证单位		见证人	

序号	检验项目		计量单位	标准要求	检测结果	单项判定
1	容器中状态		—	搅拌后无结块，呈均匀状态		
2	施工性		—	刷涂无障碍		
3	干燥时间	表干时间	h	≤4		
		实干时间	h	≤8		
4	断裂伸长率		%	≥100		
5	表面憎水率		%	≥98		
依据标准				试验方法执行标准		
检测结论						
备　　注						

批准：　　　　　审核：　　　　　校对：　　　　　检测：

2. 应用指导

（1）弹性底涂性能检验报告用表按表 2.3.4.8 或当地建设行政主管部门批准的试验室出具的试验报告直接归存。

（2）主要检测参数见表 2.3.4.8。

（3）执行标准：《胶粉聚苯颗粒外墙外保温系统》（JG 158—2004）。

（4）弹性底涂性能指标的检测结果应符合表 2.3.4.8 的规定。

2.3.4.9 柔性耐水腻子性能的检验报告

1. 资料表式

柔性耐水腻子性能检验报告 表 2.3.4.9

资质证号： 统一编号： 共 页 第 页

委托单位			委托日期	
工程名称			报告日期	
使用部位			检测类别	
产品名称			生产厂家	
样品数量			规格型号	
样品状态			样品标识	
见证单位			见证人	

序号	检验项目		计量单位	标准要求	检测结果	单项判定
1	柔性耐水腻子	容器中状态	—	无结块、均匀		
		施工性	—	刮涂无障碍		
		干燥时间（表干）	h	≤5		
		打磨性	—	手工可打磨		
		耐水性 96h	—	无异常		
		耐碱性 48h	—	无异常		
		粘结强度 标准状态	MPa	≥0.60		
		粘结强度 冻融循环（5 次）	MPa	≥0.40		
		柔韧性	—	直径 50mm，无裂纹		
		低温贮存稳定性	—	−5℃冷冻 4h 无变化，刮涂无困难		

依据标准		试验方法执行标准	
检测结论			
备 注			

批准： 审核： 校对： 检测：

2. 应用指导

（1）柔性耐水腻子性能检验报告用表按表 2.3.4.9 或当地建设行政主管部门批准的试验室出具的试验报告直接归存。

（2）主要检测参数见表 2.3.4.9。

（3）执行标准：《胶粉聚苯颗粒外墙外保温系统》（JG 158—2004）。

（4）柔性耐水腻子性能指标的检测结果应符合表 2.3.4.9 的规定。

2.3.4.10　外墙外保温饰面涂料抗裂性能的检验报告

1. 资料表式

外墙外保温饰面涂料抗裂性能检验报告　　　　表 2.3.4.10

资质证号：　　　　　　　　统一编号：　　　　　　　　共　页　第　页

委托单位		委托日期	
工程名称		报告日期	
使用部位		检测类别	
产品名称		生产厂家	
样品数量		规格型号	
样品状态		样品标识	
见证单位		见证人	

序号	检验项目		计量单位	标准要求	检测结果	单项判定
1	抗裂性	平涂用涂料	—	断裂伸长率≥150%		
		连续性复层建筑涂料	—	主涂层的断裂伸长率≥100%		
		浮雕类非连续性复层建筑涂料	—	主涂层初期干燥抗裂性满足要求		

依据标准		试验方法执行标准	
检测结论			
备　注			

批准：　　　　审核：　　　　校对：　　　　检测：

2. 应用指导

（1）外墙外保温饰面涂料抗裂性能检验报告用表按表 2.3.4.10 或当地建设行政主管部门批准的试验室出具的试验报告直接归存。

（2）主要检测参数见表 2.3.4.10。

（3）执行标准：《胶粉聚苯颗粒外墙外保温系统》（JG 158—2004）。

（4）外墙外保温饰面涂料抗裂性能指标的检测结果应符合表 2.3.4.10 的规定。

2.3.4.11 面砖粘结砂浆性能的检验报告

1. 资料表式

面砖粘结砂浆性能检验报告　　　　　表 2.3.4.11

资质证号：　　　　　　　　　统一编号：　　　　　　　　　共 页 第 页

委托单位				委托日期	
工程名称				报告日期	
使用部位				检测类别	
产品名称				生产厂家	
样品数量				规格型号	
样品状态				样品标识	
见证单位				见证人	

序号	检验项目		计量单位	标准要求	检测结果	单项判定
1	拉伸粘结强度		MPa	≥0.60		
2	压折比		—	≤3.0		
3	压剪粘结强度	原强度	MPa	≥0.6		
		耐温 7d	MPa	≥0.5		
		耐水 7d	MPa	≥0.5		
		耐冻融 30 次	MPa	≥0.5		
4	线性收缩率		%	≤0.3		

依据标准		试验方法执行标准	
检测结论			
备　注			

批准：　　　　　审核：　　　　　校对：　　　　　检测：

注：水泥应采用强度等级 42.5 的普通硅酸盐水泥，并应符合《通用硅酸盐水泥》GB 175—2007 的要求；砂应符合《普通混凝土用砂、石质量及检验方法》JGJ 52—2006 的规定，筛除大于 2.5mm 颗粒，含泥量少于 3%。

2. 应用指导

（1）面砖粘结砂浆性能检验报告用表按表 2.3.4.11 或当地建设行政主管部门批准的试验室出具的试验报告直接归存。

（2）主要检测参数见表 2.3.4.11。

（3）执行标准：《胶粉聚苯颗粒外墙外保温系统》（JG 158—2004）。

（4）面砖粘结砂浆性能指标的检测结果应符合表 2.3.4.11 的规定。

2.3.4.12　面砖勾缝料性能的检验报告

1. 资料表式

面砖勾缝料性能检验报告   表 2.3.4.12

资质证号：　　　　　　　　　统一编号：　　　　　　　　　　共　页　第　页

委托单位		委托日期	
工程名称		报告日期	
使用部位		检测类别	
产品名称		生产厂家	
样品数量		规格型号	
样品状态		样品标识	
见证单位		见证人	

序号	检验项目		计量单位	标准要求	检测结果	单项判定
1	外观		—	均匀一致		
2	颜色		—	与标准样一致		
3	凝结时间		h	大于 2h,小于 24h		
4	拉伸粘结强度	常温常态 14d	MPa	≥0.60		
		耐水(常温常态 14d,浸水 48h,放置 24h)	MPa	≥0.50		
5	压折比		—	≤3.0		
6	透水性(24h)		mL	≤3.0		

依据标准		试验方法执行标准	
检测结论			
备　　注			

批准：　　　　　审核：　　　　　校对：　　　　　检测：

2. 应用指导

（1）面砖勾缝料性能检验报告用表按表 2.3.4.12 或当地建设行政主管部门批准的试验室出具的试验报告直接归存。

（2）主要检测参数见表 2.3.4.12。

（3）执行标准：《胶粉聚苯颗粒外墙外保温系统》（JG 158—2004）。

（4）面砖勾缝料性能指标的检测结果应符合表 2.3.4.12 的规定。

2.3.4.13 热镀锌电焊网性能的检验报告

1. 资料表式

热镀锌电焊网性能检验报告　　　　　表 2.3.4.13

资质证号：　　　　　　　统一编号：　　　　　　　共 页 第 页

委托单位		委托日期	
工程名称		报告日期	
使用部位		检测类别	
产品名称		生产厂家	
样品数量		规格型号	
样品状态		样品标识	
见证单位		见证人	

序号	检验项目	计量单位	标准要求	检测结果	单项判定
1	工艺	—	热镀锌电焊网		
2	丝径	mm	0.90 ± 0.04		
3	网孔大小	mm	12.7×12.7		
4	焊点抗拉力	N	>65		
5	镀锌层质量	g/m²	$\geqslant122$		
依据标准			试验方法 执行标准		
检测结论					
备　注					

批准：　　　　审核：　　　　校对：　　　　检测：

2. 应用指导

（1）热镀锌电焊网性能检验报告用表按表 2.3.4.13 或当地建设行政主管部门批准的试验室出具的试验报告直接归存。

（2）主要检测参数见表 2.3.4.13。

（3）执行标准：《胶粉聚苯颗粒外墙外保温系统》（JG 158—2004）。

（4）热镀锌电焊网性能指标的检测结果应符合表 2.3.4.13 的规定。

2.3.4.14 饰面砖性能的检验报告

1. 资料表式

饰面砖性能检验报告

表 2.3.4.14

资质证号：　　　　　　　　　　统一编号：　　　　　　　　　共 页 第 页

委托单位					委托日期		
工程名称					报告日期		
使用部位					检测类别		
产品名称					生产厂家		
样品数量					规格型号		
样品状态					样品标识		
见证单位					见证人		
序号		检验项目		计量单位	标准要求	检测结果	单项判定
1	尺寸	6m 以下墙面	表面面积	cm³	≤410		
			厚度	cm³	≤1.0		
		6m 及以上墙面	表面面积	cm³	≤190		
			厚度	cm	≤0.75		
2		单位面积质量		kg/m²	≤20		
3	吸水率	Ⅰ、Ⅵ、Ⅶ气候区		%	≤3		
		Ⅱ、Ⅲ、Ⅳ、Ⅴ气候区		%	≤6		
4	抗冻性	Ⅰ、Ⅵ、Ⅶ气候区		—	50 次冻融循环无破坏		
		Ⅱ气候区		—	40 次冻融循环无破坏		
		Ⅲ、Ⅳ、Ⅴ气候区		—	10 次冻融循环无破坏		
依据标准				试验方法执行标准			
检测结论							
备　注							

批准：　　　　　审核：　　　　　校对：　　　　　检测：

注：气候区划分级按《建筑气候区划标准》GB 50178—1993 中一级区划的Ⅰ～Ⅶ区执行。

2. 应用指导

（1）饰面砖性能检验报告用表按表 2.3.4.14 或当地建设行政主管部门批准的试验室出具的试验报告直接归存。

（2）主要检测参数见表 2.3.4.14。

（3）执行标准：《胶粉聚苯颗粒外墙外保温系统》（JG 158—2004）。

（4）饰面砖性能指标的检测结果应符合表 2.3.4.14 的规定。

2.3.4.15 塑料锚栓和附件性能检测要求

应用指导

（1）塑料锚栓由螺钉和带圆盘的塑料膨胀套管两部分组成。金属螺钉应采用不锈钢或经过表面防腐蚀处理的金属制成，塑料钉和带圆盘的塑料膨胀套管应采用聚酰胺（polyamide 6、polyamide 6.6）、聚乙烯（polyethylene）或聚丙烯（polypropylene）制成，制作塑料钉和塑料套管的材料不得使用回收的再生材料。塑料锚栓有效锚固深度不小于25mm，塑料圆盘直径不小于50mm，套管外径7～10mm。单个塑料锚栓抗拉承载力标准值（C25混凝土基层）不小于0.80kN。

（2）附件

在胶粉聚苯颗粒外保温系统中所采用的附件，包括射钉、密封膏、密封条、金属护角、盖口条等，应分别符合相应的产品标准的要求。

锚栓相关技术资料（喜利得产品）　　　　　　　　　表 2.3.4.15

品　名		材　质	平均极限拉力（N）	*平均极限剪力（N）	孔径（mm）	长度（mm）	有效锚固孔深度（mm）	被固定物厚度（mm）
塑料锚栓	IDP 0/2	聚丙烯，不含重金属	混凝土、实心砖500；空心砖200	50～140	8	50	50～30	0～20
	IDP 2/4			100～200		70		20～40
	IDP 4/6			160～320		90		40～60
	IDP 6/8			190～420		110		60～80
	IDP 8/10			220～520		130		80～100
	IDP 10/12			240～620		150		100～120
	IDP 13/15			240～620		180		120～150
	IN 3/4	聚丙烯，不含重金属	混凝土、实心砖500；空心砖200	100～200	8	69	39～29	30～40
	IN 5/6			160～320		89		50～60
	IN 7/8			190～420		109		70～80
	IN 9/10			220～520		129		90～100
	IN 11/12			240～620		149		110～120
	IZ 8/20	聚丙烯，不含重金属。内钉可为塑料，亦可为不锈钢材质	混凝土、实心砖1020*；空心砖650** 不锈钢钉力值	90～280	8	60	60～40	0～20
	IZ 8/40			160～360		80		20～40
	IZ 8/60			160～420		100		40～60
	IZ 8/80			200～420		120		60～80
	IZ 8/100			200～380		140		80～100
	IZ 8/120			220～380		160		100～120
射钉	X-IE 6	高密度聚乙烯，不含重金属，HRC58碳钢钉身	适用混凝土、实心砖、空心砖及钢材。混凝土基材940	350～600				25～120
	X-IE 9							40～120

注：* 平均极限剪力值低限是被固定物为矿棉（70kg/m³）、高限是被固定物为膨胀聚苯板（40kg/m³）在剪力方向位移10mm时测得的。

　　**：锚栓相关技术资料（喜利得产品）选自《建筑节点构造图集节能保温墙体》附录五。表内相关参数仅供参考。

2.3.4.16　胶粉聚苯颗粒外墙外保温系统基本构造与检验规则（JG 158—2004）

胶粉聚苯颗粒外墙外保温系统用材料或产品基本构造与检验规则按《胶粉聚苯颗粒外墙外保温系统》（JG 158—2004）执行。主要技术要求如下。

（1）分类

分为涂料饰面（缩写为 C）和面砖饰面（缩写为 T）两种类型：

——C 型胶粉聚苯颗粒外保温系统用于饰面为涂料的胶粉聚苯颗粒外保温系统，宜采用的基本构造见表 2.3.4.16-1；

——T 型胶粉聚苯颗粒外保温系统用于饰面为面砖的胶粉聚苯颗粒外保温系统，宜采用的基本构造见表 2.3.4.16-2。

涂料饰面胶粉聚苯颗粒外保温系统基本构造　　　　　表 2.3.4.16-1

基层墙体	涂料饰面胶粉聚苯颗粒外保温系统基本构造				构造示意图
	界面层 ①	保温层 ②	抗裂防护层 ③	饰面层 ④	
混凝土墙及各种砌体墙	界面砂浆	胶粉聚苯颗粒保温浆料	抗裂砂浆 + 耐碱涂塑玻璃纤维网格布（加强型增设一道加强网格布） + 高分子乳液弹性底层涂料	柔性耐水腻子 + 涂料	

面砖饰面胶粉聚苯颗粒外保温系统基本构造　　　　　表 2.3.4.16-2

基层墙体	面砖饰面胶粉聚苯颗粒外保温系统基本构造				构造示意图
	界面层 ①	保温层 ②	抗裂防护层 ③	饰面层 ④	
混凝土墙及各种砌体墙	界面砂浆	胶粉聚苯颗粒保温浆料	第一遍抗裂砂浆 + 热镀锌电焊网（用塑料锚栓与基层锚固） + 第二遍抗裂砂浆	粘结砂浆 + 面砖 + 勾缝料	

（2）标记

胶粉聚苯颗粒外保温系统的标记由代号和类型组成：

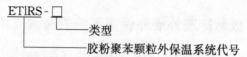

标记示例 1：ETIRS-C 涂料饰面胶粉聚苯颗粒外保温系统

（3）检验规则

1）出厂检验

以下指标为出厂必检项目，企业可根据实际增加其他出厂检验项目。出厂检验应按《胶粉聚苯颗粒外墙外保温系统》（JG 158—2004）"试验方法"的要求进行，并应进行净含量检验，检验合格并附有合格证方可出厂。

① 界面砂浆：压剪粘结原强度；

② 胶粉料：初凝结时间、终凝结时间、安定性；

③ 聚苯颗粒：堆积密度、粒度；

④ 胶粉聚苯颗粒保温浆料：湿表观密度；

⑤ 抗裂剂：不挥发物含量及抗裂砂浆的可操作时间；

⑥ 耐碱网布：外观、长度及宽度、网孔中心距、单位面积质量、断裂强力、断裂伸长率；

⑦ 弹性底涂：容器中状态、施工性、表干时间；

⑧ 柔性耐水腻子：容器中状态、施工性、表干时间、打磨性；

⑨ 饰面层涂料：涂膜外观、施工性、表干时间、抗裂性；

⑩ 面砖粘结砂浆：拉伸粘结强度、压剪胶接原强度；

⑪ 面砖勾缝料：外观、颜色、凝结时间；

⑫ 塑料锚栓：塑料圆盘直径、单个塑料锚栓抗拉承载力标准值；

⑬《镀锌电焊网》QB/T 3897—1999 中 6.2 规定的项目；

⑭ 饰面砖：表面面积、厚度，单位面积质量、吸水率及国家或行业相关产品标准规定的出厂检验项目。

2）型式检验

《胶粉聚苯颗粒外墙外保温系统》（JG 158—2004）"要求"项下所列性能指标（除抗震试验外）及所用饰面层涂料、塑料锚栓、热镀锌电焊网及饰面砖相关标准所规定的型式检验性能指标为型式检验项目。在正常情况下，型式检验项目每两年进行一次，在外保温系统粘贴面砖时应提供抗震试验报告。

3）组批规则与抽样方法

① 粉状材料：以同种产品、同一级别、同一规格产品 30t 为一批，不足一批以一批计。从每批任抽 10 袋，从每袋中分别取试样不少于 500g，混合均匀，按四分法缩取出比试验所需量大 1.5 倍的试样为检验样；

② 液态剂类材料：以同种产品、同一级别、同一规格产品 10t 为一批，不足一批以一批计。取样方法按《色漆、清漆和色漆与清漆用原材料取样》GB/T 3186 的规定进行。

（4）判定规则

若全部检验项目符合本标准规定的技术指标，则判定为合格；若有两项或两项以上指标不符合规定时，则判定为不合格；若有一项指标不符合规定时，应对同一批产品进行加倍抽样复检不合格项，如该项指标仍不合格，则判定为不合格。若复检项目符合本标准规定的技术指标，则判定为合格。

2.3.5   膨胀聚苯板薄抹灰外墙外保温系统的检测（JG 149—2003）

（1）膨胀聚苯板薄抹灰外墙外保温系统是指置于建筑物外侧的保温及饰面系统，是由膨胀聚苯板、胶粘剂和必要时使用的锚栓、抹面胶浆和耐碱网布及涂料等组成的系统产品。薄抹灰增强防护层的厚度宜控制在：普通型 3～5mm，加强型 5～7mm。该系统采用粘接固定方式与基层墙体连接，也可辅有锚栓，其基本构造见表2.3.5-1及表2.3.5-2。

无锚栓薄抹灰外保温系统基本构造   表 2.3.5-1

基层墙体 ①	系统基本构造				构造示意图
	粘接层 ②	保温层 ③	薄抹灰增 强防护层 ④	饰面层 ⑤	
混凝土墙体 各种砌体墙体	胶粘剂	膨胀 聚苯板	抹面胶浆 复合 耐碱网布	涂料	⑤④③②①

辅有锚栓的薄抹灰外保温系统基本构造   表 2.3.5-2

基层墙体 ①	系统基本构造					构造示意图
	粘接层 ②	保温层 ③	连接层 ④	薄抹灰增 强防护层 ⑤	饰面层 ⑥	
混凝土墙体 各种砌体墙体	胶粘剂	膨胀 聚苯板	锚栓	抹面胶浆 复合 耐碱网布	涂料	⑥⑤④③②①

（2）膨胀聚苯板薄抹灰外墙外保温系统检测用表按表2.3.5.1或当地建设行政主管部门批准的试验室出具的试验报告直接归存。

（3）主要检测参数：吸水量、抗冲击强度、抗风压值、耐冻融、水蒸气湿流密度、不透水性、耐候性。

（4）执行《膨胀聚苯板薄抹灰外墙外保温系统》（JG 149—2003）的主要技术要求。

2.3.5.1 薄抹灰外保温系统性能的检验报告

1. 资料表式

薄抹灰外保温系统性能的检验报告 表 2.3.5.1

资质证号： 统一编号： 共 页 第 页

委托单位		委托日期	
工程名称		报告日期	
使用部位		检测类别	
产品名称		生产厂家	
样品数量		规格型号	
样品状态		样品标识	
见证单位		见证人	

序号	检验项目		计量单位	标准要求	检测结果	单项判定
1	吸水量		(g/m^2)，浸水 24h	≤500		
2	抗冲击强度	普通型(P 型)	J	≥3.0		
		加强型(Q 型)	J	≥10.0		
3	抗风压值		kPa	不小于工程项目的风荷载设计值		
4	耐冻融		—	表面无裂纹、空鼓、起泡，剥离现象		
5	水蒸气湿流密度		$g/(m^2 \cdot h)$	≥0.85		
6	不透水性		—	试样防护层内侧无水渗透		
7	耐候性		—	表面无裂纹、粉化、剥落现象		
依据标准				试验方法执行标准		
检测结论						
备 注						

批准： 审核： 校对： 检测：

2. 应用指导

（1）薄抹灰外保温系统的性能检验报告用表按表 2.3.5.1 或当地建设行政主管部门批准的试验室出具的试验报告直接归存。

（2）主要检测参数见表 2.3.5.1。

（3）执行标准：《膨胀聚苯板薄抹灰外墙外保温系统》（JG 149—2003）。

（4）薄抹灰外保温系统性能指标的检测结果应符合表 2.3.5.1 的规定。

2.3.5.2　胶粘剂性能的检验报告

1. 资料表式

胶粘剂性能的检验报告　　　　表 2.3.5.2

资质证号：　　　　　　　　　统一编号：　　　　　　　共　页　第　页

委托单位				委托日期	
工程名称				报告日期	
使用部位				检测类别	
产品名称				生产厂家	
样品数量				规格型号	
样品状态				样品标识	
见证单位				见证人	

序号	检验项目		计量单位	标准要求	检测结果	单项判定
1	拉伸粘接强度（与水泥砂浆）	原强度	MPa	≥0.60		
		耐水	MPa	≥0.40		
2	拉伸粘接强度（与膨胀聚苯板）	原强度	MPa	≥0.10,破坏界面在膨胀聚苯板上		
		耐水	MPa	≥0.10,破坏界面在膨胀聚苯板上		
3	可操作时间		h	1.5~4.0		

依据标准		试验方法执行标准	
检测结论			
备　注			

批准：　　　　　审核：　　　　　校对：　　　　　检测：

2. 应用指导

（1）胶粘剂的性能检验报告用表按表 2.3.5.2 或当地建设行政主管部门批准的试验室出具的试验报告直接归存。

（2）主要检测参数见表 2.3.5.2。

（3）执行标准：《膨胀聚苯板薄抹灰外墙外保温系统》（JG 149—2003）。

（4）胶粘剂性能指标的检测结果应符合表 2.3.5.2 的规定。

2.3.5.3 膨胀聚苯板主要性能及允许偏差的检验报告

1. 资料表式

膨胀聚苯板主要性能及允许偏差检验报告　　　　　　表 2.3.5.3

资质证号：　　　　　　　　　统一编号：　　　　　　　　　共　页　第　页

委托单位				委托日期	
工程名称				报告日期	
使用部位				检测类别	
产品名称				生产厂家	
样品数量				规格型号	
样品状态				样品标识	
见证单位				见证人	

序号	检验项目		计量单位	标准要求	检测结果	单项判定
1	导热系数		W/(m·K)	≤0.041		
2	表观密度		kg/m³	18.0～22.0		
3	垂直于板面方向的抗拉强度		MPa	≥0.10		
4	尺寸稳定性		%	≤0.30		
5	厚度	≤50 mm	mm	±1.5		
		>50 mm	mm	±2.0		
6	长度		mm	±2.0		
7	宽度		mm	±1.0		
8	对角线差		mm	±3.0		
9	板边平直		mm	±2.0		
10	板面平整度		mm	±1.0		

依据标准		试验方法执行标准	
检测结论			
备　注			

批准：　　　　　审核：　　　　　校对：　　　　　检测：

2. 应用指导

（1）膨胀聚苯板主要性能检验报告用表按表 2.3.5.3 或当地建设行政主管部门批准的试验室出具的试验报告直接归存。

（2）主要检测参数见表 2.3.5.3。

（3）执行标准：《膨胀聚苯板薄抹灰外墙外保温系统》（JG 149—2003）。

（4）膨胀聚苯板主要性能指标及允许偏差的检测结果应符合表 2.3.5.3 的规定。

2.3.5.4　抹面胶浆性能的检验报告

1. 资料表式

抹面胶浆性能检验报告

表 2.3.5.4

资质证号：　　　　　　　　统一编号：　　　　　　　　　　　　　　共　页　第　页

委托单位				委托日期	
工程名称				报告日期	
使用部位				检测类别	
产品名称				生产厂家	
样品数量				规格型号	
样品状态				样品标识	
见证单位				见证人	

序号	检验项目		计量单位	标准要求	检测结果	单项判定
1	拉伸粘接强度（与膨胀聚苯板）	原强度	MPa	≥0.10，破坏界面在膨胀聚苯板上		
		耐水	MPa	≥0.10，破坏界面在膨胀聚苯板上		
		耐冻融	MPa	≥0.10，破坏界面在膨胀聚苯板上		
2	柔韧性	抗压强度/抗折强度（水泥基）	—	≤3.0		
		开裂应变（非水泥基，%）	—	≥1.5		
3	可操作时间		h	1.5～4.0		

依据标准		试验方法执行标准	
检测结论			
备　注			

批准：　　　　　审核：　　　　　　校对：　　　　　　检测：

2. 应用指导

抹面胶浆是指在聚苯乙烯泡沫塑料板薄抹灰外墙外保温系统中用于做薄抹面层的材料。

（1）抹面胶浆的性能检验报告用表按表 2.3.5.4 或当地建设行政主管部门批准的试验室出具的试验报告直接归存。

（2）主要检测参数见表 2.3.5.4。

（3）执行标准：《膨胀聚苯板薄抹灰外墙外保温系统》（JG 149—2003）。

（4）抹面胶浆性能指标的检测结果应符合表 2.3.5.4 的规定。

2.3.5.5　耐碱网布主要性能的检验报告

1. 资料表式

耐碱网布主要性能检验报告　　　　表 2.3.5.5

资质证号：　　　　　　　　统一编号：　　　　　　　　　共　页　第　页

委托单位		委托日期	
工程名称		报告日期	
使用部位		检测类别	
产品名称		生产厂家	
样品数量		规格型号	
样品状态		样品标识	
见证单位		见证人	

序号	检验项目	计量单位	标准要求	检测结果	单项判定
1	单位面积质量	g/m^2	≥130		
2	耐碱断裂强力(经、纬向)	N/50mm	≥750		
3	耐碱断裂强力保留率(经、纬向)	%	≥50		
4	断裂应变(经、纬向)	%	≤5.0		

依据标准		试验方法执行标准	
检测结论			
备　　注			

批准：　　　　　审核：　　　　　校对：　　　　　检测：

2. 应用指导

（1）耐碱玻璃纤维网格布是以耐碱纤维织成的网格布为基布，表面涂覆高分子耐碱涂层制成的网格布。

（2）耐碱网布主要性能检验报告用表按表 2.3.5.5 或当地建设行政主管部门批准的试验室出具的试验报告直接归存。

（3）主要检测参数见表 2.3.5.5。

（4）执行标准：《膨胀聚苯板薄抹灰外墙外保温系统》（JG 149—2003）。

（5）耐碱网布主要性能指标的检测结果应符合表 2.3.5.5 的规定。

2.3.5.6　锚栓技术性能的检验报告

1. 资料表式

锚栓技术性能检验报告

表 2.3.5.6

资质证号：　　　　　　　　　　统一编号：　　　　　　　　　　共 页 第 页

委托单位		委托日期	
工程名称		报告日期	
使用部位		检测类别	
产品名称		生产厂家	
样品数量		规格型号	
样品状态		样品标识	
见证单位		见证人	

序号	检验项目	计量单位	标准要求	检测结果	单项判定
1	单个锚栓抗拉承载力标准值	kN	≥ 0.30		
2	单个锚栓对系统传热增加值	$W/(m^2 \cdot K)$	≤ 0.004		

依据标准		试验方法执行标准	
检测结论			
备　注			

批准：　　　　　审核：　　　　　校对：　　　　　检测：

2. 应用指导

（1）锚栓技术性能检验报告用表按表 2.3.5.6 或当地建设行政主管部门批准的试验室出具的试验报告直接归存。

（2）主要检测参数见表 2.3.5.6。

（3）执行标准：《膨胀聚苯板薄抹灰外墙外保温系统》（JG 149—2003）。

（4）锚栓

金属螺钉应采用不锈钢或经过表面防腐处理的金属制成，塑料钉和带圆盘的塑料膨胀套管应采用聚酰胺（polyamide 6、polyamide 6.6）、聚乙烯（polyethylene）或聚丙烯（polypropylene）制成。制作塑料钉和塑料套管的材料不得使用回收的再生材料。锚栓有效锚固深度不小于 25mm，塑料圆盘直径不小于 50mm。其技术性能指标应符合表2.3.5.6 的要求。

2.3.5.7 膨胀聚苯板薄抹灰外墙外保温系统用材料的分类和检验规则

1. 应用指导

（1）分类和标记

1）分类

薄抹灰外保温系统按抗冲击能力分为普通型（缩写为 P）和加强型（缩写为 Q）两种类型：

——P 型薄抹灰外保温系统用于一般建筑物 2m 以上墙面；

——Q 型薄抹灰外保温系统主要用于建筑首层或 2m 以下墙面，以及对抗冲击有特殊要求的部位。

2）标记

薄抹灰外保温系统的标记由代号和类型组成：

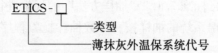

标记示例

示例 1：ETICS-P 普通型薄抹灰外保温系统

示例 2：ETICS-Q 加强型薄抹灰外保温系统

（2）涂料必须与薄抹灰外保温系统相容，其性能指标应符合外墙建筑涂料的相关标准。

（3）在薄抹灰外保温系统中所采用的附件，包括密封膏、密封条、包角条、包边条、盖口条等应分别符合相应的产品标准的要求。

2. 检验规则

（1）出厂检验

1）出厂检验项目

a）胶粘剂：拉伸粘接强度原强度、可操作时间；

b）膨胀聚苯板：垂直于板面方向的抗拉强度及《绝热用模塑聚苯乙烯泡沫塑料》GB/T 10801.1—2002 所规定的出厂检验项目；

c）抹面胶浆：拉伸粘接强度原强度、可操作时间；

d）耐碱网布：单位面积质量；

e）涂料：按建筑外墙涂料相关标准规定的出厂检验项目。

出厂检验应按《膨胀聚苯板薄抹灰外墙外保温系统》（JG 149—2003）"试验方法"规定进行，检验合格并附有合格证方可出厂。

2）抽样方法

a）胶粘剂和抹面胶浆按《陶瓷墙地砖胶粘剂》JC/T 547—2005 中 7.2 的规定进行；

b）膨胀聚苯板按《绝热用模塑聚苯乙烯泡沫塑料》GB/T 10801.1—2002 中第 6 章的规定进行；

c）耐碱网布按《耐碱玻璃纤维网布》JC/T 841—2007 中第 7 章的规定进行；

d）涂料按《色漆、清漆和色漆与清漆用原材料取样》GB/T 3186—2006 规定的方法进行。

3）判定规则

经检验，全部检验项目符合本标准规定的技术指标，则判定该批产品为合格品；若有一项指标不符合要求时，则判定该批产品为不合格品。

（2）型式检验

1）型式检验项目

a）《膨胀聚苯板薄抹灰外墙外保温系统》（JG 149—2003）标准"要求"项下所列项目及《绝热用模塑聚苯乙烯泡沫塑料》GB/T 10801.1—2002 和建筑外墙涂料相关标准规定的型式检验项目为薄抹灰外保温系统及其组成材料的型式检验项目；

b）正常生产时，每两年进行一次型式检验；

2）抽样方法

a）胶粘剂、抹面胶浆、膨胀聚苯板、耐碱网布、涂料按《膨胀聚苯板薄抹灰外墙外保温系统》（JG 149—2003）标准 7.1.2"抽样方法"的规定进行；

b）锚栓、薄抹灰外保温系统的抽样按《计数抽样检验程序》GB/T 2828 规定的方法进行。

3）判定规则

按"型式检验项目"规定的检验项目进行型式检验，若有某项指标不合格时，应对同一批产品的不合格项目加倍取样进行复检。如该项指标仍不合格，则判定该产品为不合格品。经检验，若全部检验项目符合本标准规定的技术指标，则判定该产品为合格品。

3. 产品合格证和使用说明书

（1）产品合格证

1）系统及组成材料应有产品合格证，产品合格证应包括下列内容：

a）产品名称、标准编号、商标；

b）生产企业名称、地址；

c）产品规格、等级；

d）生产日期、质量保证期；

e）检验部门印章、检验人员代号。

2）产品合格证应于产品交付时提供。

（2）使用说明书

1）使用说明书是交付产品的组成部分。

2）使用说明书应包括下列主要内容：

a）产品用途及使用范围；

b）产品特点及选用方法；

c）产品结构及组成材料；

d）使用环境条件；

e）使用方法；

f）材料贮存方式；

g）成品保护措施；

h）验收标准；

i) 安全及其他注意事项。

2.3.6 建筑保温砂浆检验

2.3.6.1 建筑保温砂浆检验报告

1. 资料表式

建筑保温砂浆检验报告

表 2.3.6.1

资质证号：　　　　　　　　　　统一编号：　　　　　　　　　　　　　　共 页 第 页

委托单位		委托日期	
工程名称		报告日期	
使用部位		检测类别	
产品名称		生产厂家	
样品数量		规格型号	
样品状态		样品标识	
见证单位		见证人	

序号	检验项目	计量单位	标准要求		检测结果	单项判定
			Ⅰ型	Ⅱ型		
1	外观质量	—	均匀、干燥、无结块			
2	分层度		≤20mm			
3	干密度	kg/m³	≤240～300	≤301～400		
4	抗压强度	MPa	≥0.20	≥0.40		
5	导热系数	(平均温度 25℃) W/(m·K)	≤0.070	≤0.085		
6	抗冻性能	—	15 次冻融循环	质量损失 ≤5%		
				强度损失 ≤25%		
7	线收缩率	%	≤0.30	≤0.30		
8	压剪粘结强度	kPa	≥50	≥50		

依据标准		试验方法 执行标准	
检测结论			
备　注	干密度测定取制备试件中的 6 块，按 GB/T 5864.3 测定的算术平均值表示		

批准：	审核：	校对：	检测：

注：Ⅰ型、Ⅱ型燃烧性能级别均应符合《建筑材料及制品燃烧性能分级》GB 8624—2006 规定的 A 级要求。

2. 应用指导

建筑保温砂浆是以膨胀珍珠岩或膨胀蛭石、胶凝材料为主要成分，掺加其他功能组分制成的用于建筑物墙体绝热的干拌混合物，使用时需加适当面层，适用于建筑物墙体保温隔热层用的建筑保温砂浆。

（1）建筑保温砂浆检验报告用表按表 2.3.6 或当地建设行政主管部门批准的试验室出

具的试验报告直接归存。

(2) 建筑保温砂浆性能指标的检测结果应符合表 2.3.6 的规定。

(3) 主要检测参数：导热系数；干密度；抗压强度。

(4) 执行标准：《建筑保温砂浆》(GB/T 20473—2006)。

《建筑保温砂浆》
(GB/T 20473—2006)

1. 分类和标记

(1) 产品按其干密度分为Ⅰ型和Ⅱ型。

(2) 产品标记由三部分组成：型号、产品名称、本标准号。

标记示例

示例 1：Ⅰ型建筑保温砂浆的标记为：Ⅰ建筑保温砂浆 GB/T 20473—2006

示例 2：Ⅱ型建筑保温砂浆的标记为：Ⅱ建筑保温砂浆 GB/T 20473—2006

2. 技术要求

(1) 外观质量应为均匀、干燥无结块的颗粒状混合物。

(2) 堆积密度：Ⅰ型应不大于 250 kg/m³，Ⅱ型应不大于 350 kg/m³。

(3) 石棉含量：应不含石棉纤维。

(4) 放射性：天然放射性核素镭－266、钍－232、钾－40 的放射性比活度应同时满足 $I_{Ra}\leqslant1.0$ 和 $I_\gamma\leqslant1.0$。

(5) 加水后拌合物的分层度应不大于 20 mm。

(6) 硬化后的物理力学性能应符合表 1 的要求。

硬化后的物理力学性能 表 1

项　目	技　术　要　求	
	Ⅰ型	Ⅱ型
干密度(kg/m³)	240～300	301～400
抗压强度(MPa)	≥0.20	≥0.40
导热系数(平均温度25℃)/[W/(m·K)]	≤0.070	≤0.085
线收缩率(%)	≤0.30	≤0.30
压剪粘结强度(kPa)	≥50	≥50
燃烧性能级别	应符合 GB 8624 规定的 A 级要求	应符合 GB 8624 规定的 A 级要求

(7) 当用户有抗冻性要求时，15 次冻融循环后质量损失率应不大于 5%，抗压强度损失率应不大于 25%。

(8) 当用户有耐水性要求时，软化系数应不小于 0.50。

3. 检验规则

(1) 产品出厂时，必须进行出厂检验。出厂检验项目为外观质量、堆积密度、分层度；型式检验项目包括外观质量、堆积密度、石棉含量、放射性、分层度、硬化后的物理力学性能全部项目。

(2) 组批与抽样

1) 以相同原料、相同生产工艺、同一类型、稳定连续生产的产品 300m³ 为一个检验批。稳定连续生产三天产量不足 $300m^3$ ，亦为一个检验批。

2）抽样应有代表性，可连续取样，也可从 20 个以上不同堆放部位的包装袋中取等量样品并混匀，总量不少于 40L。

（3）判定规则

出厂检验或型式检验的所有项目若全部合格则判定该批产品合格；若有一项不合格，则判该批产品不合格。

2.3.7　其他节能绝热材料的检测

2.3.7.1　墙体、幕墙、屋面、地面保温材料实施说明

用于墙体、幕墙、屋面、地面等部位的保温材料应分别对其导热系数、密度、抗压强度、压缩强度、燃烧性能进行复试，测试合格后方可用于工程。

2.3.7.2　膨胀珍珠岩绝热制品的检验报告

1. 资料表式

绝热用膨胀珍珠岩检验报告　　　　　　　　　　表 2.3.7.2

资质证号：　　　　　　　　　统一编号：　　　　　　　　　　共　页　第　页

委托单位			委托日期	
工程名称			报告日期	
使用部位			检测类别	
产品名称			生产厂家	
样品数量			规格型号	
样品状态			样品标识	
见证单位			见证人	

序号	检验项目		计量单位	标准要求	检测结果	单项判定
1	尺寸偏差		mm			
2	外观质量		—			
3	密度		kg/m³			
4	导热系数	298 K±2 K	W/(m·K)			
		623 K±2 K（S 类要求此项）	W/(m·K)			
5	抗压强度		MPa			
6	抗折强度		MPa			
7	质量含水率		%			
依据标准			试验方法执行标准			
检测结论						
备注						

批准：　　　　　　审核：　　　　　　校对：　　　　　　检测：

2. 应用指导

（1）膨胀珍珠岩绝热制品试验报告用表按当地建设行政主管部门批准的试验室出具的试验报告直接归存。

（2）膨胀珍珠岩绝热制品是指用于以膨胀珍珠岩为主要成分，掺加胶粘剂、掺或不掺增强纤维而制成的膨胀珍珠岩绝热制品。

（3）执行标准：《膨胀珍珠岩绝热制品》（GB/T 10303—2001）。

膨胀珍珠岩绝热制品
（GB/T 10303—2001）

（1）膨胀珍珠岩绝热制品的产品分类

1）膨胀珍珠岩绝热制品的品种

①按产品密度分为 200 号、250 号、350 号。

②按产品有无憎水性分为普通型和憎水型（用 Z 表示）。

③产品按用途分为建筑物用膨胀珍珠岩绝热制品（用 J 表示）；设备及管道、工业炉窑用膨胀珍珠岩绝热制品（用 S 表示）。

2）形状：按制品外形分为平板（用 P 表示）、弧形板（用 H 表示）和管壳（用 G 表示）。

3）等级：膨胀珍珠岩绝热制品按质量分为优等品（用 A 表示）和合格品（用 B 表示）。

4）产品标记

①产品标记方法：标记中的顺序为产品名称、密度、形状、产品的用途、憎水性、长度×宽度(内径)×厚度、等级、本标准号。

②标记示例

示例 1：长为 600mm、宽为 300mm、厚为 50mm，密度为 200 号的建筑物用憎水型平板优等品标记为：膨胀珍珠岩绝热制品 200PJZ　600×300×50A　GB/T 10303。

示例 2：长为 400mm、内径为 57mm、厚为 40mm，密度为 250 号的普通型管壳合格品标记为：膨胀珍珠岩绝热制品 250GS　400×57×40B　GB/T 10303。

示例 3：长为 500mm、内径为 560mm、厚为 80mm，密度为 300 号的憎水型弧形合格品标记为：膨胀珍珠岩绝热制品 300HSZ　500×560×80B　GB/T 10303。

（2）技术要求

1）尺寸

①平板：长度 400～600mm；宽度 200～400mm；厚度 40～100mm；

②弧形板：长度 400～600mm；内径＞1000mm；厚度 40～100mm；

③管壳：长度 400～600mm；内径 57～1000mm；厚度 40～100mm；

④特殊规格的产品可按供需双方的合同执行，但尺寸偏差及外观质量应符合表 1 的规定。

2）膨胀珍珠岩绝热制品的尺寸偏差及外观质量应符合表 1 的要求。

尺寸偏差及外观质量　　　　　　　　　　　　　　　　　　　　　　表1

项　目		指　　标			
		平板		弧形板、管壳	
		优等品	合格品	优等品	合格品
尺寸允许偏差	长度(mm)	±3	±5	±3	±5
	宽度(mm)	±3	±5	—	—
	内径(mm)	—	—	+3 +1	+5 +1
	厚度(mm)	+3 −1	+5 −2	+3 −1	+5 −2
外观质量	垂直度偏差(mm)	≤2	≤5	≤5	≤8
	合缝间隙(mm)	—	—	≤2	≤5
	裂纹	不允许			
	缺棱掉角	优等品:不允许。 合格品:1. 三个方向投影尺寸的最小值不得大于10mm,最大值不得大于投影方向 　　　　　　边长的1/3。 　　　　　2. 三个方向投影尺寸的最小值不大于10mm、最大值不大于投影方向边长 　　　　　　1/3的缺棱掉角总数不得超过4个。 注:三个方向投影尺寸的最小值不大于3 mm的棱损伤不作为缺棱,最小值不大于 　　4mm的角损伤不作为掉角			
	弯曲度(mm)	优等品:≤3,合格品:≤5			

3）膨胀珍珠岩绝热制品的物理性能指标应符合表2的要求。

物理性能要求　　　　　　　　　　　　　　　　　　　　　　　　表2

项　目		指　　标				
		200号		250号		350号
		优等品	合格品	优等品	合格品	合格品
密度(kg/m³)		≤200		≤250		≤350
导热系数 [W/(m·K)]	298 K±2 K	≤0.060	≤0.068	≤0.068	≤0.072	≤0.087
	623 K±2 K (S类要求此项)	≤0.10	≤0.11	≤0.11	≤0.12	≤0.12
抗压强度(MPa)		≥0.40	≥0.30	≥0.50	≥0.40	≥0.40
抗折强度(MPa)		≥0.20	—	≥0.25	—	—
质量含水率(%)		≤2	≤5	≤2	≤5	≤10

4）S 类产品 923 K（650℃）时的匀温灼烧线收缩率应不大于 2％，并且灼烧后无裂纹。

5）憎水型产品的憎水率应不小于 98％。

6）当膨胀珍珠岩绝热制品用于奥氏体不锈钢材料表面绝热时，其浸出液的氯离子、氟离子、硅酸根离子、钠离子含量应符合《覆盖奥氏体不锈钢用绝热材料规范》GB/T 17393—2008 的要求。

7）掺有可燃性材料的产品，用户有不燃性要求时，其燃烧性能级别应达到《建筑材料及制品燃烧性能分级》GB 8624 中规定的 A 级（不燃材料）。

（3）检验规则

1）交付检验的检验项目为产品外观质量、尺寸偏差、密度、质量含水率、抗压强度。交付检验时，若仅为外观质量、尺寸偏差不合格，允许供方对产品逐个挑选检查后重新进行交付检验。

2）型式检验的项目为"技术要求"规定要求中的全部项目。

3）组批规则

以相同原材料、相同工艺制成的膨胀珍珠岩绝热制品按形状、品种、尺寸、等级分批验收，每 10000 块为一检验批量，不足 10000 块者亦视为一批。

4）抽样规则

从每批产品中随机抽取 8 块制品作为检验样本，进行尺寸偏差与外观质量检验。尺寸偏差与外观质量检验合格的样品用于其他项目的检验。

5）判定规则

① 样本的尺寸偏差、外观质量不合格数不超过两块，则判该批膨胀珍珠岩绝热制品的尺寸偏差、外观质量合格，反之为不合格。

② 当所有检验项目的检验结果均符合本标准"技术要求"的要求时，则判该批产品合格；当检验项目有两项以上（含两项）不合格时，则判该批产品不合格；当检验项目有一项不合格时，可加倍抽样复检不合格项。如复检结果两组数据的平均值仍不合格，则判该批产品不合格。

2.3.7.3 绝热用玻璃棉及其制品的检验报告

1. 资料表式

绝热用玻璃棉及其制品检验报告

表 2.3.7.3

资质证号：　　　　　　　　　　　　　　统一编号：　　　　　　　　　　　　　共 页 第 页

委托单位		委托日期	
工程名称		报告日期	
使用部位		检测类别	
产品名称		生产厂家	
样品数量		规格型号	
样品状态		样品标识	
见证单位		见证人	

序号	检验项目	计量单位	标准要求	检测结果	单项判定
1	密度	kg/m³			
2	导热系数	W/(m·K)			
3	热阻 R 值	R			
4	热荷重收缩温度	℃			
5	燃烧性能	—			
6	密度单值允许偏差	kg/m³			
7	吸水率	%			
8	吸湿率	%			
9	憎水率	%			
10	最高使用温度	℃			
11	尺寸及允许偏差	mm			

依据标准		试验方法 执行标准	
检测结论			
备　　注			

批准：　　　　　审核：　　　　　校对：　　　　　　　检测：

2. 应用指导

（1）绝热用玻璃棉及其制品试验报告用表按表 2.3.7.3 或当地建设行政主管部门批准的试验室出具的试验报告，直接归存。

（2）绝热用玻璃棉及其制品是指用于绝热用玻璃棉、玻璃棉板、玻璃棉带、玻璃棉毯、玻璃棉毡和玻璃棉管壳。

（3）执行标准：《绝热用玻璃棉及其制品》（GB/T 13350—2008）。

绝热用玻璃棉及其制品
（GB/T 13350—2008）

（1）绝热用玻璃棉及其制品的分类与标记

1）玻璃棉按纤维平均直径分为两个种类，见表 1。

玻璃棉制品按其形态分为玻璃棉、玻璃棉板、玻璃棉带、玻璃棉毯、玻璃棉毡和玻璃棉管壳。

玻璃棉种类（单位为微米）　　　　　　　　　　　　　　　　　表 1

玻璃棉种类	纤维平均直径
1 号	≤5.0
2 号	≤8.0

2）产品标记

①产品标记有三部分组成：产品名称、产品技术特性、本标准编号。

②产品技术特性由以下几部分组成：

a）用数字 1 或 2 表示玻璃棉种类；

b）用小写英文字母 a 或 b 表示生产工艺，后空一格；

c）表示制品密度的数字，单位为 kg/m³，后接"—"；

d）表示制品尺寸的数字，板、毡、毯、带以"长度×宽度×厚度"表示，管壳以"内径×长度×厚度"表示，单位为 mm；

e）制造商标记，包括热阻 R 值、贴面等，彼此用逗号分开，放于圆括号内。

③示例 1：密度为 48kg/m³，长度×宽度×厚度为 1200mm×600mm×50mm，制造商标称热阻 R 值为 1.4（m²·K）/W，外覆铝箔，纤维平均直径不大于 8.0μm 以离心法生产的玻璃棉板，标记为：

玻璃棉板　2b 48—1200×600×50（R1.4，铝箔）GB/T 13350—2008

④示例 2：密度为 64kg/m³，内径×长度×壁厚为 φ89mm×1000mm×50mm，纤维直径不大于 5.0μm 以火焰法生产的玻璃棉管壳，标记为：玻璃棉管壳　1a 64—φ89×1000×50 GB/T 13350—2008。

（2）技术要求（以下所有物理性能指标均仅针对基材）

1）制品的含水率不大于 1.0%。棉及制品的渣球含量，应符合表 2 的规定。

2）棉的物理性能应符合表 3 的规定。

棉的渣球含量（%）　　　　　　　　　　　表 2

玻璃棉种类		渣球含量(粒径＞0.25mm)
火焰法	1a	≤1.0
	2a	≤4.0
离心法	1b、2b	≤0.3

棉的物理性能指标　　　　　　　　　　　表 3

玻璃棉种类	导热系数(平均温度 70^{+5}_{-2}℃) [W/(m·K)]	热荷重收缩温度 (℃)
1 号	≤0.041	≥400
2 号	≤0.042	≥400

3）板

① 外观表面应平整，不得有妨碍使用的伤痕、污迹、破损，树脂分布基本均匀，外覆层与基材的粘结平整牢固。

② 尺寸及允许偏差应符合表 4 规定。

板的尺寸及允许偏差　　　　　　　　　　　表 4

种类	密度 kg/m³	厚度 mm	允许偏差	宽度 mm	允许偏差	长度 mm	允许偏差
2 号	24	25,30,40	+5 0	600	+10 −3	1200	+10 −3
		50,75	+8 0				
		100	+10 0				
	32,40	25,30,40,50,75,100	+3 −2				
	48,64	15,20,25,30,40,50					
	80,96,120	12,15,20,25,30,40	±2				

③ 物理性能应符合表 5 的规定。导热系数指标按标称密度以内插法确定。

4）带

① 外观表面应平整，不得有妨碍使用的伤痕、污迹、破损，树脂分布基本均匀，板条粘结整齐，无脱落。尺寸及允许偏差应符合表 6 的规定。

板的物理性能指标　　　　　　　　　　　表 5

种类	密度 (kg/m³)	密度单值允许偏差 (kg/m³)	导热系数(平均温度 70^{+5}_{-2}℃) [W/(m·K)]	燃烧性能	热荷重收缩温度 (℃)
2 号	24	±2	≤0.049	不燃	≥250
	32	±4	≤0.046		≥300
	40	+4 −3	≤0.044		≥350
	48		≤0.043		
	64	±6			
	80	±7			
	96	±9 −8	≤0.042		≥400
	120	±12			

带的尺寸及允许偏差（mm）　　　　表 6

种类	长度	长度允许偏差	宽度	宽度允许偏差	厚度	厚度允许偏差
2 号	1820	±20	605	±15	25	+4 −2

② 物理性能应符合表 7 的规定。

带的物理性能指标　　　　表 7

种类	密度 （kg/m³）	密度单值允许偏差 （%）	导热系数（平均温度 70^{+5}_{-2}℃） [W/(m·K)]	燃烧性能	热荷重收缩温度 （℃）
2 号	32	±15	≤0.052	不燃	≥300
	40				≥350
	48				350
	64				≥400
	80				
	96				≥400
	120				

5）毯

① 外观表面应平整，边缘整齐，不得有妨碍使用的伤痕、污迹、破损。尺寸及允许偏差应符合表 8 的规定。其他尺寸可由供需双方商定，其允许偏差仍按表 8 规定。

毯的尺寸及允许偏差（mm）　　　　表 8

种类	长度	长度允许偏差	宽度	宽度允许偏差	厚度	厚度允许偏差
1 号	2500	不允许负偏差	600	不允许负偏差	25	不允许负偏差
					30	
					40	
					50	
					75	
2 号	1000 1200	+10 −3	600	+10 −3	25	不允许负偏差
					40	
					50	
	5000	不允许负偏差			75	
					100	

② 物理性能应符合表 9 的规定。

毯的物理性能指标　　　　表 9

种类	密度 （kg/m³）	密度单值允许偏差 （%）	导热系数（平均温度 70^{+5}_{-2}℃） [W/(m·K)]	热荷重收缩温度 （℃）
1 号	≥24	+15 −10	≤0.047	≥350
2 号	24～40		≤0.048	≥350
	41～120		≤0.043	≥400

6）毡

① 外观表面应平整，不得有妨碍使用的伤痕、污迹、破损，覆面与基材的粘贴平整、牢固。

② 尺寸及允许偏差应符合表10的规定。

毡的尺寸及允许偏差（mm） 表10

种类	长度	长度允许偏差	宽度	宽度允许偏差	厚度	厚度允许偏差
2号	1000 1200 2800	+10 −3	600 1200 1800	+10 −3	25	不允许负偏差
					30	
					40	
	5500 11000 20000	不允许负偏差			50	
					75	
					100	

③ 物理性能应符合表11的规定。

毡的物理性能指标 表11

种类	密度 （kg/m³）	密度单值允许偏差 （%）	导热系数（平均温度 70^{+5}_{-2}℃） ［W/(m·K)］	燃烧性能	热荷重收缩温度 （℃）
2号	10	±20 −10	≤0.062	不燃	≥250
	12 16		≤0.058		
	20		≤0.53		
	24				≥300
	32 40		≤0.48		≥350
	48		≤0.043		≥400

7）管壳

① 外观表面应平整，纤维分布均匀，不得有妨碍使用的伤痕、污迹、破损，轴向无翘曲且与端面垂直。尺寸及允许偏差应符合表12的规定。

② 物理性能应符合表13的规定。管壳的偏心度应不大于10%。

管壳尺寸及允许偏差（mm） 表12

长度	长度允许偏差	厚度	厚度允许偏差	内径	内径允许偏差
1000	+5 −3	20 25 30	+3 −2	22,38 45,57,89	+3 −1
		40 50	+5 −2	108,133 159,194	+4 −1
				219,245 273,325	+5 −1

管壳物理性能指标　　　　　　　　　　　　　　　　表 13

密度 （kg/m³）	密度单值允许偏差 （%）	导热系数（平均温度 70±⁵₅℃） ［W/(m·K)］	燃烧性能	热荷重收缩温度 （℃）
45～90	+15 −0	≤0.043	不燃	≥350

8）特定要求

① 标记中有热阻 R 值时，其热阻 R 值（平均温度 25℃±5℃）应大于或等于生产商标称值的 95%。

② 腐蚀性：用于覆盖铝、铜、钢材时，采用 90% 置信度的秩和检验法，对照样的秩和应不小于 21。用于覆盖奥氏体不锈钢时，应符合《覆盖奥氏体不锈钢用绝热材料规范》GB/T 17393—2008 的要求。

③ 有防水要求时，其质量吸湿率应不大于 5.0%，憎水率应不小于 98.0%，吸水性能指标由供需双方协商决定。

④ 对有机物含量有要求时，其指标由供需双方商定。

⑤ 有要求时，应进行最高使用温度的评估。试验给定的热面温度应为生产厂对最高使用温度的声称值，在该热面温度下，任何时刻试样内部温度不应超过热面温度，且试验后，试样总的质量、密度和热阻的变化应不大于 ±5.0%，外观除颜色外应无显著变化。

（3）检验规则

1）产品出厂时，必须进行出厂检验。出厂检验项目为：

① 棉：纤维平均直径、渣球含量；

② 板、带、毡、管壳、毯：外观、尺寸、密度、管壳偏心度（仅限于管壳）、纤维平均直径、渣球含量、含水率。

2）型式检验

型式检验项目为本标准"基本要求、棉、板、带、毯、毡和管壳"相关规定的全部技术要求。有特定要求时，可对"特定要求"的规定进行选择性测试。

3）组批与抽样

① 以同一原料、同一生产工艺、同一品种、稳定连续生产的产品为一个检查批。

② 抽样

A. 样本抽取：单位产品应从检查批中随机抽取，样本可以由一个或几个单位产品构成。所有的单位产品被认为是质量相同的，必须的试样可随机地从单位产品上切取。

B. 抽样方案：型式检验和出厂检验批量大小及样本大小的二次抽样方案按表 14 的规定。

计数检查二次抽样方案　　　　　　　　　　　　　　表 14

型式检验					出厂检验					
批量大小			样本大小		批量大小				样本大小	
管壳包	棉包	板、毡、带（m²）	第一样本	总样本	管壳包	棉包	板、毡、带（m²）	生产期（d）	第一样本	总样本
15	150	1500	2	4	30	300	3000	1	2	4
25	250	2500	3	6	50	500	5000	2	3	6

续表

型式检验					出厂检验					
批量大小			样本大小		批量大小				样本大小	
管壳包	棉包	板、毡、带（m²）	第一样本	总样本	管壳包	棉包	板、毡、带(m²)	生产期（d）	第一样本	总样本
50	500	5000	5	10	100	1000	10000	3	5	10
90	900	9000	8	16	180	1800	18000	7	8	16
150	1500	15000	13	26						
280	2800	28000	20	40						
>280	>2800	>28000	32	64						

4）判定规则

① 外观、尺寸、密度、管壳偏心度、纤维平均直径、渣球含量、含水率采用计数检查二次抽样方案，判定规则按表15的规定，其接收质量限（AQL）为15。

计数检查的判定规则　　　　　　　　　　　表15

样 本 大 小		第 一 样 本		总 样 本	
第一样本	总样本	接收数 A_c	拒收数 R_e	接收数 A_c	拒收数 R_e
Ⅰ	Ⅱ	Ⅲ	Ⅳ	Ⅴ	Ⅵ
2	4	0	2	1	2
3	6	0	3	3	4
5	10	1	4	4	5
8	16	2	5	6	7
13	26	3	7	8	9
20	40	5	9	12	13
32	64	7	11	18	19

② 导热系数、热阻、热荷重收缩温度、燃烧性能、有机物含量、腐蚀性、憎水率、吸湿率、吸水性、最高使用温度等性能，应在经计数检查合格的批中随机抽取满足试验方法要求的样本量进行检验，上述各项均应符合"技术要求"的相关要求，若有任一项不符合，则判为不合格。

③ 同时符合"外观、尺寸、密度、管壳偏心度、纤维平均直径、渣球含量、含水率"和"导热系数、热阻、热荷重收缩温度、燃烧性能、有机物含量、腐蚀性、憎水率、吸湿率、吸水性、最高使用温度"的规定，判该批产品合格，否则判该批产品不合格。

2.3.7.4 绝热用岩棉、矿渣棉及其制品的检验报告

1. 资料表式

绝热用岩棉、矿渣棉及其制品检验报告　　　　　　　表 2.3.7.4

资质证号：　　　　　　　　　统一编号：　　　　　　　　　共　页　第　页

委托单位		委托日期	
工程名称		报告日期	
使用部位		检测类别	
产品名称		生产厂家	
样品数量		规格型号	
样品状态		样品标识	
见证单位		见证人	

序号	检验项目	计量单位	标准要求	检测结果	单项判定
1	尺寸及允许偏差	mm			
2	密度	kg/m³			
3	导热系数（平均温度 70^{+5}_{0}℃，试验密度 150kg/m³）	W/(m·K)	0.044		
4	热荷重收缩温度	℃	650		
5	燃烧性能	—			
6	有机物含量	%			
7	吸水率	%			
8	吸湿率	%			
9	憎水率	%			

依据标准		试验方法执行标准	
检测结论			
备　　注		密度应不大于设计规定的密度值	

批准：　　　　　审核：　　　　　校对：　　　　　检测：

注：1. 密度系指表观密度，压缩包装密度不适用。
　　2. 标准要求栏中未填写标准参数的，由试验单位按被试试件的标准规定填记。

2. 应用指导

绝热用岩棉、矿渣棉及其制品是指适用于以岩石、矿渣等为主要原料，经高温熔融，用离心等方法制成的棉及以热固型树脂为胶粘剂生产的绝热制品。

（1）绝热用岩棉、矿渣棉及其制品检验报告用表按 2.3.7.4 表或当地行政主管部门批准的试验室出具的试验报告直接归存。

（2）执行标准：《绝热用岩棉、矿渣棉及其制品》（GB/T 11835—2007）

绝热用岩棉、矿渣棉及其制品
（GB/T 11835—2007）

1. 分类和标记

（1）产品分类按制品形式分为：岩棉、矿渣棉；岩棉板、矿渣棉板；岩棉带、矿渣棉带；岩棉毡、矿渣棉毡；岩棉缝毡、矿渣棉缝毡；岩棉贴面毡、矿渣棉贴面毡和岩棉管壳、矿渣棉管壳（以下简称棉、板、带、毡、缝毡、贴面毡和管壳）。

（2）产品标记由三部分组成：产品名称、产品技术特征（密度、尺寸）、标准号，商业代号也可列于其后。

标记示例

示例 1：矿渣棉

矿渣棉 GB/T 11835（商业代号）

示例 2：密度为 150kg/m³，长度×宽度×厚度为 1000mm×800mm×60mm 的岩棉板

岩棉板 150－1000×800×60 GB/T 11835（商业代号）

示例 3：密度为 130kg/m³，内径×长度×壁厚为 φ89mm×910mm×50mm 的矿渣棉管壳

矿渣棉管壳　130－φ89×910×50 GB/T 11835（商业代号）

2. 技术要求

（1）基本要求

棉及制品的纤维平均直径应不大于 $7.0\mu m$。棉及制品的渣球含量（粒径大于 0.25mm）应不大于 10.0%（质量分数）。

（2）棉的物理性能应符合表 1 的规定。

棉的物理性能指标　　　　　　　　　　　　　　　　　表 1

性　　能		指　　标
密度(kg/m³)		≤150
导热系数(平均温度 70^{+5}_{0}℃,试验密度150kg/m³)[W/(m·K)]	≤	0.044
热荷重收缩温度(℃)	≥	650

注：密度系指表观密度，压缩包装密度不适用。

（3）板

1）板的外观质量要求，表面平整，不得有妨碍使用的伤痕、污迹、破损。板的尺寸及允许偏差，应符合表 2 的规定。

板的尺寸及允许偏差 （mm）　　　　　　　　　表 2

长　度	长度允许偏差	宽　度	宽度允许偏差	厚　度	厚度允许偏差
910 1000 1200 1500	+15 −3	600 630 910	+5 −3	30～150	+5 −3

2）板的物理性能应符合表 3 的规定。

板的物理性能指标　　　　　　　　　表 3

密度 （kg/m³）	密度允许偏差(%)		导热系数[W/(m·K)] （平均温度 70$^{+5}_{0}$℃）	有机物 含量(%)	燃烧性能	热荷重 收缩温度(℃)
	平均值与 标称值	单值与 平均值				
40～80	±15	±15	≤0.044	≤4.0	不燃材料	≥500
81～100						≥600
101～160			≤0.043			
161～300			≤0.044			

注：其他密度产品，其指标由供需双方商定。

（4）带

1）带的外观质量要求，表面平整，不得有妨碍使用的伤痕、污迹、破损，板条间隙均匀，无脱落。带的尺寸及允许偏差，应符合表 4 的规定。

带的尺寸及允许偏差 （mm）　　　　　　　　　表 4

长　度	宽　度	宽度允许偏差	厚　度	厚度允许偏差
1200 2400	910	+10 −5	30 50 75 100 150	+4 −2

注：长度允许偏差由供需双方商定。

2）带的物理性能应符合表 5 的规定。

带的物理性能指标　　　　　　　　　表 5

密度 （kg/m³）	密度允许偏差(%)		导热系数[W/(m·K)] （平均温度 70$^{+5}_{0}$℃）	有机物 含量[a](%)	燃烧性能[a]	热荷重 收缩温度[a](℃)
	平均值与 标称值	单值与 平均值				
40～100	±15	±15	≤0.052	≤4.0	不燃材料	≥600
101～160			≤0.049			

注：[a] 系指基材。

（5）毡、缝毡和贴面毡

1）毡、缝毡和贴面毡的外观质量要求，表面平整，不得有妨碍使用的伤痕、污迹、破损，贴面毡的贴面与基材的粘贴应平整、牢固。毡、缝毡和贴面毡的尺寸及允许偏差，应符合表 6 的规定。其他尺寸可由供需双方商定，但允许偏差应符合表 6 的规定。

毡、缝毡和贴面毡的尺寸及允许偏差 表 6

长度(mm)	长度允许偏差(%)	宽度(mm)	宽度允许偏差(mm)	厚度(mm)	厚度允许偏差(mm)
910 3000 4000 5000 6000	±2	600 630 910	+5 −3	30～150	正偏差不限 −3

2）毡、缝毡和贴面毡基材的物理性能应符合表 7 的规定。

毡、缝毡和贴面毡基材的物理性能指标 表 7

密度[a] (kg/m³)	密度允许偏差(%)		导热系数[W/(m·K)] (平均温度 70^{+5}_{0}℃)	有机物 含量(%)	燃烧性能	热荷重 收缩温度(℃)
	平均值与 标称值	单值与 平均值				
40～100	±15	±15	≤0.044	≤1.5	不燃材料	≥400
101～160			≤0.043			≥600

注：[a] 厚度为正偏差时，密度用标称厚度计算。

3）缝毡用基材应铺放均匀，其缝合质量应符合表 8 的规定。

缝毡的缝合质量指标 表 8

项　目	指　标
边线与边缘距离(mm)	≤75
缝线行距(mm)	≤100
开线长度(mm)	≤240
开线根数(开线长度不小于 160mm，根)	≤3
针脚间距(mm)	≤80

（6）管壳

1）管壳的外观质量要求表面平整，不得有妨碍使用的伤痕、污迹、破损，轴向无翘曲且与端面垂直。管壳的尺寸及允许偏差，应符合表 9 的规定。

管壳的尺寸及允许偏差（mm） 表 9

长　度	长度允许偏差	厚　度	厚度允许偏差	内　径	内径允许偏差
910 1000 1200	+5 −3	30 40	+4 −2	22～89	+3 −1
		50 60 80 100	+5 −3	102～325	+3 −1

2）管壳的偏心度应不大于 10%。

3）管壳的物理性能应符合表 10 的规定。

管壳的物理性能指标 **表 10**

密度 (kg/m³)	密度允许偏差(%)		导热系数[W/(m·K)] (平均温度 70$^{+5}_{0}$℃)	有机物含量(%)	燃烧性能	热荷重收缩温度(℃)
	平均值与标称值	单值与平均值				
40~200	±15	±15	≤0.044	≤5.0	不燃材料	≥600

(7) 选做性能

1) 腐蚀性

① 用于覆盖铝、铜、钢材时，采用 90%置信度的秩和检验法，对照样的秩和应不小于 21。

② 用于覆盖奥氏体不锈钢时，其浸出液离子含量应符合《覆盖奥氏体不锈钢用绝热材料规范》GB/T 17393 的要求。

2) 有防水要求时，其质量吸湿率应不大于 5.0%，憎水率应不小于 98.0%，吸水性能指标由供需双方协商决定。

3) 用户有要求时，应进行最高使用温度的评估。制品的最高使用温度不宜低于 600℃。在给定的热面温度下，任何时刻试样内部温度不应超过热面温度，且试验后，质量、厚度及导热系数的变化应不大于 5.0%；外观无显著变化。

3. 检验规则

(1) 产品出厂时，必须进行出厂检验。

(2) 组批与抽样

1) 以同一原料，同一生产工艺，同一品种，稳定连续生产的产品为一个检查批。同一批被检产品的生产时限不得超过一周。

2) 出厂检验、型式检验的抽样方案按《绝热用岩棉、矿渣棉及其制品》（GB/T 11835—2007）附录 F 中 F.1 的规定进行。

(3) 检查项目与判定规则

出厂检验和型式检查的检查项目和判定规则，按《绝热用岩棉、矿渣棉及其制品》（GB/T 11835—2007）附录 F 中的 F.2 和 F.3 进行。

2.3.7.5　柔性泡沫橡塑绝热制品的检验

1. 资料表式

柔性泡沫橡塑绝热制品检验报告　　　表 2.3.7.5

资质证号：　　　　　　　　统一编号：　　　　　　共　页　第　页

委托单位		委托日期	
工程名称		报告日期	
使用部位		检测类别	
产品名称		生产厂家	
样品数量		规格型号	
样品状态		样品标识	
见证单位		见证人	

序号	检验项目		计量单位	标准要求	检测结果	单项判定
1	板、管规格尺寸及允许偏差		mm			
2	表观密度		kg/m³	≤95		
3	燃烧性能		—	Ⅰ类(氧指数≥32% 且烟密度≤75) Ⅱ类(氧指数≥26%) 当用于建筑领域时， 制品燃烧性能应不低于 GB 8624—2006 中 C 级		
4	导热系数	−20℃(平均温度)	W/(m·K)	≤0.034		
		0℃(平均温度)	W/(m·K)	≤0.036		
		40℃(平均温度)	W/(m·K)	≤0.041		
5	透湿性能	透湿系数	g/(m·s·Pa)	≤1.3×10⁻¹⁰		
		湿阻因子	—	≥1.5×10³		
6	真空吸水率		%	≤10		
7	尺寸稳定性105℃±3℃,7d		%	≤10.0		
8	压缩回弹率 压缩率 50%,压缩时间 72h		%	≥70		
9	抗老化性 150h		—	轻微起皱,无裂纹, 无针孔,不变形		

依据标准		试验方法 执行标准	
检测结论			
备　注			

批准：　　　　　审核：　　　　　校对：　　　　　检测：

2. 应用指导

柔性泡沫橡塑绝热制品是指以天然或合成橡胶和其他有机高分子材料的共混体为基材，加各种添加剂如抗老化剂、阻燃剂、稳定剂、硫化促进剂等，经混炼、挤出、发泡和冷却定型，加工而成的具有闭孔结构的柔性绝热制品。

（1）柔性泡沫橡塑绝热制品检验报告用表按表 2.3.7.5 或当地建设行政主管部门批准的试验室出具的试验报告直接归存。

（2）执行标准：《柔性泡沫橡塑绝热制品》（GB/T 17794—2008）

柔性泡沫橡塑绝热制品
（GB/T 17794—2008）

1. 分类和标记

（1）分类按制品燃烧性能分为 Ⅰ 类和 Ⅱ 类（见表 3），按制品形状分为板和管。

（2）产品标记

1）标记方法

标记顺序为：产品名称　品种　形状　宽度（内径）×厚度×长度　标准号。

板材用 B 表示，管材用 G 表示。

2）标记示例

宽度 1000mm、厚度 25mm、长度 8000mm 的 Ⅰ 类板制品的标记表示为：

柔性泡沫橡塑绝热制品　Ⅰ　B 1000×25×8000　GB/T 17794—2008

内径 114mm、壁厚 20mm、长度 2000mm 的 Ⅱ 类管制品的标记表示为：

柔性泡沫橡塑绝热制品　Ⅱ　Gϕ114×20×2000　GB/T 17794—2008

2. 技术要求

（1）规格尺寸和允许偏差

1）板的规格尺寸和允许偏差见表 1。

板的规格尺寸和允许偏差（mm）　　表 1

Ⅰ、Ⅱ类					
长（l）		宽（w）		厚（h）	
尺寸	允许偏差	尺寸	允许偏差	尺寸	允许偏差
2000	±10			$3 \leqslant h \leqslant 15$	+3 0
4000	±10				
6000	±15	1000	±10		
8000	±20	1500			
1000	±25			$h \geqslant 15$	+5 0
15000	±30				

2）管的规格尺寸和允许偏差见表 2。

3）其他规格由供需双方商定，但厚度（壁厚）和内径的允许偏差应符合本标准的规定。

管的规格尺寸和允许偏差（mm） 表2

I、II类					
长（*l*）		内径（*d*）		壁厚（*h*）	
尺寸	允许偏差	尺寸	允许偏差	尺寸	允许偏差
1800 2000	+10	$6 \leqslant d \leqslant 22$	+3.5 +1.0	$3 \leqslant h \leqslant 15$	+3 0
		$22 < d \leqslant 108$	+4.0 +1.0	$h > 15$	+5 0
		$d > 108$	+6.0 +1.0		

（2）外观质量

表皮除去工厂机械切割出的断面外，所有表面均应有自然的表皮。产品表面平整，允许有细微、均匀的皱折，但不应有明显的起泡、裂口等可见缺陷。

（3）产品的物理机械性能指标应符合表3的规定。

物理性能指标 表3

项　目		单位	性能指标	
			I类	II类
表观密度		kg/m³	$\leqslant 95$	
燃烧性能		—	氧指数$\geqslant 32\%$且烟密度$\leqslant 75$	氧指数$\geqslant 26\%$
			当用于建筑领域时,制品燃烧性能应不低于 GB 8624－2006 中 C 级	
导热系数	$-20℃$（平均温度）	W/(m·K)	$\leqslant 0.034$	
	$0℃$（平均温度）		$\leqslant 0.036$	
	$40℃$（平均温度）		$\leqslant 0.041$	
透湿性能	透湿系数	g/(m·s·Pa)	$\leqslant 1.3 \times 10^{-10}$	
	湿阻因子		$\geqslant 1.5 \times 10^{3}$	
真空吸水率		%	$\leqslant 10$	
尺寸稳定性 $105℃ \pm 3℃$,7d		%	$\leqslant 10.0$	
压缩回弹率 压缩率50%,压缩时间72h		%	$\geqslant 70$	
抗老化性 150h		—	轻微起皱,无裂纹,无针孔,不变形	

2.3.8 胶粘材料的检验

2.3.8.1 建筑用硅酮结构密封胶的检验报告

1. 资料表式

建筑用硅酮结构密封胶检验报告　　　　表 2.3.8.1

资质证号：　　　　　　　统一编号：　　　　　　　　共 页 第 页

委托单位				委托日期	
工程名称				报告日期	
使用部位				检测类别	
产品名称				生产厂家	
样品数量				规格型号	
样品状态				样品标识	
见证单位				见证人	

序号	检验项目			计量单位	标准要求	检测结果	单项判定
1	下垂度		垂直放置	mm	≤3		
			水平放置	mm	不变形		
2	挤出性ᵃ			s	≤10		
3	适用期ᵇ			mm	≥20		
4	表干时间			h	≤3		
5	硬度			Shore A	20～60		
6	拉伸粘结性	拉伸粘结强度	23℃	MPa	≥0.60		
			90℃	MPa	≥0.45		
			−30℃	MPa	≥0.45		
			浸水后	MPa	≥0.45		
			水—紫外线光照后	MPa	≥0.45		
		粘结破坏面积		%	≤5		
		23℃时最大拉伸强度时伸长率		%	≥100		
7	热老化	热失量		%	≤10		
		龟裂		—	无		
		粉化		—	无		
依据标准				试验方法执行标准			
检测结论							
备　注							

批准：　　　　　审核：　　　　　校对：　　　　　检测：

注：a 仅适用于单组分产品。
　　b 仅适用于双组分产品。

2. 应用指导

建筑用硅酮结构密封胶适用于幕墙及其他结构粘接装配，用硅酮结构密封胶。

（1）建筑用硅酮结构密封胶用表按表 2.3.8.1 或当地建设行政主管部门批准的试验室出具的试验报告直接归存。

（2）主要检测参数：拉伸粘结强度。

（3）执行标准：《建筑用硅酮结构密封胶》（GB 16776—2005）。

建筑用硅酮结构密封胶
（GB 16776—2005）

1. 分类和标记

（1）产品按组成分单组分型和双组分型，分别用数字 1 和 2 表示。

（2）适用基材类别按产品适用的基材分类，代号表示如下：

类别代号	适用的基材
M	金属
G	玻璃
Q	其他

（3）产品标记

产品按型别、适用基材类别、本标准号顺序标记。

示例：适用于金属、玻璃的双组分硅酮结构胶标记为：2MG G8 16776—2005。

2. 技术要求

（1）产品外观应为细腻、均匀膏状物，无气泡、结块、凝胶、结皮，无不易分散的析出物。双组分产品两组分的颜色有明显区别。

（2）产品物理力学性能应符合表 1 要求。

（3）硅酮结构胶与结构装配系统用附件的相容性应符合（GB 16776—2005）附录 A 结构装配系统用附件同密封胶相容性试验方法的规定，硅酮结构胶与实际工程用基材的粘结性应符合（GB 16776—2005）附录 B 实际工程用基材同密封胶粘结性试验方法的规定。

（4）报告 23℃时伸长率为 10%、20% 及 40% 时的模量。

3. 检验规则

（1）出厂检验项目为：外观；下垂度；挤出性；适用期；表干时间；硬度；23℃伸长率% 为 10%、20% 及 40% 时的模量。

（2）型式检验项目为（GB 16776—2005）标准的外观、物理力学性能、23℃伸长率% 为 10%、20% 及 40% 时的模量要求的所有项目。

（3）组批、抽样规则

1）连续生产时每 3t 为一批，不足 3t 也为一批；间断生产时，每釜投料为一批。

2）随机抽样。单组分产品抽样量为 5 支；双组分产品从原包装中抽样，抽样量为 3～5kg，抽取的样品应立即密封包装。

产品物理力学性能　　　　　　　　　　　　　　　　　表1

序号	项　目			技术指标
1	下垂度	垂直放置（mm）		≤3
		水平放置		不变形
2	挤出性ᵃ（s）			≤10
3	适用期ᵇ（mm）			≥20
4	表干时间（h）			≤3
5	硬度（Shore A）			20～60
6	拉伸粘结性	拉伸粘结强度（MPa）	23℃	≥0.60
			90℃	≥0.45
			−30℃	≥0.45
			浸水后	≥0.45
			水紫外线光照后	≥0.45
		粘结破坏面积（%）		≤5
		23℃时最大拉伸强度时伸长率（%）		≥100
7	热老化	热失量（%）		≤10
		龟裂		无
		粉化		无

注：a　仅适用于单组分产品。

　　　b　仅适用于双组分产品。

（4）判定规则

1）外观质量不符合（GB 16776—2005）标准的外观规定，则判定该批产品不合格。

2）单项结果判定

表干时间、下垂度、拉伸粘结性试验项目，每个试件的试验结果均符合表1规定，则判定为该项合格；其余试验项目试验结果的算术平均值符合表1规定，则判定为合格。

23℃伸长率10%、20%及40%的模量不作为判定项目，但必须报告。

3）产品符合（GB 16776—2005）标准的外观、物理力学性能要求的所有项目则判该批产品合格。检验中若有两项达不到表1规定，则判定该批产品不合格；若仅有一项达不到规定，允许在该批产品中双倍抽样进行单项目复验；如该项仍达不到规定，该批产品即判定为不合格。

2.3.8.2　丙烯酸酯建筑密封胶的检验报告

1. 资料表式

丙烯酸酯建筑密封胶检验报告

表 2.3.8.2

资质证号：　　　　　　　　　　统一编号：　　　　　　　　　　　共 页 第 页

委托单位		委托日期	
工程名称		报告日期	
使用部位		检测类别	
产品名称		生产厂家	
样品数量		规格型号	
样品状态		样品标识	
见证单位		见证人	

序号	检验项目	计量单位	标准要求	检测结果	单项判定
1	密度	g/cm³			
2	下垂度	mm			
3	表干时间	h			
4	挤出性	mL/min			
5	弹性恢复率	%			
6	定伸粘结性	—			
7	浸水后定伸粘结性	—			
8	冷拉—热压后粘结性	—			
9	断裂伸长率	%			
10	浸水后断裂伸长率	%			
11	同一温度下拉伸—压缩循环后粘结性	—			
12	低温柔性	℃			
13	体积变化率	%			

依据标准		试验方法执行标准	
检测结论			
备　注			

批准：　　　　　审核：　　　　　校对：　　　　　检测：

注：弹性恢复率测试 12.5P、7.5P 时为报告实测值。

2. 应用指导

丙烯酸酯建筑密封胶适用于以丙烯酸酯乳液为基料的单组分水乳型建筑密封胶。

(1) 丙烯酸酯建筑密封胶用表按表2.3.8.2或当地建设行政主管部门批准的试验室出具的试验报告直接归存。

(2) 主要检测参数见表1。

(3) 执行标准:《丙烯酸酯建筑密封胶》(JC/T 484—2006)。

丙烯酸酯建筑密封胶
(JC/T 484—2006)

1. 分类

(1) 级别:产品按位移能力分为12.5和7.5两个级别。12.5级为位移能力12.5%,其试验拉伸压缩幅度为±12.5%;7.5级为位移能力7.5%,其试验拉伸压缩幅度为±7.5%。

(2) 次级别

12.5级密封胶按其弹性恢复率又分为两个次级别:

弹性体(记号12.5 E):弹性恢复率等于或大于40%;塑性体(记号12.5 P和7.5 P):弹性恢复率小于40%。

12.5 E级为弹性密封胶,主要用于接缝密封。

12.5 P和7.5 P级为塑性密封胶。主要用于一般装饰装修工程的填缝。

12.5 E、12.5 P和7.5 P级产品均不宜用于长期浸水的部位。

(3) 产品按下列顺序标记:名称、级别、次级别、标准号。

示例:

12.5 E级丙烯酸酯建筑密封获的标记为:丙烯酸醋建筑密封胶 12.5 E JC/T 484—2006

2. 技术要求

(1) 产品外观应为无结块、无离析的均匀细腻膏状体。产品的颜色与供需双方商定的样品相比,应无明显差异。

(2) 丙烯酸酯建筑密封胶的物理力学性能应符合表1的规定。

3. 检验规则

(1) 生产厂应按本标准的规定,对每批密封胶产品进行出厂检验,检验项目为:外观;下垂度;表干时间;挤出性;弹性恢复率;定伸粘结性(12.5 E级);断裂伸长率(12.5 P和7.5 P级)。

(2) 组批与抽样规则

1) 组批:以同一级别的产品每10t为一批进行检验,不足10t也作为一批。

2) 抽样:产品由该批产品中随机抽取三件包装箱,从每件包装箱中随机抽取2~3支样品。共取6~9支。散装产品约取4kg。

物理力学性能   表 1

序号	项　目	技术指标		
		12.5 E	12.5 P	7.5 P
1	密度(g/cm³)	规定值±0.1		
2	下垂度(mm)	≤3		
3	表干时间(h)	≤1		
4	挤出性(mL/min)	≥100		
5	弹性恢复率(%)	≥40	见表注	
6	定伸粘结性	无破坏	/	
7	浸水后定伸粘结性	无破坏	/	
8	冷拉—热压后粘结性	无破坏	/	
9	断裂伸长率(%)	/	≥100	
10	浸水后断裂伸长率(%)	/	≥100	
11	同一温度下拉伸—压缩循环后粘结性	/	无破坏	
12	低温柔性(℃)	—20	—5	
13	体积变化率(%)	≤30		

注：报告实测值。

（3）判定规则

1）单项判定

下垂度、表干时间、定伸粘结性、浸水后定伸粘结性、冷拉—热压后粘结性、同一温度下拉伸—压缩循环后粘结性、低温柔性试验。每个试件均符合规定，则判该项合格。

挤出性试验每个试样均符合规定，则判该项合格。

密度、断裂伸长率、浸水后断裂伸长率、体积变化率试验每组试件的平均值符合规定，则判该项合格。

弹性恢复率试验取三块试件的平均值。若有一块试件破坏，取两块试件的平均值；若有两块试件破坏，则判该项不合格。

2）综合判定

检验结果符合表 1 全部要求时，则判该批产品合格。

外观质量不符合"产品应为无结块、无离析的均匀细腻膏状体。产品的颜色与供需双方商定的样品相比，应无明显差异。"规定时，则判该批产品不合格。

有两项或两项以上指标不符合规定时，则判该批产品为不合格；若有一项指标不符合规定时，在同批产品中再次抽取相同数量的样品进行单项复验；若该项指标合格，则判该批产品为合格；否则，判该批产品为不合格。

2.3.8.3 聚硫建筑密封胶的检验报告

1. 资料表式

聚硫建筑密封胶检验报告

表 2.3.8.3

资质证号：   统一编号：   共 页 第 页

委托单位				委托日期	
工程名称				报告日期	
使用部位				检测类别	
产品名称				生产厂家	
样品数量				规格型号	
样品状态				样品标识	
见证单位				见证人	

序号	检验项目		计量单位	标准要求	检测结果	单项判定
1	密度		g/cm³	规定值±0.1		
2	流动性	下垂度(N型)	mm	≤3		
		流平性(L型)	—	光滑平整		
3	表干时间		h	≤24		
4	适用期		h	≥2		
5	弹性恢复率		%	≥70		
6	拉伸模量	23℃	MPa	>0.4 或>0.6		
		—20℃	MPa	≤0.4 和≤0.6		
7	定伸粘结性		—	无破坏		
8	浸水后定伸粘结性		—	无破坏		
9	冷拉—热压后粘结性		—	无破坏		
10	质量损失率		%	≤5		

依据标准		试验方法执行标准	
检测结论			
备　注			

批准：   审核：   校对：   检测：

注：适用期允许采用供需双方商定的其他指标值。

2. 应用指导

（1）聚硫建筑密封胶用表按表2.3.8.3或当地建设行政主管部门批准的试验室出具的试验报告直接归存。

（2）主要检测参数见表2.3.8.3。

（3）执行标准：《聚硫建筑密封胶》（JC/T 483—2006）

聚硫建筑密封胶

（JC/T 483—2006）

1. 分类

（1）产品类型按流动性分为非下垂型（N）和自流平型（L）两个类型。

（2）产品级别按位移能力分为25、20两个级别，见表1。

级别 表1

级　别	试验拉压幅度(%)	位移能力(%)
25	±25	25
20	±20	20

（3）产品次级别按拉伸模量分为高模量（HM）和低模量（LM）两个次级别。

（4）产品按下列顺序标记：名称、类型、级别、次级别、标准号。

示例：25级低模量非下垂型聚硫建筑密封胶的标记为：聚硫建筑密封胶 N 25 LM JC/T 483—2006。

2. 技术要求

（1）产品外观应为均匀膏状物、无结皮结块，组分间颜色应有明显差别。产品的颜色与供需双方商定的样品相比，不得有明显差异。

（2）聚硫建筑密封胶的物理力学性能应符合表2的规定。

物理力学性能 表2

序号	项　目		技　术　指　标		
			20HM	25LM	20LM
1	密度(g/cm³)			规定值±0.1	
2	流动性	下垂度(N型,mm)		≤3	
		流平性(L型)		光滑平整	
3	表干时间(h)			≤24	
4	适用期(h)			≥2	
5	弹性恢复率(%)			≥70	
6	拉伸模量(MPa)	23℃	>0.4 或>0.6		≤0.4 和≤0.6
		−20℃			
7	定伸粘结性			无破坏	
8	浸水后定伸粘结性			无破坏	
9	冷拉—热压后粘结性			无破坏	
10	质量损失率(%)			≤5	

注：适用期允许采用供需双方商定的其他指标值。

3. 检验规则

（1）生产厂应按本标准的规定。对每批密封胶产品进行出厂检验，检验项目为：外观；下垂度（N 塑）或流平性（L 型）；表干时间；适用期；弹性恢复率；定伸粘结性（长期有水环境用胶检验浸水后定伸粘结性）。

（2）组批与抽样规则

1）组批以同一品种、同一类型的产品每 10t 为一批进行检验，不足 10t 也作为一批。

2）抽样方法及数量按照《色漆、清漆和色漆与清漆用原材料取样》GB/T 3186—2006 的规定执行，样品总量为 4kg，取样后应立即密封包装。

（3）判定规则

1）单项判定

下垂度、流平性、表干时间、定伸粘结性、浸水后定伸粘结性、冷拉—热压后粘结性试验，每个试件均符合规定，则判该项合格。

密度、适用期、弹性恢复率、质量损失率试验每组试件的平均值符合规定，则判该项合格。

高模量产品在 23℃和－20℃的拉伸模量有一项符合表 2 中高模量（HM）指标规定时，则判该项合格（以修约值判定）。

低模量产品在 23℃和－20℃时的拉伸模量均符合表 2 中低模量（LM）指标规定时，则判该项合格（以修约值判定）。

2）综合判定

检验结果符合"技术要求"项下的全部要求时，则判该批产品合格。

外观质量不符合"技术要求"项下外观的规定时，则判该批产品不合格。

有两项或两项以上指标不符合规定时，则判该批产品为不合格；若有一项指标不符合规定时，在同批产品中再次抽取相同数量的样品进行单项复验；若该项指标合格，则判该批产品为合格；否则，判该批产品为不合格。

2.3.8.4 幕墙玻璃接缝用密封胶的检验报告

1. 资料表式

幕墙玻璃接缝用密封胶检验报告　　　　　　　表 2.3.8.4

资质证号：　　　　　　　统一编号：　　　　　　　共　页　第　页

委托单位			委托日期	
工程名称			报告日期	
使用部位			检测类别	
产品名称			生产厂家	
样品数量			规格型号	
样品状态			样品标识	
见证单位			见证人	

序号	检验项目		计量单位	标准要求	检测结果	单项判定
1	下垂度	垂直	mm			
		水平	mm			
2	挤出性		mL/min			
3	表干时间		h			
4	弹性恢复率		%			
5	拉伸模量	标准条件	MPa			
		−20℃	MPa			
6	定伸粘结性		—			
7	热压·冷拉后的粘结性		—			
8	浸水光照后的定伸粘结性		—			
9	质量损失率		%			

依据标准		试验方法 执行标准	
检测结论			
备　注			

批准：　　　　审核：　　　　校对：　　　　检测：

2. 应用指导

幕墙玻璃接缝用密封胶适用于玻璃幕墙工程中嵌填玻璃与玻璃接缝的硅酮耐候密封胶，玻璃与铝等金属材料接缝的耐候密封胶。

(1) 幕墙玻璃接缝用密封胶用表按表 2.3.8.4 或当地建设行政主管部门批准的试验室出具的试验报告直接归存。

(2) 主要检测参数见表 2。

(3) 执行标准:《幕墙玻璃接缝用密封胶》(JC/T 882—2001)

幕墙玻璃接缝用密封胶
(JC/T 882—2001)

1. 分类

(1) 幕墙玻璃接缝用密封胶分为单组分(Ⅰ)和多组分(Ⅱ)两个品种。密封胶按位移能力分为 25、20 两个级别,见表 1。

密封胶级别   表 1

级 别	试验拉压幅度(%)	位移能力(%)
25	±25.0	25
20	±20.0	20

(2) 幕墙玻璃接缝用密封胶的次级别按拉伸模量分为低模量(LM)和高模量(HM)两个级别;25、20 级密封胶为弹性密封胶。

(3) 密封胶按下列顺序标记:名称、品种、级别、次级别、标准号。

标记示例:

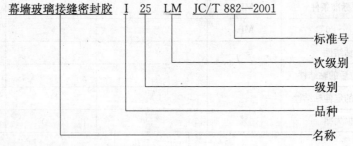

2. 技术要求

(1) 密封胶外观应为细腻、均匀膏状物,不应有气泡、结皮或凝胶。密封胶的颜色与供需双方商定的样品相比,不得有明显差异。多组分密封胶各组分的颜色应有明显差异。

(2) 密封胶的物理力学性能应符合表 2 的规定。

3. 检验规则

(1) 出厂检验生产厂应按本标准的规定,对每批密封胶产品进行出厂检验,检验项目为:a. 外观;b. 下垂度;c. 表干时间;d. 挤出性;e. 适用期;f. 拉伸模量;g. 定伸粘结性。

(2) 组批与抽样规则

1) 组批:以同一品种、同一类型的产品每 2t 为一批进行检验,不足 2t 也作为一批。

物理力学性能　　　　　　　　　　　　　　表2

序号	项　目		技　术　指　标			
			25LM	25HM	20LM	20HM
1	下垂度(mm)	垂直	≤3			
		水平	无变形			
2	挤出性(mL/min)		≥80			
3	表干时间(h)		≤3			
4	弹性恢复率(%)		≥80			
5	拉伸模量(MPa)	标准条件	≤0.4 和 ≤0.6	>0.4 或 >0.6	≤0.4 和 ≤0.6	>0.4 或 >0.6
		−20℃				
6	定伸粘结性		无破坏			
7	热压·冷拉后的粘结性		无破坏			
8	浸水光照后的定伸粘结性		无破坏			
9	质量损失率(%)		≤10			

2) 抽样：支装产品在该批产品中随机抽取3件包装箱，从每件包装中随机抽取2～3支样品。共取6～9支，总体积不少于2700mL或净质量不少于3.5kg。

单组分桶装产品、多组分产品随机取样，样品总量为4kg，取样后应立即密封包装。

（3）判定规则

1) 单项判定

下垂度、表干时间、定伸粘结性、热压·冷拉后的粘结性、浸水光照后定伸粘结性试验，每个试件均符合规定，则判该项合格。

挤出性、适用期试验。每个试样均符合规定，则判该项合格。

弹性恢复率、质量损失率试验，每组试件的平均值符合规定，则判该项合格。

低模量产品在23℃和−20℃时的定伸应力均符合表2中低模量（LM）指标规定时，则判该项合格（以修约值判定）。

高模量产品在23℃和−20℃时的定伸应力有1项符合表2中高模量（HM）指标规定时，则判该项合格（以修约值判定）。

2) 综合判定

检验结果符合"技术要求"项下的全部要求时，则判该批产品合格。

外观质量不符合"技术要求"项下外观的规定时，则判该批产品不合格。

有两项或两项以上指标不符合规定时，则该批产品为不合格；若有1项指项标不符合规定时，在同批产品中二次抽样进行单项复验；如该项仍不合格，则该批产品为不合格。

2.3.8.5　中空玻璃用复合密封胶条的检验报告

1. 资料表式

中空玻璃用复合密封胶条检验报告　　　　　　　　　　表 2.3.8.5

资质证号：　　　　　　　　　统一编号：　　　　　　　　　共　页　第　页

委托单位		委托日期	
工程名称		报告日期	
使用部位		检测类别	
产品名称		生产厂家	
样品数量		规格型号	
样品状态		样品标识	
见证单位		见证人	

序号	检验项目	计量单位	标准要求	检测结果	单项判定
1	外观	—			
2	尺寸偏差	mm			
3	复合密封胶条的硬度	—	≥40		
4	复合密封胶条初粘性的滚球距离	mm	≤450		
5	粘接性能的复合密封胶条与玻璃的拉伸粘接强度	MPa	>0.45		
6	耐低温冲击性能	—	只允许一段胶层出现裂、断		
7	干燥速度	℃	≤−40		
8	耐紫外线辐照性能	—	无结雾、污染和明显错位与蠕变		
9	耐湿耐光性能	℃	露点≤−40		

依据标准		试验方法执行标准	
检测结论			
备　注			

批准：　　　　　审核：　　　　　校对：　　　　　检测：

2. 应用指导

（1）中空玻璃用复合密封胶条用表按表 2.3.8.5 或当地行政主管部门批准的试验室出具的试验报告直接归存。

（2）主要检测参数见表 2.3.8.5。

（3）执行标准：《中空玻璃用复合密封胶条》（JC/T 1022—2007）。

中空玻璃用复合密封胶条
（JC/T 1022—2007）

1. 分类

（1）按结构和形状，中空玻璃用复合密封胶条可分为矩形胶条和凹形胶条。

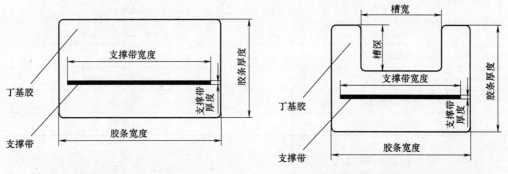

图1　矩形复合密封胶条截面示意图　　　　图2　凹形复合密封胶条截面示意图

（2）中空玻璃用复合密封胶条按形状、尺寸分为不同规格。常用规格见表1。

中空玻璃用复合密封胶条常用规格　　　　　　　　　　　表1

规　　格	胶条宽度（mm）	胶条厚度（mm）	支撑带宽度（mm）	支撑带厚度（mm）
矩形胶条				
6MM	9	6	5.5	0.18
8MM	11	6	7.5	0.18
9MM	12	6.3	8.5	0.18
10MM	13	6.3	9.5	0.20
11MM	14	6.3	10.5	0.20
12MM	15	6.5	11.5	0.20
14MM	17	6.7	13.5	0.20
16MM	19	7	15.5	0.20
凹形胶条				
9U	12.0	6.5	8.5	0.20
12U	5.0	6.5	11.5	0.20
12W	15.0	6.5	11.5	0.20
16U	19.0	7.0	15.5	0.20
16W	19.0	7.0	15.5	0.20
19U	22.0	7.0	18.5	0.20
19W	22.0	7.0	18.5	0.20
22U	25.0	7.5	21.5	0.20
22W	25.0	7.5	21.5	0.20

注：1. W、U 均表示凹形胶条槽形尺寸。其中 W 形槽宽 6.90mm、槽深 3.43mm，U 形槽宽 5.59mm、槽深 3.68mm。
2. 其他形状和尺寸的复合密封胶条可由供需双方商定。

2. 技术要求

（1）复合密封胶条外观表面应光滑、无划痕、裂纹、气泡、疵点和杂质等缺陷，并且颜色均匀一致。

（2）复合密封胶条的长度、宽度及厚度等尺寸允许偏差见表2。

复合密封胶条尺寸允许偏差（mm） 表2

项　目	允许偏差
胶条宽度	±0.50
胶条厚度	±0.50
支撑带宽度	+0.10、−0.20
支撑带厚度	+0.05、−0.03
凹型胶条槽宽	±0.30
凹型胶条槽深	±0.50

（3）复合密封胶条的硬度应大于40。

（4）复合密封胶条初粘性的滚球距离应不大于450mm。

（5）粘接性能的复合密封胶条与玻璃的拉伸粘接强度在各种暴露条件下均应大于0.45MPa，且测试样品在图3所示OAB测试区域内，应无玻璃与胶条的粘接失效且无内聚力的破坏，见图4。

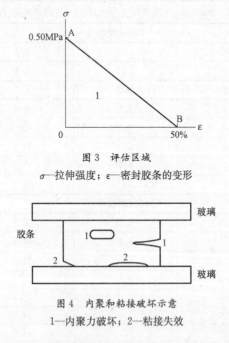

图3　评估区域

σ—拉伸强度；ε—密封胶条的变形

图4　内聚和粘接破坏示意

1—内聚力破坏；2—粘接失效

（6）耐低温冲击性能任取5段复合密封胶条试样，进行耐低温冲击试验，只允许一段试样的胶层出现裂口或断裂。

（7）干燥速度用复合密封胶条制作10块中空玻璃样品，将样品在规定环境条件下放置504h，露点应≤−40℃。

（8）耐紫外线辐照性能用复合密封胶条制作 2 块中空玻璃样品，经紫外线辐照试验后，试样内表面应无结雾和污染的痕迹，玻璃应无明显错位，胶条应无明显蠕变。

（9）耐湿耐光性能用复合密封胶条制成 6 块中空玻璃样品，经耐湿耐光性能试验后，试样的露点应≤−40℃。

3. 检验规则

（1）出厂检验项目包括外观、尺寸偏差、硬度。

（2）组批和抽样

1）组批采用同一工艺条件下生产的中空玻璃用复合密封胶条，每 500 包装单位为一批。

2）抽样产品的外观、尺寸偏差、硬度按表 3 从交货批中随机抽取包装单位，再从每个包装单位中抽取长度为 0.5m 的胶条。

单位：每包装单位　表 3

批量范围	抽检数	合格判定数	不合格判定数
2~8	2	0	1
9~15	3	0	1
16~25	5	1	2
26~50	8	1	2
51~90	13	2	3
91~150	20	3	4
151~280	32	5	6
281~500	50	7	8

对于产品所要求其他技术性能，若用制品检验时，也应根据检测项目所要求的数量，从该批产品中随机抽取。

（3）判定规则

1）所抽胶条的外观、尺寸偏差、硬度不合格数等于或大于表 3 的不合格判定数，则认为该批产品外观质量、尺寸偏差、硬度不合格。

2）其他性能也应符合相应条款的规定，否则认为该项不合格。

3）上述各项中，若有一项不合格，则认为该批产品不合格。

2.3.9　建筑门窗检验

2.3.9.1　建筑门洞口尺寸

建筑门洞口尺寸见表1。

2.3.9.2　建筑窗洞口尺寸系列

建筑窗洞口尺寸系列见表2。

建筑门洞口尺寸   表1

标志尺寸(mm) 参数级差	100				200	100		300								600						洞口数量(个)
参数级别 洞宽 洞高 序号	700*	800*	900	1000*	1200	1400*	1500	1600*	1800	2100	2400	2700	3000	3300	3600	3900*	4200	4500*	4800	5400	6000	
	1	2	3	4	5	6	7	8	9	10	11	12	13	14	15	16	17	18	19	20	21	
1500 1																						0+2
1800 2																						0+2
2000* 3																						0+9
2100 4																						7+5
2200* 5																						0+12
2300* 6																						0+12
2400 7																						10+5
2500* 8																						0+5
2700 9																						10+3
3000 10																						10+3
3300 11																						3+0
3600 12																						4+2
3900* 13																						0+4
4200 14																						4+2
4800 15																						4+1
5100* 16																						0+3
5400 17																						4+1
6000 18																						4+1
洞口数量(个)	0+8	0+9	4+4	0+8	4+4	0+5	4+3	0+7	4+3	4+2	4+2	4+2	5+0	5+1	6+1	0+3	5+3	0+5	4+2	4+0	3+0	60+72

注： 1. 粗线和细线分别表示门洞口标志宽、高的基本或辅助参数及规格，"▢"表示门洞口竖向下方定位线高于楼地面(建筑完成面)。

2. 建筑门洞口标志高度2000mm、2500mm两个辅助参数系列的14个辅助规格，系供城乡居住建筑和条件相当的其他建筑选用的。

3. 建筑门洞口标志高度小于1800mm的两个基本规格，仅适用于门洞口的竖向下方定位线高于楼地面(建筑完成面)标高的情况。

* 表示门洞口标志宽、高的辅助参数。

表 2

建筑窗洞口尺寸系列

参数级差（洞宽方向）：100 / 300 / 600
参数级差（洞高方向）：100 / 300 / 600

洞高＼洞宽(mm)	序号	600	700*	800*	900	1000*	1100*	1200	1300*	1400*	1500	1600*	1700*	1800	1900*	2000*	2100	2200	2300*	2400	2700	3000	3600	4200	4500*	4800	5400	6000	洞口数量(个)
	序号	1	2	3	4	5	6	7	8	9	10	11	12	13	14	15	16	17	18	19	20	21	22	23	24	25	26	27	
600	1																												13+14
700*	2																												0+27
800*	3																												0+27
900	4																												13+14
1000*	5																												0+27
1100*	6																												0+27
1200	7																												13+14
1300*	8																												0+27
1400*	9																												0+19
1500	10																												13+14
1600*	11																												0+19
1700*	12																												0+27
1800	13																												13+14
2100	14																												13+14
2400	15																												13+14
2700	16																												11+12
3000	17																												11+12
3600	18																												11+12
4200	19																												9+5
4800	20																												7+1
5400	21																												7+1
6000	22																												7+1
洞口数量(个)		7+8	0+15	7+8	0+15	7+8	0+18	10+8	0+18	0+18	10+8	0+18	0+18	11+8	0+19	0+19	11+8	0+19	0+19	14+8	0+20	14+6	14+6	14+6	0+16	14+5	14+6	14+6	154+342

注：
1. 粗线和细线分别表示门洞窗高度标志宽、高的基本或辅助参数。
2. 建筑窗洞口标志高度1400mm、1600mm两个辅助参数系列的38个窗洞口辅助规格，系供城乡居住建筑和条件相当的其他建筑选用的。
3. 建筑窗洞口标志宽度4500mm辅助参数系列的16个辅助规格，系供工业等建筑选用，横外墙适当部位选用的。
* 表示窗洞口标志宽、高的辅助参数。

2.3.9.3   建筑外窗的气密性、保温性能、传热系数、中空玻璃露点、玻璃遮阳系数和可见光透射比试验报告

应用指导

(GB 50411—2007)：第 6.2.2 条   建筑外窗的气密性、保温性能、中空玻璃露点、玻璃遮阳系数和可见光透射比应符合设计要求。

检验方法：核查质量证明文件和复验报告。

检查数量：全数核查。

第 6.2.3 条   建筑外窗进入施工现场时，应按地区类别对其下列性能进行复验，复验应为见证取样送检：

1   严寒、寒冷地区：气密性、传热系数和中空玻璃露点；

2   夏热冬冷地区：气密性、传热系数、玻璃遮阳系数、可见光透射比、中空玻璃露点；

3   夏热冬暖地区：气密性、玻璃遮阳系数、可见光透射比、中空玻璃露点。

检验方法：随机抽样送检；核查复验报告。

检查数量：同一厂家同一品种同一类型的产品各抽查不少于 3 樘（件）。

2.3.9.3-1   建筑外窗的气密性试验报告
应用指导

(1) 建筑外窗的气密性试验表式按表 5.2.1 或按当地建设行政主管部门批准的"地方工程建设标准中的技术资料表式提供的施工文件"直接归存，并列入施工文件中。

(2) 严寒、寒冷地区和夏热冬冷地区进入施工现场的外窗均应进行气密性检验，并提出检验报告。

2.3.9.3-2   建筑外窗的保温性能试验报告
应用指导

(1) 建筑外窗的保温性能试验报告按当地建设行政主管部门批准的试验单位提供的试验报告作为施工文件并直接归存。

(2) 建筑外窗的保温性能试验见《建筑外窗保温性能分级与检测方法》（GB/T 8484—2008）。

(3) 建筑外窗严寒、寒冷地区和夏热冬冷地区应进行保温性能试验，并且提出检验报告。

2.3.9.3-3   建筑外窗的中空玻璃露点、玻璃遮阳系数和可见光透射比试验报告
应用指导

(1) 建筑外窗的传热系数、中空玻璃露点、玻璃遮阳系数和可见光透射比试验报告按当地建设行政主管部门批准的试验单位提供的试验报告作为施工文件并直接归存。

(2) 严寒、寒冷地区、夏热冬冷地区、夏热冬暖地区均应进行中空玻璃露点检测；夏热冬冷地区和夏热冬暖地区均应检验玻璃遮阳系数和可见光透射比，并提出检验报告。

2.3.10　建筑门窗玻璃检验

2.3.10.1　建筑门窗玻璃检验报告

1. 资料表式

玻璃检验报告（通用）　　　　　　表 2.3.10.1

资质证号：　　　　　　　　统一编号：　　　　　　　共 页 第 页

委托单位		委托日期	
工程名称		报告日期	
使用部位		检测类别	
产品名称		生产厂家	
样品数量		规格型号	
样品状态		样品标识	
见证单位		见证人	

序号	检验项目	计量单位	标准要求	检测结果	单项判定
1	传热系数	—			
2	遮阳系数	—			
3	可见光透射比	%			
4	中空玻璃露点	℃			
5	尺寸偏差	mm			
6	对角线差	mm			
7	厚度偏差	mm			
8	外观质量	—			
9	弯曲度	—			

依据标准		试验方法执行标准	
检测结论			
备　注			

批准：　　　审核：　　　校对：　　　检测：

2. 应用指导

（1）玻璃检验报告用表按表 2.3.10.1 或当地建设行政主管部门批准的试验室出具的试验报告直接归存。

（2）地板用玻璃必须采用夹层玻璃，不得有凸出地面的影响人行的物体。点支承地板玻璃必须采用钢化夹层玻璃，钢化玻璃应进行均质处理。水下用玻璃应选用夹层玻璃。

（3）玻璃的主要检测项目见表 2.3.10.1。应根据不同用途的玻璃，按被试项目测试结果分别填记。不同玻璃执行标准附后。

2.3.10.2   平板玻璃检验报告（GB 11614—2009）

平板玻璃是指采用各种工艺生产的钠、钙、硅平板玻璃。

1. 资料表式

平板玻璃资料表式按表 2.3.10.1 或当地建设行政主管部门批准的试验室出具的试验报告直接归存。

2. 技术要求

（1）平板玻璃应切裁成矩形，其长度和宽度的尺寸偏差应不超过表 2.3.10.2-1 规定。

尺寸偏差（mm）   表 2.3.10.2-1

公称厚度	尺寸偏差	
	尺寸≤3000	尺寸＞3000
2～6	±2	±3
8～10	+2，−3	+3，−4
12～15	±3	±4
19～25	±5	±5

（2）平板玻璃对角线差应不大于其平均长度的 0.2%。

（3）平板玻璃的厚度偏差和厚薄差应不超过表 2.3.10.2-2 规定。

厚度偏差和厚薄差（mm）   表 2.3.10.2-2

公称厚度	厚度偏差	厚薄差
2～6	±0.2	0.2
8～12	±0.3	0.3
15	±0.5	0.5
19	±0.7	0.7
22～25	±1.0	1.0

（4）外观质量

1）平板玻璃合格品外观质量应符合表 2.3.10.2-3 的规定。

平板玻璃合格品外观质量　　　　　　　　　　　　表 2.3.10.2-3

缺陷种类	质 量 要 求		
点状缺陷[a]	尺寸 L(mm)	允许个数限度	
	$0.5 \leqslant L \leqslant 1.0$	$2 \times S$	
	$1.0 < L \leqslant 2.0$	$1 \times S$	
	$2.0 < L \leqslant 3.0$	$0.5 \times S$	
	$L > 3.0$	0	
点状缺陷密集度	尺寸 $\geqslant 0.5$mm 的点状缺陷最小间距不小于 300mm；直径 100mm 圆内尺寸 $\geqslant$ 0.3mm 的点状缺陷不超过 3 个		
线道	不允许		
裂纹	不允许		
划伤	允许范围	允许条数限度	
	宽 $\leqslant 0.5$mm，长 $\leqslant 60$mm	$3 \times S$	
光学变形	无色透明平板玻璃	本体着色平板玻璃	本体着色
	2mm	$\geqslant 40°$	$\geqslant 40°$
	3mm	$\geqslant 45°$	$\geqslant 40°$
	$\geqslant 4$mm	$\geqslant 50°$	$\geqslant 45°$
断面缺陷	公称厚度不超过 8mm 时，不超过玻璃板的厚度；8mm 以上时，不超过 8mm		

注：S 是以平方米为单位的玻璃板面积数值，按 GB/T 8170 修约，保留小数点后两位。点状缺陷的允许个数限度及划伤的允许条数限度为各系数与 S 相乘所得的数值，按 GB/T 8170 修约至整数。

[a] 光畸变点视为 0.5～1.0mm 的点状缺陷。

2）平板玻璃一等品外观质量应符合表 2.3.10.2-4 的规定。

平板玻璃一等品外观质量　　　　　　　　　　　　表 2.3.10.2-4

缺陷种类	质 量 要 求		
点状缺陷[a]	尺寸 L(mm)	允许个数限度	
	$0.3 \leqslant L \leqslant 0.5$	$2 \times S$	
	$0.5 < L \leqslant 1.0$	$0.5 \times S$	
	$1.0 < L \leqslant 1.5$	$0.2 \times S$	
	$L > 1.5$	0	
点状缺陷密集度	尺寸 $\geqslant 0.3$mm 的点状缺陷最小间距不小于 300mm；直径 100mm 圆内尺寸 $\geqslant$ 0.2mm 的点状缺陷不超过 3 个		
线道	不允许		
裂纹	不允许		
划伤	允许范围	允许条数限度	
	宽 $\leqslant 0.2$mm，长 $\leqslant 40$mm	$2 \times S$	
光学变形	无色透明平板玻璃	本体着色平板玻璃	本体着色
	2mm	$\geqslant 50°$	$\geqslant 45°$
	3mm	$\geqslant 55°$	$\geqslant 50°$
	4～12mm	$\geqslant 60°$	$\geqslant 55°$
	$\geqslant 15$mm	$\geqslant 55°$	$\geqslant 50°$
断面缺陷	公称厚度不超过 8mm 时，不超过玻璃板的厚度；8mm 以上时，不超过 8mm		

注：S 是以平方米为单位的玻璃板面积数值，按 GB/T 8170 修约，保留小数点后两位。点状缺陷的允许个数限度及划伤的允许条数限度为各系数与 S 相乘所得的数值，按 GB/T 8170 修约至整数。

[a] 点状缺陷中不允许有光畸变点。

3）平板玻璃优等品外观质量应符合表 2.3.10.2-5 的规定。

平板玻璃优等品外观质量　　　　　　　　表 2.3.10.2-5

缺陷种类	质　量　要　求		
点状缺陷[a]	尺寸 L(mm)		允许个数限度
	$0.3 \leqslant L \leqslant 0.5$		$1 \times S$
	$0.5 < L \leqslant 1.0$		$0.2 \times S$
	$L > 1.0$		0
点状缺陷密集度	尺寸$\geqslant$0.3mm 的点状缺陷最小间距不小于 300mm；直径 100mm 圆内尺寸$\geqslant$ 0.1mm 的点状缺陷不超过 3 个		
线道	不允许		
裂纹	不允许		
划伤	允许范围		允许条数限度
	宽$\leqslant$0.1mm，长$\leqslant$30mm		$2 \times S$
光学变形	无色透明平板玻璃	本体着色平板玻璃	本体着色
	2mm	$\geqslant 50°$	$\geqslant 50°$
	3mm	$\geqslant 55°$	$\geqslant 50°$
	4～12mm	$\geqslant 60°$	$\geqslant 55°$
	$\geqslant$15mm	$\geqslant 55°$	$\geqslant 50°$
断面缺陷	公称厚度不超过 8mm 时，不超过玻璃板的厚度；8mm 以上时，不超过 8mm		

注：S 是以平方米为单位的玻璃板面积数值，按 GB/T 8170 修约，保留小数点后两位。点状缺陷的允许个数限度
　　及划伤的允许条数限度为各系数与 S 相乘所得的数值，按 GB/T 8170 修约至整数。

[a]　点状缺陷中不允许有光畸变点。

（5）平板玻璃弯曲度应不超过 0.2%。

（6）光学特性

1）无色透明平板玻璃可见光透射比应不小于表 2.3.10.2-6 的规定。

无色透明平板玻璃可见光透射比最小值　　　　表 2.3.10.2-6

公称厚度(mm)	可见光透射比最小值(%)
2	89
3	88
4	87
5	86
6	85
8	83
10	81
12	79
15	76
19	72
22	69
25	67

　　2）本体着色平板玻璃可见光透射比、太阳光直接透射比、太阳能总透射比偏差应不
超过表 2.3.10.2-7 的规定。

　　3）本体着色平板玻璃颜色均匀性，同一批产品色差应符合 $\Delta E \leqslant 2.5$。

本体着色平板玻璃可见光透射比偏差　　　　　表 2.3.10.2-7

种　类	偏差(%)
可见光(380~780mm)透射比	2.0
太阳光(300~2500mm)直接透射比	3.0
太阳能(380~2500mm)总透射比	4.0

3. 检验规则

（1）型式检验项目为"技术要求"项下的全部要求项目；出厂检验的项目有：尺寸偏差、对角线差、厚度偏差、厚薄差、外观质量和弯曲度。

（2）判定规则

① 对产品尺寸偏差、对角线差、厚度偏差、厚薄差、外观质量和弯曲度进行检验时，一片玻璃其检验结果各项指标均达到该等级的要求则该片玻璃为合格，否则为不合格。

一批玻璃中，若不合格片数小于或等于表 8 中接收数，则该批玻璃上述指标合格；若不合格片数大于或等于表 8 中拒收数，则该批玻璃上述指标不合格。

② 对无色透明平板玻璃可见光透射比进行检验收，若检验结果符合"技术要求"项下的光学特性中的①的规定，则判定该批产品该项指标合格。

③ 对本体着色平板玻璃的透射比偏差进行检验时，若检验结果符合"技术要求"项下的光学特性中的②的规定，则判定该批产品该项指标合格。

④ 对本体着色平板玻璃颜色均匀性进行检验时，若检验结果符合"技术要求"项下的光学特性中的③的规定，则判定该批产品该项指标合格。

⑤ 出厂检验时，若上述"判定规则"中的①判定合格，则该批产品判定合格，否则判定不合格；型式检验时，若上述"判定规则"中的①、②、③和④均判定合格，则该批产品判定合格；否则，判定不合格。

2.3.10.3　中空玻璃检验报告（GB/T 11944—2002）

1. 资料表式

中空玻璃资料表式按表 2.3.10.1 或当地建设行政主管部门批准的试验室出具的试验报告直接归存。

2. 应用指导

（1）常用中空玻璃规格形状和最大尺寸见表 2.3.10.3-1。

（2）技术要求

1）中空玻璃所用材料应满足中空玻璃制造和性能要求。

① 玻璃可采用浮法玻璃、夹层玻璃、钢化玻璃、幕墙用钢化玻璃和半钢化玻璃、着色玻璃、镀膜玻璃和压花玻璃等。浮法玻璃夹层玻璃、应符合《平板玻璃》GB/T 11614—2009 的规定，钢化玻璃应符合《建筑用安全玻璃　第 2 部分：钢化玻璃》GB 15763.2—2005 的规定、幕墙用钢化玻璃和半钢化玻璃应符合《半钢化玻璃》GB/T 17841—2008 的规定。其他品种的玻璃应符合相应标准或由供需双方商定。

② 密封胶应满足以下要求：

A. 中空玻璃用弹性密封胶应符合《中空玻璃用弹性密封胶》JC/T 486—2001 的规定。

表 2.3.10.3-1 单位为毫米

玻璃厚度	间隔厚度	长边最大尺寸	短边最大尺寸 （正方形除外）	最大面积(m²)	正方形 边长最大尺寸
3	6	2110	1270	2.4	1270
	9～12	2110	1270	2.4	1270
4	6	2420	1300	2.86	1300
	9～10	2440	1300	3.17	1300
	12～20	2440	1300	3.17	1300
5	6	3000	1750	4.00	1750
	9～10	3000	1750	4.80	2100
	12～20	3000	1815	5.10	2100
6	6	4550	1980	5.88	2000
	9～10	4550	2280	8.54	2440
	12～20	4550	2440	9.00	2440
10	6	4270	2000	8.54	2440
	9～10	5000	3000	15.00	3000
	12～20	5000	3180	15.90	3250
12	12～20	5000	3180	15.90	3250

B. 中空玻璃用塑性密封胶应符合有关规定。

③ 胶条用塑性密封胶制成的含有干燥剂和波浪型铝带的胶条，其性能应符合相应标准。

④ 使用金属间隔框时应去污或进行化学处理。

⑤ 干燥剂质量、性能应符合相应标准。

2) 尺寸偏差

① 中空玻璃的长度及宽度允许偏差见表 2.3.10.3-2。

表 2.3.10.3-2 单位为毫米

长（宽）度 L	允许偏差
L＜1000	±2
1000≤L＜2000	+2、-3
L≥2000	±3

② 中空玻璃厚度允许偏差见表 2.3.10.3-3。

表 2.3.10.3-3 单位为毫米

公称厚度 t	允许偏差
t＜17	±1.0
17≤t＜22	±1.5
t≥22	±2.0

注：中空玻璃的公称厚度为玻璃原片的公称厚度与间隔层厚度之和。

③ 正方形和矩形中空玻璃对角线之差应不大于对角线平均长度的 0.2％。

④ 中空玻璃的胶层厚度：单道密封胶层厚度为 10mm±2mm，双道密封外层密封胶层厚度为 5～7mm（见图 2.3.10.3-1），胶条密封胶层厚度为 8mm±2mm（见图 2.3.10.3-2），特殊规格或有特殊要求的产品由供需双方商定。

3) 中空玻璃外观不得有妨碍透视的污迹、夹杂物及密封胶飞溅现象。

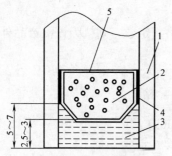

图 2.3.10.3-1　密封胶厚度
1—玻璃;2—干燥剂;3—外层密封胶;
4—内层密封胶;5—间隔框

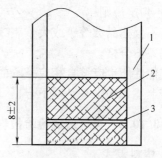

图 2.3.10.3-2　胶条厚度
1—玻璃;2—胶条;3—铝带

4)密封性能

20 块 4mm+12mm+4mm 试样全部满足以下两条规定为合格:①在试验压力低于环境气压 10kPa±0.5kPa 下,初始偏差必须≥0.8mm;②在该气压下保持 2.5h 后,厚度偏差的减少应不超过初始偏差的 15%。

20 块 5mm+9mm+5mm 试样全部满足以下两条规定为合格:①在试验压力低于环境气压 10kPa±0.5kPa 下,初始偏差必须≥0.5mm;②在该气压下保持 2.5h 后,厚度偏差的减少应不超过初始偏差的 15%。

5)20 块试样露点均≤-40℃为合格。

6)耐紫外线辐照性能:2 块试样紫外线照射 168h,试样内表面上均无结雾或污染的痕迹、玻璃原片无明显错位和产生胶条蠕变为合格。如果有 1 块或 2 块试样不合格,可另取 2 块备用试样重新试验,2 块试样均满足要求为合格。

7)气候循环耐久性能:试样经循环试验后进行露点测试。4 块试样露点≤-40℃为合格。

8)高温高湿耐久性能:试样经循环试验后进行露点测试。8 块试样露点≤-40℃为合格。

(3)检验规则

1)型式检验项目包括外观、尺寸偏差、密封性能、露点、耐紫外线辐照性能、气候循环耐久性能和高温高湿耐久性能试验。

出厂检验项目包括外观、尺寸偏差。若要求增加其他检验项目,由供需双方商定。

2)组批和抽样:组批:采用同一工艺条件下生产的中空玻璃,500 块为一批。产品的外观、尺寸偏差按表 2.3.10.3-4 从交货批中随机抽样进行检验。

表 2.3.10.3-4 　　　　　　　　　　　　　　　　　　　　　单位为块

批量范围	抽检数	合格判定数	不合格判定数
1~8	2	1	2
9~15	3	1	2
16~25	5	1	2
26~50	8	2	3
51~90	13	3	4
91~150	20	5	6
151~280	32	7	8
281~500	50	10	11

3) 判定规则

若不合格品数等于或大于表 2.3.10.3-5 的不合格判定数，则认为该批产品外观质量、尺寸偏差不合格。

其他性能也应符合相应条款的规定，否则认为该项不合格。

若上述各项中有一项不合格，则认为该批产品不合格。

2.3.10.4　夹层玻璃检验报告（GB 15763.3—2009）

1. 资料表式

夹层玻璃资料表式按表 2.3.10.1 或当地建设行政主管部门批准的试验室出具的试验报告直接归存。

2. 应用指导

（1）分类

1) 按形状分为：平面夹层玻璃；曲面夹层玻璃；

2) 按霰弹袋冲击性能分为：Ⅰ类夹层玻璃；Ⅱ-1 类夹层玻璃；Ⅱ-2 类夹层玻璃；Ⅲ类夹层玻璃。

（2）材料

夹层玻璃由玻璃、塑料及中间层材料组合构成。所采用的材料均应满足相应的国家标准、行业标准、相关技术条件或订货文件要求。

1) 玻璃可选用：浮法玻璃、普通平板玻璃、压花玻璃、抛光夹丝玻璃、夹丝压花玻璃等。可以是：无色、本体着色或镀膜的；透明、半透明或不透明的；退火、热增强或钢化的；表面处理的，如喷砂或酸腐蚀的等。

2) 塑料可选用：聚碳酸酯、聚氨酯和聚丙烯酸酯等。可以是：无色、着色、镀膜，透明或半透明的。

3) 中间层可选用：材料种类和成分、力学和光学性能等不同的材料，如离子性中间层、PVB 中间层、EVA 中间层等。可以是：无色或有色；透明、半透明或不透明。

（3）要求

1) 外观质量按 7.2 进行检验。

①可视区的点状缺陷数应满足表 2.3.10.4-1 的规定；可视区的线状缺陷数应满足表 2.3.10.4-2 的规定。

可视区允许点状缺陷数　　　　　　　　　　　　表 2.3.10.4-1

缺陷尺寸 λ(mm)		0.5<λ≤1.0	1.0<λ≤3.0			
玻璃面积 S(m²)		S 不限	S≤1	1<S≤2	2<S≤8	8<S
允许缺陷数（个）	玻璃层数 2	不得密集存在	1	2	1.0m²	1.2m²
	3		2	3	1.5m²	1.8m²
	4		3	4	2.0m²	2.4m²
	≥5		4	5	2.5m²	3.0m²

注1：不大于 0.5mm 的缺陷不考虑，不允许出现大于 3mm 的缺陷。

　2：当出现下列情况之一时，视为密集存在：

　　a) 两层玻璃时，出现 4 个或 4 个以上，且彼此相距<200mm 缺陷；

　　b) 三层玻璃时，出现 4 个或 4 个以上的缺陷，且彼此相距<180mm；

　　c) 四层玻璃时，出现 4 个或 4 个以上的缺陷，且彼此相距<150mm；

　　d) 五层以上玻璃时，出现 4 个或 4 个以上的缺陷，且彼此相距<100mm。

　3：单层中间层单层厚度大于 2mm 时，上表允许缺陷数总数增加 1。

可视区允许的线状缺陷数　　　　　　　　　　　　　　　表 2.3.10.4-2

缺陷尺寸(长度 L，宽度 B)(mm)	$L\leqslant30$ 且 $B\leqslant0.2$	$L>30$ 或 $B>0.2$		
玻璃面积 S(m²)	S 不限	$S\leqslant5$	$5<S\leqslant8$	$8<S$
允许缺陷数(个)	允许存在	不允许	1	2

　　② 使用时装有边框的夹层玻璃周边区域，允许直径不超过 5mm 的点状缺陷存在；如点状缺陷是气泡，气泡面积之和不应超过边缘区面积的 5%。

　　使用时不带边框夹层玻璃的周边区缺陷，由供需双方商定。

　　③ 裂口不允许存在。

　　④ 爆边长度或宽度不得超过玻璃的厚度。

　　⑤ 脱胶不允许存在。

　　⑥ 皱痕和条纹不允许存在。

　　2) 尺寸允许偏差

　　① 夹层玻璃最终产品的长度和宽度允许偏差应符合表 2.3.10.4-3 的规定。

长度和宽度允许偏差 (mm)　　　　　　　　　　　　　　　表 2.3.10.4-3

公称尺寸(边长 L)	公称厚度$\leqslant8$	公称厚度>8	
		每块玻璃公称厚度<10	至少一块玻璃公称厚度$\geqslant10$
$L\leqslant1100$	+2.0 −2.0	+2.5 −2.0	+3.5 −2.5
$1100<L\leqslant1500$	+3.0 −2.0	+3.5 −2.0	+4.5 −3.0
$1500<L\leqslant2000$	+3.0 −2.0	+3.5 −2.0	+5.0 −3.5
$2000<L\leqslant2500$	+4.5 −2.5	+5.0 −3.0	+6.0 −4.0
$L>2500$	+5.0 −3.0	+5.5 −3.5	+6.5 −4.5

　　② 叠差如图 2.3.10.4 所示，夹层玻璃的最大允许叠差见表 2.3.10.4-4。

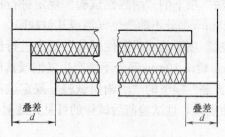

图 2.3.10.4　叠差

夹层玻璃的最大允许叠差 (mm)　　　　　　　　　　　　　　表 2.3.10.4-4

长度或宽度 L	最大允许叠差
$L\leqslant1000$	2.0
$1000<L\leqslant2000$	3.0
$2000<L\leqslant4000$	4.0
$L>4000$	6.0

③ 厚度对于三层原片以上（含三层）制品、原片材料总厚度超过 24mm 及使用钢化玻璃作为原片时，其厚度允许偏差由供需双方商定。

A. 干法夹层玻璃的厚度偏差，不能超过构成夹层玻璃的原片厚度允许偏差和中间层材料厚度允许偏差总和。中间层的总厚度＜2mm 时，不考虑中间层的厚度偏差；中间层总厚度≥2mm 时，其厚度允许偏差为±0.2mm。

B. 湿法夹层玻璃的厚度偏差，不能超过构成夹层玻璃的原片厚度允许偏差和中间层材料厚度允许偏差总和。湿法中间层厚度允许偏差应符合表 2.3.10.4-5 的规定。

湿法夹层玻璃中间层厚度允许偏差（mm）　　　　表 2.3.10.4-5

湿法中间层厚度 d	允许偏差
$d<1$	±0.4
$1{\leqslant}d<2$	±0.5
$2{\leqslant}d<3$	±0.6
$d{\geqslant}3$	±0.7

④ 矩形夹层玻璃制品，长边长度不大于 2400mm 时，对角线差不得大于 4mm；长边长度大于 2400mm 时，对角线差由供需双方商定。

3）平面夹层玻璃的弯曲度，弓形时应不超过 0.3%，波形时应不超过 0.2%。原片材料使用有非无机玻璃时，弯曲度由供需双方商定。

4）可见光透射比按"试验方法"项下的"可见光反射比"规定进行检验，夹层玻璃的可见光透射比由供需双方商定。

5）可见光反射比按"试验方法"项下的"可见光反射比"规定进行试验，夹层玻璃的可见光反射比由供需双方商定。

6）抗风压性能应由供需双方商定是否有必要进行本项试验，以便合理选择给定风载条件下适宜的夹层玻璃的材料、结构和规格尺寸等，或验证所选定夹层玻璃的材料、结构和规格尺寸等能否满足设计风压值的要求。

7）耐热性按"试验方法"项下的"耐热性试验"规定进行检验，试验后允许试样存在裂口，超出边部或裂口 13mm 部分不能产生气泡或其他缺陷。

8）耐湿性按"试验方法"项下的"耐湿性试验"规定进行检验，试验后试样超出原始边 15mm、切割边 25mm、裂口 10mm 部分不能产生气泡或其他缺陷。

9）耐辐照性按"试验方法"项下的"耐辐照试验"规定进行检验，试验后试样不可产生显著变色、气泡及浑浊现象，且试验前后试样的可见光透射比相对变化率 ΔT 应不大于 3%。

10）落球冲击剥离性能按"试验方法"项下的"落球冲击剥离试验"规定进行检验，试验后中间层不得断裂、不得因碎片剥离而暴露。

11）霰弹袋冲击性能按"试验方法"项下的"霰弹袋冲击性能试验"规定进行检验，在每一冲击高度试验后试样应未破坏和/或安全破坏。

破坏时试样同时符合下列要求为安全破坏：

① 破坏时允许出现裂缝或开口，但是不允许出现使直径为 76mm 的球在 25 N 力作用下通过的裂缝或开口；

② 冲击后试样出现碎片剥离时，称量冲击后 3min 内从试样上剥离下的碎片。碎片总质量不得超过相当于 100cm² 试样的质量，最大剥离碎片质量应小于 44cm² 面积试样的质量。

Ⅱ-1 类夹层玻璃：3 组试样在冲击高度分别为 300mm、750mm 和 1200mm 时冲击后，全部试样未破坏和/或安全破坏。

Ⅱ-2 类夹层玻璃：2 组试样在冲击高度分别为 300mm、750mm 时冲击后，试样未破坏和/或安全破坏；但另 1 组试样在冲击高度为 1200mm 时，任何试样非安全破坏。

Ⅲ 类夹层玻璃：1 组试样在冲击高度为 300mm 时冲击后，试样未破坏和/或安全破坏，但另 1 组试样在冲击高度为 750mm 时，任何试样非安全破坏。

Ⅰ 类夹层玻璃：对霰弹袋冲击性能不做要求。

（4）检验规则

1）出厂检验的检验项目为尺寸和偏差、外观质量、弯曲度，其他检验项目由供需双方商定。

2）组批与抽样规则

①产品的尺寸允许偏差、外观质量、弯曲度试验按表 2.3.10.4-6 进行随机抽样。

抽样规则 表 2.3.10.4-6

批量范围	抽检数	合格判定数	不合格判定数
1～8	2	0	1
9～15	3	0	1
16～25	5	1	2
26～50	8	2	3
51～90	13	3	4
91～150	20	5	6
151～280	32	7	8
281～500	50	10	11

② 对产品所要求的其他技术性能，若用产品检验时，根据检测项目所要求的数量从该批产品中随机抽取。若用试样进行检验时，应采用同一工艺条件下制备的试样。当该批产品批量大于 500 块时，以每 500 块为一批分批抽取试样。当检验项目为非破坏性试验时，试样可继续用于其他项目的检测。

3）判定规则

① 尺寸允许偏差、外观质量、弯曲度三项的不合格品数如大于或等于表 2.3.10.4-7 的不合格判定数，则认为该批产品外观质量、尺寸偏差和弯曲度不合格。

② 可见光透射比、可见光反射比：取三块试样进行试验。三块试样全部符合要求时为合格，一块符合时为不合格。当两块试样符合时，追加三块新试样重新进行试验，三块全部符合要求时为合格。

③ 抗风压性能根据《建筑玻璃均布静载模拟风压试验方法》JC/T 677 规定的抽样规则和试验结果判定方法进行判定。

④ 耐热性、耐湿性、耐辐照性：取三块试样进行试验。三块试样全部符合要求时为合格，一块符合时为不合格。当两块试样符合时，追加三块新试样重新进行试验，三块全部符合要求时为合格。

⑤ 落球冲击剥离性能：取 6 块试样进行试验。当 5 块或 5 块以上符合时为合格，三

块或三块以下符合时为不合格。当四块试样符合时，追加 6 块新试样重新进行试验，6 块全部符合时为合格。

⑥ 安全夹层玻璃霰弹袋冲击性能达到Ⅲ级或更高级别时，霰弹袋冲击性能为合格。如果 1 组试样在冲击高度为 300mm 时冲击后，任何试样非安全破坏，即认定安全夹层玻璃霰弹袋冲击性能不合格。

⑦ 批次合格判定：上述各项中有一项不合格，则认为该批产品不合格。

2.3.10.5　阳光控制镀膜玻璃检验报告（GB/T 18915.1—2002）

1. 资料表式

阳光控制镀膜玻璃资料表式按表 2.3.10.1 或当地建设行政主管部门批准的试验室出具的试验报告直接归存。

2. 应用指导

（1）产品按外观质量、光学性能差值、颜色均匀性分为优等品和合格品。产品按热处理加工性能分为非钢化阳光控制镀膜玻璃、钢化阳光控制镀膜玻璃和半钢化阳光控制镀膜玻璃。

（2）技术要求

1）非钢化阳光控制镀膜玻璃尺寸允许偏差、厚度允许偏差、弯曲度、对角线差应符合《平板玻璃》GB 11614—2009 的规定。

2）钢化阳光控制镀膜玻璃与半钢化阳光控制镀膜玻璃尺寸允许偏差、厚度允许偏差、弯曲度、对角线差应符合《半钢化玻璃》GB/T 17841—2008 的规定。

3）外观质量：阳光控制镀膜玻璃原片的外观质量应符合《平板玻璃》GB 11614—2009 中汽车级的技术要求。作为幕墙用的钢化、半钢化阳光控制镀膜玻璃原片进行边部精磨边处理。阳光控制镀膜玻璃的外观质量应符合表 2.3.10.5-1 的规定。

阳光控制镀膜玻璃的外观质量　　　　　　　　　　　　　表 2.3.10.5-1

缺陷名称	说　明	优等品	合格品
针　孔	直径<0.8mm	不允许集中	
	0.8mm≤直径<1.2mm	中部：3.0×S，个，且任意两针孔之间的距离大于 300mm。 75mm 边部：不允许集中	不允许集中
	1.2mm≤直径<1.6mm	中部：不允许 75mm 边部：3.0×S，个	中部：3.0×S，个 75mm 边部：8.0×S，个
	1.6mm≤直径≤2.5mm	不允许	中部：2.0×S，个 75mm 边部：5.0×S，个
	直径>2.5mm	不允许	不允许
斑　点	1.0mm≤直径≤2.5mm	中部：不允许 75mm 边部：2.0×S，个	中部：5.0×S，个 75mm 边部：6.0×S，个
	2.5mm<直径≤5.0mm	不允许	中部：1.0×S，个 75mm 边部：4.0×S，个
	直径>5.0mm	不允许	不允许
斑　纹	目视可见	不允许	不允许
暗　道	目视可见	不允许	不允许

续表

缺陷名称	说　明	优等品	合格品
膜面划伤	0.1mm≤宽度≤0.3mm 长度≤60mm	不允许	不限 划伤间距不得小于100mm
	宽度＞0.3mm 或 长度＞60mm	不允许	不允许
玻璃面划伤	宽度≤0.5mm 长度≤60mm	3.0×S,条	
	宽度＞0.5mm 或 长度＞60mm	不允许	不允许

注1：针孔集中是指在φ100mm 面积内超过 20 个。
　2：S 是以平方米为单位的玻璃板面积，保留小数点后两位；
　3：允许个数及允许条数为各系数与 S 相乘所得的数值，按 GB/T 8170 修约至整数；
　4：玻璃板的中部是指距玻璃板边缘 75mm 以内的区域，其他部分为边部。

4）光学性能包括：紫外线透射比、可见光透射比、可见光反射比、太阳光直接透射比、太阳光直接反射比和太阳能总透射比，其差值应符合表 2.3.10.5-2 规定。

阳光控制镀膜玻璃的光学性能要求　　　　　　表 2.3.10.5-2

项　目	允许偏差最大值（明示标称值）		允许最大差值（未明示标称值）	
	优等品	合格品	优等品	合格品
可见光透射比 大于 30%	±1.5%	±2.5%	≤3.0%	≤5.0%
可见光透射比 小于等于 30%	±1.0%	±2.0%	≤2.0%	≤4.0%

注：对于明示标称值（系列值）的产品，以标称值作为偏差的基准，偏差的最大值应符合本表的规定；对于未明示标称值的产品，则取三块试样进行测试，三块试样之间差值的最大值应符合本表的规定。

5）阳光控制镀膜玻璃的颜色均匀性，采用 CIELAB 均匀色空间的色差 ΔE_{ab}^{*} 来表示，单位 CIELAB。

阳光控制镀膜玻璃的反射色色差优等品不得大于 2.5CIELAB，合格品不得大于 3.0CIELAB。

6）阳光控制镀膜玻璃的耐磨性，按本标准耐磨性测定进行试验；试验前后可见光透射比平均值的差值的绝对值不应大于 4%。

7）阳光控制镀膜玻璃的耐酸性，按本标准耐酸性测定进行试验；试验前后可见光透射比平均值的差值的绝对值不应大于 4%；并且膜层不能有明显的变化。

8）阳光控制镀膜玻璃的耐碱性，按本标准耐碱性测定进行试验；试验前后可见光透射比平均值的差值的绝对值不应大于 4%；并且膜层不能有明显的变化。

（3）检验规则

1）出厂检验项目为"技术要求"项下的 1)、2)、3) 和可见光透射比差值。

2）组批与抽样

① 组批：同一工艺、同一颜色、同一厚度、同一系列可见光透射比、同一等级和稳定连续生产的产品可组为一批。

② 抽样

A. 出厂检验时，企业可以根据生产状况制定合理的抽样方案抽取样品。

B. 型式检验、产品质量仲裁、监督抽查时，可按《计数抽样检验程序》GB/T 2828 正常检查一次抽样方案，取 AQL＝6.5%，具体见表 2.3.10.5-3。当产品批量大于 1000 片时，以 1000 片为一批分批抽取试样。

抽样表
表 2.3.10.5-3

批量范围/个	样本大小	合格判定数	不合格判定数
1～8	2	0	1
9～15	3	0	1
16～25	5	1	2
26～50	8	1	2
51～90	13	2	3
91～150	20	3	4
151～280	32	5	6
281～500	50	7	8
501～1000	80	10	11

C. 对产品的光学性能进行测定时，每批随机抽取 3 片试样。对产品的色差进行测定时，每批随机抽取 5 片试样。对产品的耐磨性进行测定时，每批随机抽取 3 片试样。对产品的耐酸、耐碱性进行测定时，每批随机抽取 3 片试样。

3）判定规则

① 对产品尺寸允许偏差、厚度允许偏差、对角线差、弯曲度及外观质量进行测定时：

一片玻璃测定结果，各项指标均符合"技术要求"项下规定的要求为合格。

一批玻璃测定结果，若不合格数不大于表 3 中规定的不合格判定数时，则定为该批产品上述指标合格，否则定为不合格。

② 对产品光学性能进行测定时，3 片试样需在同一位置进行检测，若 3 片试样均符合"技术要求"项下的光学性能规定，则判定该批产品该项指标测定合格。

③ 对产品色差进行测定时，5 片试样色差的最大值符合"技术要求"项下的颜色均匀性规定，则定为该批产品该项指标测定合格，否则不合格。

④ 对产品耐磨性能进行测定时，3 片试样均符合"技术要求"项下的耐磨性能规定，则判定该批产品该项指标测定合格。

⑤ 对产品耐酸性能进行测定时，3 片试样均符合"技术要求"项下的耐酸性能规定，则判定该批产品该项指标测定合格。

⑥ 对产品耐碱性能进行测定时，3 片试样均符合"技术要求"项下的耐碱性能规定，则判定该批产品该项指标测定合格。

⑦ 综合判定：若上述各项中，有一项性能不合格则认为该批产品不合格。

2.3.10.6 低辐射镀膜玻璃检验报告（GB/T 18915.2—2002）

1. 资料表式

低辐射镀膜玻璃资料表式按表 2.3.10.1 或当地建设行政主管部门批准的试验室出具的试验报告直接归存。

2. 应用指导

（1）产品分类

产品按外观质量分为优等品和合格品。产品按生产工艺分离线低辐射镀膜玻璃和在线低辐射镀膜玻璃。低辐射镀膜玻璃可以进一步加工，根据加工的工艺可以分为钢化低辐射镀膜玻璃、半钢化低辐射镀膜玻璃、夹层低辐射镀膜玻璃等。

（2）技术要求

1）低辐射镀膜玻璃的厚度偏差应符合《平板玻璃》GB 11614—2009 标准的有关规定。

2）低辐射镀膜玻璃的尺寸偏差应符合《平板玻璃》GB 11614—2009 标准的有关规定。钢化、半钢化低辐射镀膜玻璃的尺寸偏差应符合《半钢化玻璃》GB/T 17841—2008 标准的有关规定。

3）低辐射镀膜玻璃的外观质量应符合表 2.3.10.6-1 的规定。

低辐射镀膜玻璃的外观质量

表 2.3.10.6-1

缺陷名称	说　明	优等品	合格品
针　孔	直径<0.8mm	不允许集中	
	0.8mm≤直径<1.2mm	中部：3.0×S，个，且任意两针孔之间的距离大于 300mm。75mm 边部：不允许集中	不允许集中
	1.2mm≤直径<1.6mm	中部：不允许 75mm 边部：3.0×S，个	中部：3.0×S，个 75mm 边部：8.0×S，个
	1.6mm≤直径≤2.5mm	不允许	中部：2.0×S，个 75mm 边部：5.0×S，个
	直径>2.5mm	不允许	不允许
斑　点	1.0mm≤直径≤2.5mm	中部：不允许 75mm 边部：2.0×S，个	中部：5.0×S，个 75mm 边部：6.0×S，个
	2.5mm<直径≤5.0mm	不允许	中部：1.0×S，个 75mm 边部：4.0×S，个
	直径>5.0mm	不允许	不允许
膜面划伤	0.1mm≤宽度≤0.3mm 长度≤60mm	不允许	不限 划伤间距不得小于 100mm
	宽度>0.3mm 或 长度>60mm	不允许	不允许
玻璃面划伤	宽度≤0.5mm 长度≤60mm	3.0×S，条	
	宽度>0.5mm 或 长度>60mm	不允许	不允许

注1：针孔集中是指在 φ100mm 面积内超过 20 个。

　2：S 是以平方米为单位的玻璃板面积，保留小数点后两位；

　3：允许个数及允许条数为各系数与 S 相乘所得的数值，按 GB/T 8170 修约至整数；

　4：玻璃板的中部是指距玻璃板边缘 75mm 以内的区域，其他部分为边部。

4）低辐射镀膜玻璃弯曲度不应超过 0.2%。钢化、半钢化低辐射镀膜玻璃的弓形弯曲度不得超过 0.3%，波形弯曲度（mm/300mm）不得超过 0.2%。

5）低辐射镀膜玻璃的对角线差应符合《平板玻璃》GB 11614—2009 标准的有关规定。钢化、半钢化玻璃低辐射镀膜玻璃的对角线差应符合《半钢化玻璃》GB/T 17841—2008 标准的有关规定。

6）低辐射镀膜玻璃的光学性能包括：紫外线透射比、可见光透射比、可见光反射比、太阳光直接透射比、太阳光直接反射比和太阳能总透射比。这些性能的差值应符合表 2.3.10.6-2 规定。

低辐射镀膜玻璃的光学性能要求（单位为百分数）　　　表 2.3.10.6-2

项　　目	允许偏差最大值（明示标称值）	允许最大差值（未明示标称值）
指　　标	±1.5	≤3.0

注：对于明示标称值（系列值）的产品，以标称值作为偏差的基准，偏差的最大值应符合本表的规定；对于未明示标称值的产品，则取三块试样进行测试，三块试样之间差值的最大值应符合本表的规定。

7）低辐射镀膜玻璃的颜色均匀性，以 CIELAB 均匀空间的色差 ΔE^* 来表示，单位：CIELAB。

测量低辐射镀膜玻璃在使用时朝向室外的表面，该表面的反射色差 ΔE^* 不应大于 2.5CIELAB 色差单位。

8）辐射率：离线低辐射镀膜玻璃应低于 0.15。在线低辐射镀膜玻璃应低于 0.25。

9）耐磨性试验前后试样的可见光透射比差值的绝对值不应大于 4%。耐酸性试验前后试样的可见光透射比差值的绝对值不应大于 4%。耐碱性试验前后试样的可见光透射比差值的绝对值不应大于 4%。

（3）检验规则

1）出厂检验项目为厚度偏差、尺寸偏差、外观质量、弯曲度、对角线差和可见光透射比差值。

型式检验项目为"技术要求"项下规定的所有要求。

2）组批与抽样

①组批按同一工艺、同一厚度、同一系列可见光透射比、同一等级、稳定连续生产的产品可组为一批。

②抽样

A. 出厂检验时，企业可以根据生产状况制定合理的抽样方案抽取样品。

B. 型式检验、产品质量仲裁、监督抽查时，厚度偏差、尺寸偏差、外观质量、弯曲度及对角线差可按《计数抽样检验程序》GB/T 2828 正常检查一次抽样方案，取 AQL＝6.5%，具体见表 2.3.10.6-3。当产品批量大于 1000 片时，以 1000 片为一批分批抽取试样。

抽样表　　　表 2.3.10.6-3

批量范围/个	样本大小	合格判定数	不合格判定数
1～8	2	0	1
9～15	3	0	1
16～25	5	1	2
26～50	8	1	2

续表

批量范围/个	样本大小	合格判定数	不合格判定数
51～90	13	2	3
91～150	20	3	4
151～280	32	5	6
281～500	50	7	8
501～1000	80	10	11

C. 对于产品所要求的其他技术性能，根据检验项目所要求的数量从该批产品中随机抽取。当该批产品批量大于 1000 片时，以 1000 片为一批分批抽取试样。

3）判定规则

① 对产品尺寸偏差、厚度偏差、对角线差、弯曲度及外观质量进行测定时：

一片玻璃测定结果，各项指标均符合"技术要求"项下规定的要求为合格。

一批玻璃测定结果，若不合格数不大于表 2.3.10.6-3 中规定的不合格判定数时，则判定为该批产品上述指标合格，否则定为不合格。

② 其他性能也应符合相应条款的规定；否则，认为该项不合格。

③ 综合判定

若上述各项中，有一项性能不合格则认为该批产品不合格。

2.3.10.7 钢化玻璃检验报告（GB 15763.2—2005）

1. 资料表式

钢化玻璃资料表式按表 2.3.10.1 或当地建设行政主管部门批准的试验室出具的试验报告直接归存。

2. 应用指导

（1）技术要求

1）尺寸及其允许偏差

① 长方形平面钢化玻璃边长的允许偏差应符合表 2.3.10.7-1 的规定。

长方形平面钢化玻璃边长允许偏差（mm）　　　　　　　　　表 2.3.10.7-1

厚　度	边长（L）允许偏差			
	$L \leqslant 1000$	$1000 < L \leqslant 2\,000$	$2000 < L \leqslant 3000$	$L > 3000$
3、4、5、6	+1 −2	±3	±4	±5
8、10、12	+2 −3			
15	±4	±4		
19	±5	±5	±6	±7
>19	供需双方商定			

② 长方形平面钢化玻璃的对角线差应符合表 2.3.10.7-2 的规定。

③ 圆孔

A. 孔径一般不小于玻璃的公称厚度，孔径的允许偏差应符合表 2.3.10.7-3 的规定。小于玻璃的公称厚度的孔的孔径允许偏差由供需双方商定。

长方形平面钢化玻璃对角线差允许值（mm）　　表 2.3.10.7-2

玻璃公称厚度	对角线差允许值		
	边长≤2000	2000<边长≤3000	边长>3000
3、4、5、6	±3.0	±4.0	±5.0
8、10、12	±4.0	±5.0	±6.0
15、19	±5.0	±6.0	±7.0
>19	供需双方商定		

孔径及其允许偏差（mm）　　表 2.3.10.7-3

公称孔径(D)	允许偏差
4≤D≤50	±1.0
50<D≤100	±2.0
D>100	供需双方商定

B. 孔的位置

a) 孔的边部距玻璃边部的距离 a 不应小于玻璃公称厚度的 2 倍。如图 2.3.10.7-1 所示。

b) 两孔孔边之间的距离 b 不应小于玻璃公称厚度的 2 倍。如图 2.3.10.7-2 所示。

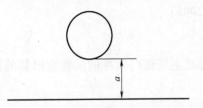

图 2.3.10.7-1　孔的边部距玻璃边部的距离示意图

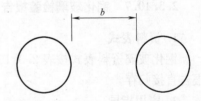

图 2.3.10.7-2　两孔孔边之间的距离示意图

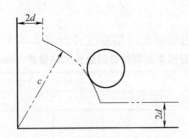

图 2.3.10.7-3　孔的边部距玻璃角部的
距离示意图

c) 孔的边部距玻璃角部的距离 c 不应小于玻璃公称厚度 d 的 6 倍。如图 2.3.10.7-3 所示。

注：如果孔的边部距玻璃角部的距离小于 35mm，那么这个孔不应处在相对于角部对称的位置上。具体位置由供需双方商定。

d) 圆心位置表示方法及其允许偏差

圆孔圆心的位置的表达方法可参照图 2.3.10.7-4 进行。如图 2.3.10.7-4 建立坐标系，用圆心的位置坐标（x，y）表达圆心的位置。

圆孔圆心的位置 x、y 的允许偏差与玻璃的边长允许偏差相同（见表 2.3.10.7-2）。

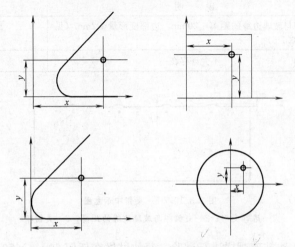

图 2.3.10.7-4　圆心位置表示方法

2）钢化玻璃的厚度的允许偏差应符合表 2.3.10.7-4 的规定。

厚度及其允许偏差（mm）　　　　　　　　　　　　　　　表 2.3.10.7-4

公称厚度	厚度允许偏差
3、4、5、6	±0.2
8、10	±0.3
12	±0.4
15	±0.6
19	±1.0
＞19	供需双方商定

3）钢化玻璃的外观质量应满足表 2.3.10.7-5 的要求。

4）平面钢化玻璃的弯曲度，弓形时应不超过 0.3%，波形时应不超过 0.2%。

5）抗冲击性

取 6 块钢化玻璃进行试验，试样破坏数不超过 1 块为合格，多于或等于 3 块为不合格。破坏数为 2 块时，再另取 6 块进行试验，试样必须全部不被破坏为合格。

钢化玻璃的外观质量　　　　　　　　　　　　　　　　　表 2.3.10.7-5

缺陷名称	说　明	允许缺陷数
爆边	每片玻璃每米边长上允许有长度不超过 10mm，自玻璃边部向玻璃板表面延伸深度不超过 2mm，自板面向玻璃厚度延伸深度不超过厚度 1/3 的爆边个数	1 处
划伤	宽度在 0.1mm 以下的轻微划伤，每平方米面积内允许存在条数	长度≤100mm 时4 条
	宽度大于 0.1mm 的划伤，每平方米面积内允许存在条数	宽度 0.1~1mm，长度≤100mm 时4 条

续表

缺陷名称	说　　明	允许缺陷数
夹钳印	夹钳印与玻璃边缘的距离≤20mm，边部变形量≤2mm（见图2.3.10.7-5）	
裂纹、缺角	不允许存在	

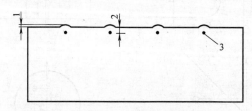

图2.3.10.7-5　夹钳印示意图
1—边部变形；2—夹钳印与玻璃边缘的距离；3—夹钳印

6）碎片状态取4块玻璃试样进行试验。每块试样在任何50mm×50mm区域内的最少碎片数必须满足表2.3.10.7-6的要求。且允许有少量长条形碎片，其长度不超过75mm。

最少允许碎片数 表2.3.10.7-6

玻璃品种	公称厚度(mm)	最少碎片数(片)
平面钢化玻璃	3	30
	4~12	40
	≥15	30
曲面钢化玻璃	≥4	30

7）霰弹袋冲击性能取4块平型玻璃试样进行试验，应符合下列1）或2）中任意一条的规定。

① 玻璃破碎时，每块试样的最大10块碎片质量的总和不得超过相当于试样65cm² 面积的质量，保留在框内的任何无贯穿裂纹的玻璃碎片的长度不能超过120mm。

② 弹袋下落高度为1200mm时，试样不破坏。

8）钢化玻璃的表面应力不应小于90MPa。

以制品为试样，取3块试样进行试验，当全部符合规定为合格，2块试样不符合则为不合格。当2块试样符合时，再追加3块试样，如果3块全部符合规定则为合格。

9）钢化玻璃耐热冲击性能试验应耐200℃温差不破坏。

取4块试样进行试验，当4块试样全部符合规定时认为该项性能合格。当有2块以上不符合时，则认为不合格。当有1块不符合时，重新追加1块试样。如果它符合规定，则认为该项性能合格。当有2块不符合时，则重新追加4块试样，全部符合规定时则为合格。

（2）检验规则

1）出厂检验项目为：厚度及其偏差、外观质量、尺寸及其偏差、弯曲度。其他检验项目由供需双方商定。

2）组批抽样方法

① 产品的尺寸和偏差、外观质量、弯曲度按表2.3.10.7-7规定进行随机抽样。

抽样表（单位为片） 表 2.3.10.7-7

批量范围	样本大小	合格判定数	不合格判定数
1～8	2	1	2
9～15	3	1	2
16～25	5	1	2
26～50	8	2	3
51～90	13	3	4
91～150	20	5	6
151～280	32	7	8
281～500	50	10	11
501～1000	80	14	15

②对于产品所要求的其他技术性能，若用制品检验时，根据检测项目所要求的数量从该批产品中随机抽取；若用试样进行检验时，应采用同一工艺条件下制备的试样。当该批产品批量大于 1000 块时，以每 1000 块为 1 批分批抽取试样。当检验项目为非破坏性试验时，可用它继续进行其他项目的检测。

3）判定规则

若不合格品数等于或大于表 8 的不合格判定数，刚认为该批产品外观质量、尺寸偏差、弯曲度不合格。其他性能也应符合相应条款的规定；否则，认为该项不合格。

若上述各项中，有 1 项不合格，则认为该批产品不合格。

2.3.10.8　半钢化玻璃检验报告（GB/T 17841—2008）

1. 资料表式

半钢化玻璃资料表式按表 2.3.10.1 或当地建设行政主管部门批准的试验室出具的试验报告直接归存。

2. 应用指导

（1）分类半钢化玻璃按生产工艺分类，分为：垂直法半钢化玻璃、水平法半钢化玻璃。

（2）技术要求

1）制品的厚度偏差应符合所使用的原片玻璃对应标准的规定。

2）尺寸及允许偏差

①矩形制品的边长允许偏差应符合表 2.3.10.8-1 的规定。

②矩形制品的对角线差应符合表 2.3.10.8-2 的规定。

边长允许偏差（mm） 表 2.3.10.8-1

厚　度	边长(L)			
	L≤1000	1000<L≤2000	2000<L≤3000	L>3000
3、4、5、6	+1.0 −2.0	±3.0		±4.0
8、10、12	+2.0 −3.0			

对角线差允许值（mm） 表 2.3.10.8-2

玻璃公称厚度	边长(L)			
	L≤1000	1000<L≤2 000	2000<L≤3000	L>3000
3、4、5、6	2.0	3.0	4.0	5.0
8、10、12	3.0	4.0	5.0	6.0

③ 圆孔

A. 孔径一般不小于玻璃的公称厚度，孔径的允许偏差应符合表 2.3.10.8-3 的规定。小于玻璃公称厚度的孔的孔径允许偏差，由供需双方商定。

孔径及其允许偏差（mm） 表 2.3.10.8-3

公称孔径(D)	允许偏差
4≤D≤50	±1.0
50<D≤100	±2.0
D>100	供需双方商定

B. 孔的位置

a）孔的边都距玻璃边部的距离 a 应不小于玻璃公称厚度的 2 倍。如图 2.3.10.8-1 所示。

b）两孔孔边之间的距离 b 应不小于玻璃公称厚度的 2 倍。如图 2.3.10.8-2 所示。

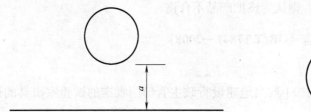

图 2.3.10.8-1　孔的边部距玻璃边部的距离示意图

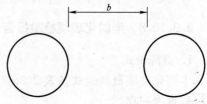

图 2.3.10.8-2　两孔孔边之间的距离示意图

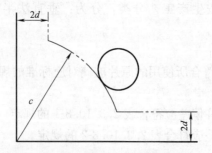

图 2.3.10.8-3　孔的边部距玻璃角部的距离示意图

c）孔的边部距玻璃角部的距离 f 应不小于玻璃公称厚度的 6 倍。如图 2.3.10.8-3 所示。

注：如果某个孔的边部距玻璃边部的距离小于 35mm，那么这个孔不应处在相对于玻璃角部对称的位置上（即圆孔的中心不能处于玻璃角部的对角线上）。具体位置由供需双方商定。

d）圆心位置表示方法及其允许偏差

圆孔圆心的位置的表达方法可参照图 2.3.10.8-4 进行。如图 2.3.10.8-4 建立坐标系，用圆孔的中心相对于玻璃的某个角或者某个虚拟的点的坐标（x，y）表达圆心的位置。

圆孔圆心位置 x、y 的允许偏差与玻璃的边长允许偏差相同（见表 2.3.10.8-1）。

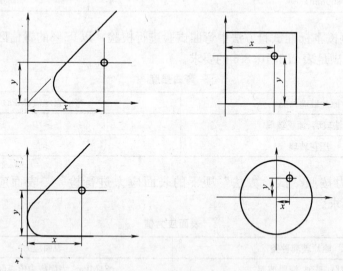

图 2.3.10.8-4　圆心位置表示方法

④ 制品的外观质量应满足表 2.3.10.8-4 的要求。

外观质量　　　　　　　　　　　　　　表 2.3.10.8-4

缺陷名称	说　　明	允许缺陷数
爆边	每米边长上允许有长度不超过 10mm，自玻璃边部向玻璃板表面延伸深度不超过 2mm，自板面向玻璃厚度延伸深度不超过厚度 1/3 的爆边个数	1 处
划伤	宽度≤0.1mm，长度≤100mm 每平方米面积内允许存在条数	4 条
	0.1＜宽度≤0.5mm，长度≤100mm 每平方米面积内允许存在条数	3 条
夹钳印	夹钳印与玻璃边缘的距离≤20mm，边部变形量≤2mm（见图 2.3.10.8-5）	
裂纹、缺角	不允许存在	

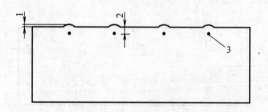

图 2.3.10.8-5　夹钳印示意图

1—边部变形；2—夹钳印与玻璃边缘的距离；3—夹钳印

⑤水平法生产的平型制品的弯曲度应满足表 2.3.10.8-5 的规定。

弯曲度   表 2.3.10.8-5

缺陷种类	弯曲度	
	浮法玻璃	其　他
弓形(mm/mm)	0.3%	0.4%
波形(mm/300mm)	0.3	0.5

⑥弯曲强度按本标准试验方法中弯曲试验进行检验,以 95% 的置信区间,5% 的破损概率弯曲强度应满足表 2.3.10.8-6 的要求。

弯曲强度   表 2.3.10.8-6

原片玻璃种类	弯曲强度值(MPa)
浮法玻璃、镀膜玻璃	≥70
压花玻璃	≥55

⑦表面应力按照"试验方法"项下的表面应力进行检验,表面应力值应满足表 2.3.10.8-7 的要求。

表面应力值   表 2.3.10.8-7

原片玻璃种类	表面应力
浮法玻璃、镀膜玻璃	24MPa≤表面应力值≤60MPa
压花玻璃	—

⑧厚度小于等于 8mm 的玻璃的碎片状态,按"试验方法"项下的碎片状态试验进行检验,每片试样的破碎状态应满足"碎片状态要求"项下的要求;厚度大于 8mm 的玻璃的碎片状态,由供需双方商定。

A. 碎片状态要求

a) 碎片至少有一边延伸到非检查区域。

b) 当有碎片的任何一边不能延伸到非检查区域时,此类碎片归类为"小岛"碎片和"颗粒"碎片(见图 2.3.10.8-6)。上述碎片应满足如下要求:

——不应有两个及两个以上小岛碎片;

——不应有面积大于 10cm^2 的小岛碎片;

——所有"颗粒"碎片的面积之和不应超过 50cm^2。

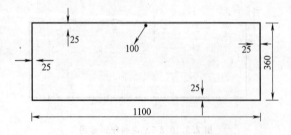

图 2.3.10.8-6　"非检查区域"示意图

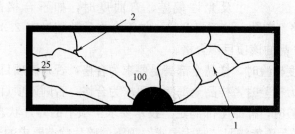

图 2.3.10.8-7 "小岛"和"颗粒"碎片示意图

1—"小岛"碎片，"小岛"碎片为面积大于等于 $1cm^2$ 的碎片；

2—"颗粒"碎片，"颗粒"碎片为面积小于 $1cm^2$ 的碎片

B. 碎片状态放行条款

a) 碎片至少有一边延伸到非检查区域。

b) 当有碎片的任何一边不能延伸到非检查区域时，此类碎片归类为"小岛"碎片和"颗粒"碎片上述碎片应满足如下要求：

—不应有 3 个及 3 个以上"小岛"碎片。

—所有"小岛"碎片和"颗粒"碎片，总面积之和不应超过 $500cm^2$。

⑨ 耐热冲击按照"试验方法"项下的耐热冲击进行检验，试样应耐 100℃温差不破坏。

（3）检验规则

1）出厂检验项目为：外观质量、尺寸及允许偏差、弯曲度。若要求增加其他检验项目，由供需双方商定。

2）组批抽样方法

① 产品的外观质量、尺寸及允许偏差、弯曲度按表 2.3.10.8-8 规定进行随机抽样。

抽样表（单位为片）　　　　　　　　　　　　　表 2.3.10.8-8

批量范围	样本大小	合格判定数	不合格判定数
1～8	2	0	1
9～15	3	0	1
16～25	5	1	2
26～50	8	1	2
51～90	13	2	3
91～150	20	3	4
151～280	32	5	6
281～500	50	7	8

② 对于产品所要求的其他技术性能，若用制品检验时，根据检测项目所要求的数量从该批产品中随机抽取所用试样进行检验时，应采用同一工艺条件下制备的试样。当该批产品批量大于 500 块时，以每 500 块为 1 批分批抽取试样。当检验项目为非破坏性试验时，可用它继续进行其他项目的检测。

3）判定规则

① 进行外观质量、尺寸及允许偏差、弯曲度时，如不合格品数小于或等于表 2.3.10.8-8 中的合格判定数，该项目合格；如不合格品数超过表 2.3.10.8-8 中的合格判定数，则认为该批产品的该项目不合格。

② 进行弯曲强度检验时，样品全部满足要求为合格，否则该项目不合格。

③ 进行表面应力检验时，样品全部满足要求为合格，否则该项目不合格。

④ 进行碎片检验时，样品全部满足"技术要求"项下的碎片状态要求的要求，该项目合格；如有一块样品不能满足"技术要求"项下的碎片状态要求的要求，但能满足"技术要求"项下的碎片状态相关条款的要求，该项目也视为合格，否则该项目不合格。

⑤ 进行耐热冲击检验时，样品全部满足要求为合格，否则该项目不合格。

⑥ 全部检验项目中，如有一项不合格，则认为该批产品不合格。

2.3.10.9　幕墙玻璃应用说明

（1）玻璃幕墙采用玻璃的外观质量和性能应符合现行国家标准、行业标准的规定。

（2）玻璃幕墙采用阳光控制镀膜玻璃时，离线法生产的镀膜玻璃应采用真空磁控溅射法生产工艺；在线法生产的镀膜玻璃应采用热喷涂法生产工艺。

（3）玻璃幕墙采用中空玻璃时，除应符合现行国家标准《中空玻璃》GB 11944 的有关规定外，尚应符合下列规定：

1）中空玻璃气体层厚度不应小于 9mm；

2）中空玻璃应采用双道密封。一道密封应采用丁基热熔密封胶。隐框、半隐框和点支式玻璃幕墙用中空玻璃的二道密封胶应采用硅酮结构密封胶；明框玻璃幕墙用中空玻璃的二道密封宜采用聚硫类中空玻璃密封胶，也可采用硅酮密封胶。二道密封应采用专用打胶机进行混合、打胶；

3）中空玻璃的间隔铝框可采用连续折弯型或插角型，不得使用热熔型间隔胶条。间隔铝框中的干燥剂宜采用专用设备装填；

4）中空玻璃加工过程应采取措施，消除玻璃表面可能产生的凹、凸现象。

（4）钢化玻璃宜经过二次热处理。

（5）玻璃幕墙采用夹层玻璃时，应采用干法加工合成，其夹片宜采用聚乙烯醇缩丁醛（FVB）胶片；夹层玻璃合片时，应严格控制温、湿度。

（6）玻璃幕墙采用单片低辐射镀膜玻璃时，应使用在线热喷涂低辐射镀膜玻璃；离线镀膜的低辐射镀膜玻璃宜加工成中空玻璃使用，其镀膜面应朝向中空气体层。

（7）有防火要求的幕墙玻璃，应根据防火等级要求，采用单片防火玻璃或其制品。

（8）玻璃幕墙的采光用彩釉玻璃，釉料宜采用丝网印刷。

（9）玻璃幕墙工程使用的玻璃，应进行厚度、边长、外观质量、应力和边缘处理情况的检验。

（10）玻璃厚度的允许偏差，应符合所采用玻璃的标准规定。

（11）检验玻璃的厚度，应采用下列方法：

1）玻璃安装或组装前，可用分辨率为 0.02mm 的游标卡尺测量被检玻璃每边的中点，测量结果取平均值，修约到小数点后二位；

2）对已安装的幕墙玻璃，可用分辨率为 0.1mm 的玻璃测厚仪在被检玻璃上随机取 4

点进行检测，取平均值，修约至小数点后一位。

（12）玻璃边长的检验，应在玻璃安装或检验以前，用分度值为 1mm 的钢卷尺沿玻璃周边测量，取最大偏差值。

（13）玻璃外观质量的检验，应在良好的自然光或散射光照条件下，距玻璃正面约 600mm 处，观察被检玻璃表面。缺陷尺寸应采用精度为 0.1mm 的读数显微镜测量。

（14）玻璃应力的检验指标，应符合下列规定：

1）幕墙玻璃的品种应符合设计要求。

2）用于幕墙的钢化玻璃的表面应力为 $\sigma \geqslant 95$，半钢化玻璃的表面应力为 $24 < \sigma \leqslant 69$。

（15）玻璃应力的检验，应采用下列方法：

1）用偏振片确定玻璃是否经钢化处理。

2）用表面应力检测仪测量玻璃表面应力。

（16）幕墙玻璃边缘的处理，应进行机械磨边、倒棱、倒角，磨轮的目数应在 180 目以上。点支承幕墙玻璃的孔、板边缘均应进行磨边和倒棱，磨边宜细磨，倒棱宽度不宜小于 1mm。

（17）中空玻璃质量的检验指标，应符合下列规定：

1）玻璃厚度及空气隔层的厚度应符合设计及标准要求。

2）中空玻璃对角线之差不应大于对角线平均长度的 0.2%。

3）胶层应双道密封，外层密封胶胶层宽度不应小于 5mm。半隐框和隐框幕墙的中空玻璃的外层应采用硅酮结构胶密封，胶层宽度应符合结构计算要求。内层密封采用丁基密封腻子，打胶应均匀、饱满、无空隙。

4）中空玻璃的内表面不得有妨碍透视的污迹及胶粘剂飞溅现象。

（18）中空玻璃质量的检验，应采用下列方法：

1）在玻璃安装或组装前，以分度值为 1mm 的直尺或分辨率为 0.05mm 的游标卡尺在被检玻璃的周边各取两点，测量玻璃及空气隔层的厚度和胶层厚度。

2）以分度值为 1mm 的钢卷尺测量中空玻璃两对角线长度差。

3）观察玻璃的外观及打胶质量情况。

（19）玻璃的检验，应提供下列资料：

1）玻璃的产品合格证。

2）中空玻璃的检验报告。

3）热反射玻璃的光学性能检验报告。

4）进口玻璃应有国家商检部门的商检证。

2.3.11　建筑节能用散热器检测

1. 散热器测试样品的选择

（1）当散热器长度相同、高度变化时散热器类测试样品的选择

1）散热器测试样的长度宜为 0.5～1.5m。对组装式散热器，其组装单元的数量宜为 10，并且散热器长度不应小于 0.5m。同一散热器类中的不同测试样品应具有相同长度。

2）当散热器高度变化范围小于 1m 时，测试样品高度应分别选取所属类中高度最大值、高度最小值和高度中间值，所选的高度中间值应大于等于且最接近于式（1）表示的高度均值。

$$H_a = \frac{H_{max} + H_{min}}{2} \tag{1}$$

式中　H_a——高度均值，m；

　　H_{max}——高度最大值，m；

　　H_{min}——高度最小值，m。

3）当散热器高度变化范围大于 1 m 且小于等于 2.5 m 时，被测样品高度应分别选取所属类中高度最大值、高度最小值和两个高度中间值，这两个高度中间值应分别最接近于式（2）和式（3）表示的高度中间值。

$$H_{a1} = \frac{2H_{max} + H_{min}}{3} \tag{2}$$

$$H_{a2} = \frac{H_{max} + 2H_{min}}{3} \tag{3}$$

式中　H_{a1}——第一个高度中间值，m；

　　H_{a2}——第二个高度中间值，m。

4）当该散热器类中所有散热器的高度均低于 300mm 时，被测样品高度应选择所属类中高度最大值和高度最小值。

5）当散热器高度范围大于 2.5 m 时，不宜以散热器类作为测试对象。

（2）除高度外的其他特征尺寸变化时散热器类测试样品的选择

所选择的测试样品应具有相同高度，并且其特征尺寸分别为该散热器类中相关特征尺寸的最小值、中间值和最大值，中间值宜按"测试样品的选择"中 2）的规定确定。

（3）测试样品的提交和核对

1）对第一次申请测试的散热器类或型号，宜同时向测试试验室提交测试样品和产品图纸。产品图纸应由委托方提供。

2）产品图纸宜包含以下内容：

a）图纸上应显示对散热量有影响的所有尺寸和特征，包括焊接和装配的详细方法；

b）图纸上应注明散热器的材料种类，干换热面或湿换热面材料的名义厚度、公差以及涂层类型。

3）测试试验室根据相关产品标准对样品的外形尺寸进行核对后，方可进行散热量测定。

2. 散热器的测试报告

（1）近年来钢、铝、铜、铁等新型散热器迅猛发展，焊接、材质、造型、内防腐、外喷漆等工艺技术日新月异。

散热器品种很多，有对流、辐射、电热、供热方式。

就形状而言有：翼型、柱型、板型、偏管型、串片、排管等形状的散热器。

暖风机有：轴流式、离心式、顶吹式等。

（2）常用散热器包括：钢制板型散热器（JG 2—2007）；铸铁采暖散热器（GB 19913—2005）；钢管散热器（JG/T 148—2002）；铜管对流散热器（JG 221—2007）；铜铝复合柱翼型散热器（JG 220—2007）。

（3）主要检测参数：单位散热量、金属热强度。

2.3.11.1　钢制板型散热器的检验报告

1. 资料表式

钢制板型散热器检验报告

表 2.3.11.1

资质证号：　　　　　　　　　统一编号：　　　　　　　　　共　页　第　页

委托单位		委托日期	
工程名称		报告日期	
使用部位		检测类别	
产品名称		生产厂家	
样品数量		规格型号	
样品状态		样品标识	
见证单位		见证人	

序号	检验项目	计量单位	标准要求	检测结果	单项判定
1	标准散热量	W			
2	压力试验	MPa			
3	中心距	mm			
4	外观	—			
5	螺纹精度	—			
6	外形尺寸	mm			
7	平面度	mm			
8	垂直度	mm			
9	焊接质量	—			
10	漆膜质量	μm			

依据标准		试验方法执行标准	
检测结论			
备　注			

批准：　　　　审核：　　　　校对：　　　　检测：

2. 应用指导

钢制板型散热器的检测执行标准：钢制板型散热器（JG 2—2007）。

钢制板型散热器
（JG 2—2007）

1. 型号与标记

（1）型号

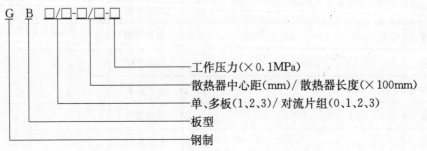

示例：GB 1/1-545/10-8

表示单板带一组对流片。散热器中心距 545mm，散热器长度 1000mm，工作压力为 0.8MPa 的钢制板型散热器。

（2）标记

散热器以同侧进出口中心距为系列主参数，钢制板型散热器如图 1 所示。

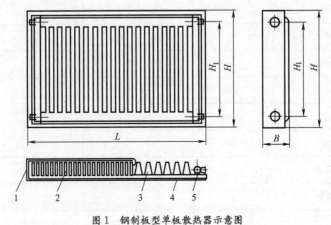

图 1   钢制板型单板散热器示意图

1—侧边盖板；2—格栅上盖板；3—对流片；4—水道板；5—接口

2. 技术要求

（1）一般要求

1）工作压力不大于 0.4MPa 时，水道板厚度不得小于 1.0mm；工作压力不小于 0.6MPa 时，水道板厚度不得小于 1.2mm。

2）对流片厚度为 0.35～0.80mm。

（2）耐压

1）散热器应逐组进行液压试验或气压试验。

2）试验压力应为工作压力的 1.5 倍，散热器不应有渗漏。

（3）散热量

长度为1000mm、高度为600mm的散热器，温差为64.5℃时，单板带对流片散热器的散热量不小于1300W；长度为1000mm、高度为600mm的散热器，温差为64.5℃时，双板带双对流片散热器的散热量不小于2310W。

（4）螺纹

1）散热器的管接口螺纹应符合《55°非密封管螺纹》GB/T 7307的规定。

2）螺纹应保证3.5扣完整，不得有缺陷。连接管螺纹处应戴上保护帽。

（5）外形尺寸：散热器不设置侧边盖板和格栅上盖板时的外形尺寸极限偏差见表1。散热器不设置侧边盖板和格栅上盖板时的形位公差见表2。

钢制板型散热器外形尺寸极限偏差（mm） 表1

高度 H		同侧进出口中心距 H_1		长度 L	
基本尺寸	极限偏差	基本尺寸	极限偏差	基本尺寸	极限偏差
200～600	±2	140～550	±1.5	≤1000	±4
700～980	±3	640～900	±2.0	>1000	±0.5%L

钢制板型散热器形位公差（mm） 表2

项 目	平面度		垂直度	
	L≤1000	L>1000	L≤1000	L>1000
形位公差	4	6	3	5

（6）焊接

1）散热器焊接应符合GB/T 985.1～4、《焊接质量控制要求》GJB 481的规定。

2）焊接应平直、均匀、整齐、美观，不得有裂纹、气孔、未焊透和烧窗等缺陷。

3）点焊的焊点应均匀，相邻焊点距不大于40mm，焊点不得出现烧穿等缺陷。

4）对流片与背板焊接必须牢固贴合，并可分段焊接。

（7）漆膜

1）散热器外表面应在良好的预处理后，采用静电喷塑工艺。

2）漆膜表面应均匀、平整光滑，不得有气泡、堆积、流淌和漏喷。

3）底漆厚度不得小于15μm，漆膜厚度不得小于60μm。

4）漆膜附着力应达到《漆膜附着力测定法》GB 1720规定的1～3级要求。

5）漆膜耐冲击性能应符合《漆膜耐冲击测定法》GB/T 1732的规定。

（8）外观

1）钢板不得有重复成型的现象，周边应整齐，不得有明显皱纹。

2）散热器不得有明显变形、划痕、碰伤和毛刺。散热器不应设置侧边盖板和格栅上盖板。

3. 检验规则

（1）型式检验为本标准要求的全项检验，出厂检验为不包括散热量、漆膜质量的其余项目检验。检验项目见表3。

检验项目表   表3

检 验 项 目		型式检验	出厂检验
散热量		○	
压力试验		○	○
中心距		○	○
螺纹精度		○	○
外形尺寸		○	○
平面度		○	○
垂直度		○	○
焊接质量		○	○
漆膜质量	附着力	○	
	耐冲击性能	○	
	漆膜厚度	○	
外观		○	○

（2）抽样方法

1）检验应按 GB/T 2828.1 中一般验收水平 I，采用二次正常抽样方案，其检验项目、接收质量限应符合表4的规定。

2）批合格或不合格的判定规则：根据样本检验的结果，当在第一样本中发现的不合格品数或缺陷数小于或等于第一合格判定数，则判断该批为合格；当在第一样本中发现的不合格品数或缺陷数大于或等于第一不合格判定效，则判断该批为不合格；当在第一样本中发现的不合格品数或缺陷数大于第一合格判定数。则抽样第二样本进行检验。当在第一和第二样本中发现的不合格品数或缺陷数总和小于或等于第二合格判定数。则判断该批为合格的；相反，当大于或等于第二不合格判定数，则判断该批为不合格的。

检查抽样方案   表4

批 量	样本量字码	样本	样本量	累计样本量	压力试验 1.0		中心距焊接质量 2.5		平面度垂直度 4.0		螺纹质量 6.5		漆膜质量及其他 15	
					A_c	R_e	A_c	R_e	A_c	R_e	A_c	R_e	A_c	R_e
91～150	D	第一	5 *(8)	5	(0	1)	(0	1)	0	2	0	2	1	3
		第二	5	10					1	2	1	2	4	5
151～280	E	第一	8 (13)	8	(0	1)	0	2	0	3	0	3	2	5
		第二	8	16			1	2	1	2	3	4	6	7
281～500	F	第一	13 (20)	13	(0	1)	0	2	0	3	1	3	3	6
		第二	13	26			1	2	3	4	4	5	9	10
501～1200	G	第一	20	20	0	2	0	3	1	3	2	5	5	9
		第二	20	40	1	2	3	4	4	5	6	7	12	13

注：A_c——接收数；R_e——拒收数；括号内数值为改用一次正常抽样方案的数值。

2.3.11.2 铸铁采暖散热器的检验报告

1. 资料表式

铸铁采暖散热器检验报告

表 2.3.11.2

资质证号：   统一编号：   共 页 第 页

委托单位		委托日期	
工程名称		报告日期	
使用部位		检测类别	
产品名称		生产厂家	
样品数量		规格型号	
样品状态		样品标识	
见证单位		见证人	

序号	检验项目	计量单位	标准要求	检测结果	单项判定
1	金属热强度	—			
2	压力试验	MPa			
3	同侧进出口中心距	mm			
4	螺纹精度	—			
5	平面度	mm			
6	垂直度	mm			
7	同轴度	mm			
8	凹心量	mm			
9	标志	—			
依据标准			试验方法 执行标准		
检测结论					
备 注					

批准：   审核：   校对：   检测：

2. 应用指导

执行标准：《铸铁采暖散热器》（GB 19913—2005）。

铸铁采暖散热器
(GB 19913—2005)

1. 主参数和型号

（1）散热器以同侧进出口中心距为系列主参数，以 100mm 为级差基数，主参数范围 100～900mm。

（2）型号：

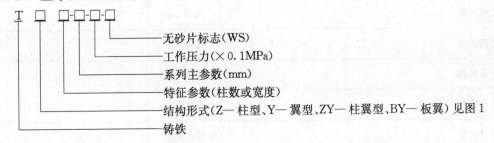

型号示例：

TZ 4-500-8 表示铸铁四柱型同侧进出口中心距为 500mm，工作压力为 0.8MPa 的普通散热器。

TZ 4-500-8-WS 表示铸铁四柱型同侧进出口中心距为 500mm，工作压力为 0.8MPa 的无砂散热器。

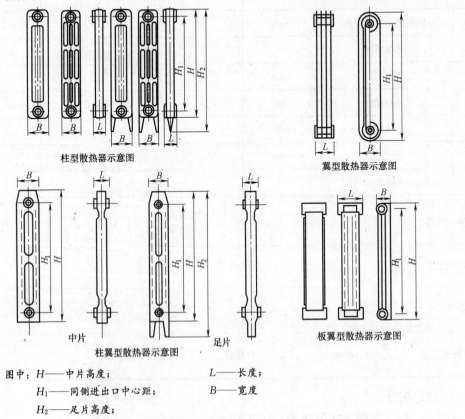

图中：H——中片高度； L——长度；

H_1——同侧进出口中心距； B——宽度

H_2——足片高度；

图 1

2. 技术要求

（1）散热器材质应符合《灰铸铁件》GB/T 9439—2010 的规定。

（2）柱型、柱翼型散热器的工作压力不应低于 0.8MPa；翼型、板翼型散热器的工作压力不应低于 0.4MPa。

（3）金属热强度：中心距为 500mm 的产品计算的单片平均重量下的金属热强度不应低于 0.32W/(kg·℃)。

（4）铸造质量要求

① 散热器外表面不应有裂纹、疏松、凹坑等缺陷和面积大于 4mm×4mm、深 1mm 的窝坑。

② 散热器外表面所附着的型砂应清理干净，表面除浇口外不应有粘砂，浇口附近粘砂面积不应大于 5500mm²。

③ 散热器的飞刺、铸疤应清除干净，打磨光滑，其浇口残留纵向高度不应大于 3mm。

④ 散热器表面应平整、光洁，表面粗糙度 R_a 值不应大于 50 μm。

⑤ 散热器错箱值不应大于 1.0mm。

⑥ 散热器铸件尺寸公差不应低于《铸件 尺寸公差与机械加工余量》GB/T 6414 中 7 级规定。散热器铸件质量偏差不应低于《铸件重量公差》GB/T 11351 中 9 级规定。

（5）无砂散热器内腔不应粘有芯砂、芯铁。

（6）机械加工质量要求

1）圆柱管螺纹应符合《55°非密封管螺纹》GB/T 7307 的规定。散热器的连接螺纹为 G1、G1 $\frac{1}{4}$ 或 G1 $\frac{1}{2}$ 管螺纹。螺纹应由凸缘端面向里保证 3.5 扣完整，不应有缺陷。

2）加工精度

①同侧进出口中心距极限偏差应符合表 1 的规定。

表 1

同侧进出口中心距极限偏差（mm）

中心距	100	200	300	400	500	600	700	800	900
偏差	±0.30	±0.30	±0.30	±0.32	±0.36	±0.38	±0.38	±0.40	±0.40

② 多同侧两凸缘端面应在同一平面上，其平面度不应大于 0.5mm。固螺纹孔轴线与凸缘端面应垂直，其垂直度不应大于 0.3mm。螺纹轴线与凸缘轴线同轴度不应大于 2.0mm。螺纹端面不得凸心，但凹心量不应大于 0.2mm。螺纹端面上不应有砂眼和气孔。

3. 检验规则

（1）型式检验为本标准要求的全项检验，出厂检验为不包括金属热强度在内的其余项目，检验项目见表 2。

表 2

检验项目表

序　　号	检验项目	型式检验	出厂检验
1	金属热强度	○	
2	压力试验	○	○
3	同侧进出口中心距	○	○

续表

序　号	检验项目	型式检验	出厂检验
4	螺纹精度	○	○
5	平面度	○	○
6	垂直度	○	○
7	同轴度	○	○
8	凹心量	○	○
9	标志	○	○

（2）抽样方法

1）应按照 GB/T 2828.1 中一般检查水平Ⅰ，采用二次正常抽样方案，其检验项目接收质量限应符合表 3 的规定。

2）合格或不合格的判定规则：根据样本检验的结果，当在第一样本中发现的不合格品数或缺陷数小于或等于第一合格判定数，则判断该批为合格；当在第一样本中发现的不合格品数或缺陷数大于或等于第一不合格判定数，则判断该批为不合格；当在第一样本中发现的不合格品数或缺陷数大于第一合格判定数，则抽样第二样本进行检验。当在第一和第二样本中发现的不合格品数或缺陷数总和小于或等于第二合格判定数，则判断该批为合格的；相反，当大于或等于第二不合格判定数。则判断该批为不合格的。

检查抽样方案　　　　　　　　　　　　　　　　　　　　　　**表 3**

批量范围	样本大小字码	样本	样本大小	累计样本大小	压力试验 1.0 Ac	Re	同侧进出口中心距 2.5 Ac	Re	平面度垂直度 4.0 Ac	Re	同轴度 6.5 Ac	Re	质量及其他 15 Ac	Re
91～150	D	第一	5 (8)	5	(0	1)			0	2	0	2	1	3
		第二	5	10	↑		(0	1)	1	2	1	2	4	5
151～280	E	第一	8 (13)	8	(0	1)	0	2	0	2	0	3	2	5
		第二	8	16	↑		1	2	1	2	3	4	6	7
281～500	F	第一	13 (20)	13	(0	1)	0	2	0	3	1	3	3	6
		第二	13	26	↑		1	2	3	4	4	5	9	10
501～1200	G	第一	20	20	0	2	0	3	1	3	2	5	5	9
		第二	20	40	1	2	3	4	4	5	6	7	12	13

注：A_c——接收数；R_e——拒收数；括号内数值为改用一次正常抽样方案的数值。

3）无砂片检验：按 1000 片为一批量抽一片，不足 1000 片仍按一批量抽样。按《铸铁采暖散热器》（GB 19913—2005）标准技术要求下"内腔无砂质量要求"项检验判定该批是否合格。

（3）制造厂应提供由国家认定的检测单位所测的热工性能测试报告。

2.3.11.3 钢管散热器的检验报告

1. 资料表式

钢管散热器检验报告 表 2.3.11.3

资质证号： 统一编号： 共 页 第 页

委托单位		委托日期	
工程名称		报告日期	
使用部位		检测类别	
产品名称		生产厂家	
样品数量		规格型号	
样品状态		样品标识	
见证单位		见证人	

序号	检验项目	计量单位	标准要求	检测结果	单项判定
1	压力试验	MPa			
2	产品规格及型号	—			
3	接口尺寸	mm			
4	外观	—			
5	涂层附着效果	—			
6	热工试验	—			

依据标准		试验方法 执行标准	
检测结论			
备 注			

批准： 审核： 校对： 检测：

2. 应用指导

执行标准：《钢管散热器》(JG/T 148—2002)

钢管散热器
（JG/T 148—2002）

1. 分类和命名

（1）散热器型号

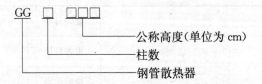

GG □ □□□

├── 公称高度（单位为 cm）
├── 柱数
└── 钢管散热器

（2）标记示例：2 柱 150cm 高钢管散热器用 GG 2150 表示。3 柱 60cm 高钢管散热器用 GG 3060 表示。

2. 技术要求

（1）散热器基本尺寸和极限偏应符合表 1 的规定。

钢管散热器基本尺寸、极限偏差（mm）   表 1

型　　号	高度（H）		同侧进出口距离（H₁）		宽度（B）		单片长度（L）	
	基本尺寸	极限偏差	基本尺寸	极限偏差	基本尺寸	极限偏差	基本尺寸	极限偏差
GG2030	292	±	234	±0.3	62	±2	46	±0.3
GG2040	392	±2	334	±0.3	62	±2	46	±0.3
GG2060	592	±2	534	±0.3	62	±2	46	±0.3
GG2150	1492	±2	1434	±0.3	62	±2	46	±0.3
GG2180	1792	±2	1734	±0.3	62	±2	46	±0.3
GG3040	400	±2	334	±0.3	100	±2	46	±0.3
GG3060	600	±2	534	±0.3	100	±2	46	±0.3
GG3067	666	±2	600	±0.3	100	±2	46	±0.3
GG3150	1500	±2	1434	±0.3	100	±2	46	±0.3
GG3180	1800	±2	1734	±0.3	100	±2	46	±0.3
GG4030	300	±2	234	±0.3	136	±2	46	±0.3
GG4040	400	±2	334	±0.3	136	±2	46	±0.3
GG4050	500	±2	434	±0.3	136	±2	46	±0.3
GG4060	600	±2	534	±0.3	136	±2	46	±0.3
GG4100	1000	±2	934	±0.3	136	±2	46	±0.3

注：钢管散热器尺寸标注示意。

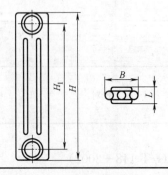

（2）散热器的性能参数应符合表 2 的规定

钢管散热器性能参数 表 2

型 号	散热面积(m²/片)	散热量(W/片)		单片质量(kg/片)	试验压力(MPa)
		标准散热量	负偏差		
GG2030	0.04	29.2	≤3%	0.55	1.5
GG2040	0.06	39.0	≤3%	0.70	1.5
GG2060	0.09	59.9	≤3%	1.00	1.5
GG2150	0.23	146.2	≤3%	2.35	1.5
GG2180	0.28	172.7	≤3%	2.80	1.5
GG3040	0.09	57.1	≤3%	1.03	1.5
GG3060	0.14	83.5	≤3%	1.48	1.5
GG3067	0.15	93.3	≤3%	1.63	1.5
GG3150	0.35	199.1	≤3%	3.50	1.5
GG3180	0.42	236.7	≤3%	4.18	1.5
GG4030	0.09	55.7	≤3%	1.05	1.5
GG4040	0.12	72.4	≤3%	1.35	1.5
GG4050	0.15	90.5	≤3%	1.65	1.5
GG4060	0.19	107.2	≤3%	1.95	1.5
GG4100	0.31	172.7	≤3%	3.15	1.5

注：标准散热量是工作温度为 95℃/70℃/18℃ 时根据《采暖散热器散热量测定方法》GB/T 13754—2008 中有关规定测得的散热量。

（3）散热器所用的焊接钢管

1）材质：宜采用冷轧 St12 或性能等效的其他材料。

2）尺寸/公差：外径 ϕ25mm±0.1mm。

3）具体要求：钢管两端无毛刺；钢管表面不允许有颗粒、凹痕、折皱、锈蚀、焊渣、灰尘；100%气密；承压≥2.5MPa（气压）。

（4）散热器所用的冷轧钢板

1）材质：宜采用冷轧 St14.03 或性能等效的其他材料。

2）尺寸/公差：厚度≥1.2mm。

3）机械性能：抗拉强度≥340N/mm²；屈服强度≥200N/mm²。

4）具体要求：平直度≤1.5mm/m；不允许有颗粒、凹痕、折皱、锈蚀、焊渣，表面无灰尘；纵切边无毛刺。

（5）散热器单片外形尺寸极限偏差应符合表 1 的规定。散热器单片之间采用专用焊接设备焊接，组合后散热器外形尺寸长度的极限偏差为±1.5%。

（6）散热器单片的组合数量为 3～80 片，同侧及异侧进出水连接均适用。

（7）散热器各焊接部位应平整光滑，不得有裂纹、气孔、焊渣及未焊透和烧穿等缺陷。

（8）散热器表面采用电泳底漆、喷塑面漆工艺。表面喷涂厚度为 100～280μm。表面涂层应光滑，不得有气泡、堆积、流淌和漏喷。涂层附着效果的检测按表 3 的内容检验，合格品应不低于表 3 中所列的 2 级标准。

涂层附着效果网格划痕法检测结果等级　　　　　表 3

检测等级	描　　　述	网格划痕检测区的外表
0	划痕的边缘完全光滑，网格完整无剥落	
1	涂层在网格的结点处有少许的剥落，剥落涂层的面积小于或略大于 5％	
2	涂层在网格的沿线及结点处有剥落，剥落涂层的面积明显大于 5％，但小于或略大于 15％	
3	涂层在网格的沿线处局部或全部有宽的带状剥落，或者或同时涂层在一些结点处有局部或全部的剥落。剥落涂层的面积明显大于 15％，但小于或略大于 35％	
4	涂层在网格的沿线有宽的带状哺剥落，或者或同时涂层在一些结点处有局部或全部的剥落。剥落涂层的面积明显大于 35％，但小于或略大于 65％	
5	所有比 4 级更严重的涂层剥落	

（9）散热器表面应无凹痕。

（10）散热器在组合后必须逐组放在试验液中进行静压试验，试验压力大于等于最大工作压力的 1.5 倍，不得冒气泡。静压试验中发现的焊接缺陷可以进行修补，但修补后的散热器必须重新进行静压试验。

3. 检验规则

（1）散热器在出厂时必须 100％进行检验。具体检验项目包括：压力试验、产品规格及型号、接口尺寸、外观。检验合格后应签署合格证方准出厂。

（2）**型式检验**

1）型式检验项目包括压力试验、外形尺寸、涂层附着效果及热工试验。

2）抽样批数在同种型号中以 50 组为一批次，随机抽样 4 组。3 组做压力试验、外形尺寸、涂层附着效果的检验，1 组做热工检验。

（3）**判定原则**：型式检验项目全部合格，则判定该批产品为合格品；如有一项不合格，则判定该批产品为不合格品。

2.3.11.4 铜管对流散热器的检验报告

1. 资料表式

铜管对流散热器检验报告　　　　　表 2.3.11.4

资质证号：　　　　　　　　　统一编号：　　　　　　　　共 页 第 页

委托单位		委托日期	
工程名称		报告日期	
使用部位		检测类别	
产品名称		生产厂家	
样品数量		规格型号	
样品状态		样品标识	
见证单位		见证人	

序号	检验项目	计量单位	标准要求	检测结果	单项判定
1	标准散热量 Q	W/m			
2	压力试验	MPa			
3	散热元件	—			
4	铝片				
5	铜管胀接				
6	螺纹精度	—			
7	外形尺寸	mm			
8	平面度	mm			
9	垂直度	mm			
10	焊接质量	—			
11	涂层质量	μm			

依据标准		试验方法 执行标准	
检测结论			
备　注			

批准：　　　　审核：　　　　校对：　　　　检测：

2. 应用指导

(1)主要检测参数按表1、表2、表3、表4。

(2)执行标准:《铜管对流散热器》(JG 221—2007)

铜管对流散热器
（JG 221—2007）

1. 型号与标记

（1）型号

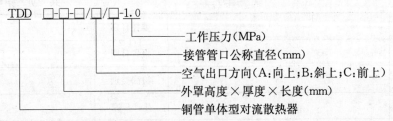

示例：TDD600-100-1000/A/20-1。

表示为铜管单体型对流散热器，高度 600mm，厚度 100mm，长度 1000mm，空气出口方向向上，接管管口公称直径 20mm，工作压力 1.0MPa。

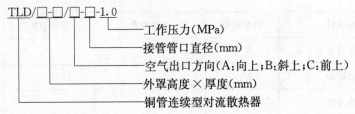

示例：TLD300-120/B/20-1.0

表示为铜管连续型对流散热器，高度 300mm，厚度 120mm，空气出口为斜上方向，接管管口公称直径 20mm，工作压力 1.0MPa。

（2）标记

单体型对流散热器内置单管或多管串联散热元件，接口有侧面连接或底部连接。连续型对流散热器一般内置单管或两管散热元件，接管为侧面连接。对流散热器如图 1 所示。

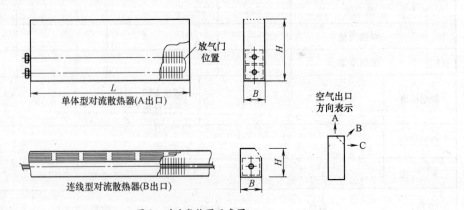

图 1　对流散热器示意图

2. 技术要求

（1）对流散热器散热元件应逐一进行压力试验，工作压力应为 1.0MPa，试验压力应为工作压力的 1.5 倍。对流散热器应进行热工性能试验，并且符合表 1 或表 2 的规定。

单体型对流散热器技术参数　　　　　　　　　　　　　　　　　表 1

项　目	参　数　值		
厚度 B(mm)	80～99	100～119	120 及以上
高度 H(mm)	500～700		
长度 L(mm)	400～1 800		
标准散热量[a] Q(W/m)	1100	1300	1650
工作压力(MPa)	1.0		

注：a　对流散热器外形长度为 1m 时，按《采暖散热器散热量测定方法》GB/T 13754—2008 测得标准散热量值。

连续型对流散热器技术参数　　　　　　　　　　　　　　　　　表 2

项　目	参　数　值			
厚度 B(mm)	100	120	150	200
高度 H(mm)	100～600			
标准散热量[a] Q(W/m)	应符合厂家样本给出的标准散热量值			
工作压力(MPa)	1.0			

注：a　散热元件实长为 1m 时，按《采暖散热器散热量测定方法》GB/T 13754—2008 测得的标准散热量值。

（2）散热元件

1）铝片冲孔采用二次翻边工艺制作。采用机械胀管使铜管与铝片紧密结合，铝片无开裂。散热元件整体应经过清洗，以消除表面残留油渍。

2）散热元件应与外罩配合牢固，保持平直。铝片间距应均匀，无明显变形。单体型对流散热器应装设放气阀。

（3）散热元件用壁厚不得小于 0.6mm、管径不得小于 15mm 的 TP2 或 TU2 挤压轧制拉伸铜管制作，材料应符合《空调与制冷设备用无缝钢管》GB/T 17791—2007 的规定。铝片应由厚度不小于 0.2mm 的铝带制作，材料应符合《一般工业用铝及铝合金板、带材　第 1 部分：一般要求》GB/T 3880.1—2006 的规定。

（4）外罩：钢板厚度不小于 0.8mm。外罩整体应光滑挺阔，无明显凹陷和变形，并且配合牢固。应易于拆装，便于清洁散热元件。散热元件及联箱管均应置于外罩内，单体型对流散热器外罩应配后背板。

（5）对流散热器外形尺寸和极限偏差应符合表 3 的规定，形位公差应符合表 4 的规定。

对流散热器整体外形尺寸和极限偏差（mm）　　　　　　　　　　表 3

高度　H		厚度　B	
基本尺寸	极限偏差	基本尺寸	极限偏差
100～299	±3.0	80～120	±2.0
300～700	±4.0	121～140	±3.0

对流散热器形位公差（mm）　　　　　　　　　　　　　　　　　表 4

项　目	平面度		垂直度
	$L\leqslant 1000$	$L＝1000～1800$	$H\leqslant 700$
形位公差	4	6	4

（6）螺纹应采用 H62 黄铜锻制的接管螺纹连接。散热元件焊接部位应表面光洁，焊接牢固。

（7）对流散热器外罩表面涂层应均匀光滑，色泽一致，无漏喷和气孔。附着力试验应达到 1～3 级。耐冲击性能应符合《漆膜耐冲击测定法》GB/T 1732 的规定。

3. 检验规则

（1）出厂检验由制造厂的质量检验部门按照 GB/T 2828.1 的规定进行，合格后签署合格证，方可出厂。型式检验为本标准要求的全项检验，出厂检验为不包括散热量和涂层质量的其余项目检验，检验项目见表 5。

检验项目表　　　　　　　　　　　　　　　　　　表 5

序　号	检验项目	型式检验	出厂检验
1	标准散热量	○	
2	压力试验	○	○
3	散热元件	○	○
4	铝片	○	○
5	铜管胀接	○	○
6	螺纹精度	○	○
7	外形尺寸	○	○
8	平面度	○	○
9	垂直度	○	○
10	焊接质量	○	○
11	涂层质量	○	○

（2）检验应按 GB/T 2828.1 中一般验收水平 Ⅰ，采用二次正常抽样方案，其检验项目、接收质量限应符合表 6 的规定。

检查抽样方案　　　　　　　　　　　　　　　　　　表 6

批量	样本量字码	样本	样本量	累计样本量	接收质量限（AQL）									
					压力试验		散热元件质量		平面度垂直度		螺纹质量		涂层质量及其他	
					1.0		2.5		4.0		6.5		15	
					A_c	R_e	A_c	R_e	A_c	R_e	A_c	R_e	A_c	R_e
91～150	D	第一	5 (8)	5	(0	1)	(0	1)	0	2	0	2	1	3
		第二	5	10					1	2	1	2	4	5
151～280	E	第一	8 (13)	8	(0	1)	0	2	0	2	0	3	2	5
		第二	8	16			1	2	1	2	3	4	6	7
281～500	F	第一	13 (20)	13	(0	1)	0	2	0	3	1	3	3	6
		第二	13	26			1	2	3	4	4	5	9	10

注：1. A_c——接收数；R_e——拒收数。

　　2. 括号内数值为改用一次正常抽样方案的数值。

2.3.11.5 铜铝复合柱翼型散热器的检验报告

1. 资料表式

铜铝复合柱翼型散热器检验报告   表 2.3.11.5

资质证号：　　　　　　　　统一编号：　　　　　　　　共　页　第　页

委托单位			委托日期		
工程名称			报告日期		
使用部位			检测类别		
产品名称			生产厂家		
样品数量			规格型号		
样品状态			样品标识		
见证单位			见证人		

序号	检验项目	计量单位	标准要求	检测结果	单项判定
1	散热量 名义标准散热量（$\Delta T=64.5℃$）				
2	压力试验	MPa			
3	铜管壁厚	mm			
4	铜管与铝翼管胀接复合紧密度	—			
5	联箱钻孔翻边高度	mm			
6	外形尺寸	mm			
(1)	高度（H）	mm			
(2)	宽度（B）	mm			
(3)	同侧进出水口中心距（H_1）	mm			
7	形位公差				
(1)	平面度	mm			
(2)	垂直度	mm			
8	螺纹精度	—			
9	表面质量	—			
(1)	焊接部位	—			
(2)	整体外观	—			
10	涂层质量	—			
(1)	附着力	—			
(2)	耐冲击性能	—			
(3)	涂层表面	—			
依据标准			试验方法 执行标准		
检测结论					
备　注					

批准：　　　　　审核：　　　　　校对：　　　　　检测：

2. 应用指导

(1)主要检测参数按表 1、表 2、表 3、表 4。

(2)执行标准：《钢铝复合柱翼型散热器》JG 221—2007

铜铝复合柱翼型散热器
（JG 221－2007）

1. 型号与标记

（1）型号

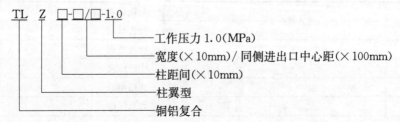

示例：TLZ8-5/5-1.0

表示单柱长度为80mm，宽度为50mm，同侧进出水口中心距为500mm，工作压力为1.0MPa的铜铝复合柱翼型散热器。

（2）标记

散热器按《采暖散热器系列数、螺纹及配件》JG/T 6的规定，以同侧进出水口中心距为系列主参数，散热器如图1所示。

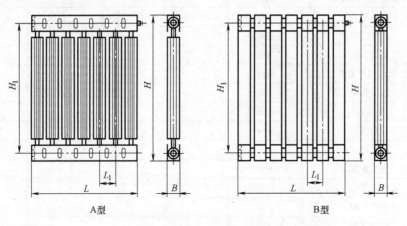

图1　铜铝复合柱翼型散热器

2. 技术要求

（1）散热器工作压力应为1.0MPa。试验压力应为工作压力的1.5倍。在稳压时间内散热器不应有渗漏现象。

（2）散热器的散热量（含散热量计算公式及单柱标准散热量），按《采暖散热器散热量测定方法》GB/T 13754规定的标准条件进行测试。其最小名义标准散热量数值应达到表1的规定。

（3）材质

1）散热器上下联箱及立柱铜管应使用 TP2 或 TU2 挤压轧制拉伸铜管，并应符合《空调与制冷设备用无缝钢管》GB/T 17791—2007 的规定；立管最小管径为15mm，最小壁厚为0.6mm；上下联箱所用铜管最小壁厚为0.8mm。

铜铝复合柱翼型散热器最小名义标准散热量(W/m) 表1

同侧进出口中心距(mm)		300	400	500	600	700	900	1200	1500	1800
宽度(mm)	40	720	880	1040	1200	l360	1680	2100	2400	2700
	70	940	1210	1490	1630	1800	2110	2450	2800	3150
	100	1170	1390	1730	1840	2010	2460	2900	3350	3800

注1：表中数值为单排立柱、外涂非金属涂料、上下有装饰罩、接管方式为上进下出时的散热器最小名义散热量。

注2：当同侧进出口中心距 $H_1=300\sim700$mm 时，标准检验样片的长度为 1000mm±100mm；$H_1=900\sim1800$mm 时，标准检验样片的长度为 500mm±100mm。

注3：其余宽度散热器的散热量按内插法决定。

2）当铝翼管材料牌号为 6063 或 6063A 时，应符合《铝合金建筑型材　第1部分：基材》GB/T 5237.1 中有关力学性能和《变形铝及铝合金化学成分》GB/T 3190—2008 中有关化学成分的规定。

（4）焊接质量

①散热器焊接应符合 GB/T 985 和《铜及铜合金焊接及钎焊技术规程》HGJ 223 的规定。联箱与立柱的联接，应在联箱钻孔并翻边后再将立管插入焊接；翻边高度不应小于 3mm；采用硬钎焊焊接。

②焊接部位应焊接牢固，表面光洁，无裂缝气孔。散热器整体外观应平整。外观光滑，无明显变形、扭曲和表面凹陷。

（5）胀接质量：铜管与铝翼管胀接复合时应有适当的过盈量，以保证胀接复合后配合紧密；光面铜管与铝翼管标准试件的胀接复合剪应力不应小于 0.7MPa，铝翼管内径负偏差不大于 0.4mm。

（6）螺纹

1）散热器接管采用螺纹连接。进出口宜采用 HT 62 黄铜锻制，其内螺纹分别为 G1/2、G3/4、G1。

2）螺纹制作精度应符合《55°非密封管螺纹》GB/T 7307 规定。

（7）涂层质量要求

1）散热器外表面应在良好的预处理后采用静电喷塑或烤漆工艺，按相关标准要求进行表面处理。漆膜附着力测定应符合《漆膜附着力测定法》GB 1720 的规定，附着力等级应达到 1～3 级；漆膜耐冲击性能测定应符合《漆膜耐冲击测定法》GB/T 1732 的规定。

2）表面涂层应均匀光滑、附着牢固，不得漏喷或起泡。

（8）制造质量

1）散热器尺寸见表2，散热器外形尺寸的极限偏差见表3，形位公差见表4。

铜铝复合柱翼型散热器尺寸（mm） 表2

项目	符号	参数值								
同侧进出口中心距	H_1	300	400	500	600	700	900	1200	1500	1800
高度	H	340	440	540	640	740	940	1240	1540	1840
宽度	B	40～100								
组合长度	L	200～1800								
柱间距	L_1	60～100								

注1：宽度以散热器外形最大宽度为准，高度为参考值。

注2：组合长度及柱间距以生产厂技术文件为准。

铜铝复合柱翼型散热器外形尺寸、极限偏差 (mm)　　　表 3

同侧进出口中心距		宽　度	
基本尺寸	极限偏差	基本尺寸	极限偏差
300	±1.5	40~100	±1.0
400			
500	±2.0		
600			
700~1800	±0.3		

铜铝复合柱翼型散热器形位公差 (mm)　　　表 4

项　目	平面度		垂直度	
	$L \leqslant 1000$	$L > 1000$	$L \leqslant 1000$	$L > 1000$
形位公差	4	6	4	6

2）散热器的装饰罩应安装牢固，不得松脱或滑动。

3）散热器的放气阀座，按定货要求设置。

3. 检验规则

（1）出厂检验

1）散热器的试压应按"技术要求"项下耐压的要求逐组进行检验。

2）出厂检验的项目为不包括散热量、胀管复合紧密度和涂层性能试验在内的其余项目。型式检验及出厂检验项目见表 5。

铜铝复合柱翼型散热器检验项目表　　　表 5

检验项目		检验类别	
		型式检验	出厂检验
散热量	名义标准散热量($\Delta T = 64.5$℃)	○	
	压力试验	○	○
	铜管壁厚	○	○
	铜管与铝翼管胀接复合紧密度	○	
	联箱钻孔翻边高度	○	
外形尺寸	高度(H)	○	○
	宽度(B)	○	○
	同侧进出水口中心距(H_1)	○	○
形位公差	平面度	○	○
	垂直度	○	○
	螺纹精度	○	○
表面质量	焊接部位	○	○
	整体外观	○	○
涂层质量	附着力	○	
	耐冲击性能	○	
	涂层表面	○	○

（2）抽样方法

1)型式检验及其他检验时，检验项目均应按照 GB/T 2828.1 的规定进行抽样、检验。

2)一般验收水平Ⅰ，采用正常检验一次或二次抽样方案，其检验项目、接收质量限应符合表 6 的规定。当批量不大于 91 时应参照 GB/T 2828.1 规定进行接样检验。

检查抽样方案 表 6

批量	样本量字码	样本	样本量	累计样本量	接收质量限（AQL）									
					压力试验		中心距焊接质量		平面度垂直度		螺纹质量		漆膜质量及其他	
					1.0		2.5		4.0		6.5		15	
					A_c	R_e	A_c	R_e	A_c	R_e	A_c	R_e	A_c	R_e
91～150	D	第一	5 (8)	5	(0	1)	(0	1)	0	2	0	2	1	3
		第二	5	10					1	2	1	2	4	5
151～280	E	第一	8 (13)	8	(0	1)	0	2	0	2	0	3	2	5
		第二	8	16			1	2	1	2	3	4	6	7
281～500	F	第一	13 (20)	13	(0	1)	0	2	0	3	1	3	3	6
		第二	13	26			1	2	3	4	4	5	9	10
501～1200	D	第一	20	20			0	2	0	3	1	3	5	9
		第二	20	40			1	2	3	4	4	5	6	7	12	13

注：1. A_c——接收数；R_e——拒收数。 2. 括号内数值为改用一次正常抽样方案的数值。

2.3.12 建筑节能用风机盘管机组

1. 资料表式

风机盘管机组复试报告表式按当地建设行政主管部门批准的具有相应资质的检测机构出具的试验报告直接归存。

2. 应用指导

（1）风机盘管机组是由风机和其他必要设备组成的不含冷、热源的预制单元箱体，并具有空气循环、净化、加热、冷却、加湿、去湿、消声、混合等多功能的空气处理设备。其箱体外壳有框架式和板式。

组合式风机盘管机组具有不同形态和功能，有立式、卧式、吊挂式、混合式、新风、变风量、净化、蒸发式空气冷却、喷水室等。

风机盘管机组的供冷量、供热量、风量、出口静压、噪声、功率等的参数是否符合设计要求，会直接影响通风与空调节能工程的节能效果和运行可靠性。

（2）风机盘管机组的安装应符合下列规定：

1）机组安装前宜进行单机三速试运转及水压检漏试验。试验压力为系统工作压力的 1.5 倍，试验观察时间为 2min，不渗漏为合格；

2）机组应设独立支、吊架，安装的位置、高度及坡度应正确、固定牢固；

3）机组与风管、回风箱或风口的连接，应严密、可靠。

风机盘管机组的复验应采取见证取样方式，即在监理工程师或建设单位代表的见证下，按照有关规定从施工现场随机抽取试样，送至有见证检测资质的检测机构进行检测，并出具相应的复验报告。

2.3.13　建筑节能用电线、电缆

2.3.13.1　电工圆铜线的检验报告

1. 资料表式

电工圆铜线检验报告　　　　　　　　　　　　表 2.3.13.1

资质证号：　　　　　　　　　　　统一编号：　　　　　　　　　共 页 第 页

委托单位		委托日期	
工程名称		报告日期	
使用部位		检测类别	
产品名称		生产厂家	
样品数量		规格型号	
样品状态		样品标识	
见证单位		见证人	

序号	检验项目	计量单位	标准要求	检测结果	单项判定
1	尺寸	mm			
2	外观	mm			
3	机械性能				
(1)	抗拉强度	N/mm^2			
(2)	伸长率	%			
4	电阻率	($\Omega \cdot$ mm^2)/m			
5	质量	kg			

依据标准		试验方法 执行标准	
检测结论			
备　注			

批准：　　　　　审核：　　　　　校对：　　　　　检测：

2. 应用指导

(1)建筑节能用电线、电缆复试报告表式按表 2.3.13.1 或按当地建设行政主管部门批准的具有相应资质的检测机构出具的试验报告直接归存。

(2)除相应标准中另有规定外,试样应从整盘或整圈的样品中选取。

(3)试验时的环境温度一般为 10～35℃,有控制要求时为(23±5)℃,并应在相应标准中予以规定。

(4)执行标准:《电工圆铜线》(GB/T 3953—2009)。

(5)主要检测参数按表 1、表 2、表 3、表 4、表 5。

电工圆铜线
（GB/T 3953—2009）

本标准适用于制造电线电缆及电机电器用的圆铜线。

1. 产品表示方法

(1)圆铜线型号见表1。

圆铜线型号及状态　　　　　　　　　　　　　　表1

型　号	名　称
TR	软圆铜线
TY	硬圆铜线
TYT	特硬圆铜线

(2) 圆铜线的规格用标称直径表示，其范围应符合表2规定。

圆铜线的规格　　　　　　　　　　　　　　表2

型　号	规格范围(mm)
TR	0.020～14.00
TY	0.020～14.00
TYT	1.50～5.00

(3) 表示方法

示例：硬圆铜线标称直径2.00mm，表示为 TY-2.00　GB/T 3953—2009

2. 尺寸偏差

(1) 圆铜线标称直径的偏差应符合表3规定。

圆铜线的标称直径（mm）　　　　　　　　　　　　表3

标称直径 d	偏　差
0.020～0.025	±0.002
0.026～0.125	±0.003
0.126～0.400	±0.004
0.401～14.008	±1%d[a]

注：a　计算时标称直径0.401～1.000mm者保留三位小数；大于1.000mm者保留两位小数，均按《数值修约规则与极限数值的表示和判定》GB/T 8170—2008 的有关规定修约。

(2) 圆铜线垂直于轴线的同一截面上测得的最大和最小直径之差（f 值）应不超过标称直径偏差的绝对值。

3. 机械性能

圆铜线的机械性能应符合表4规定。标称直径介于所列紧邻两个数值之间时，应采用较大标称直径值的相应性能。

圆铜线的机械性能　　　　　　表4

标称直径 (mm)	TR	TY		TYT	
	伸长率(%)	抗拉强度 (N/mm²)	伸长率(%)	抗拉强度 (N/mm²)	伸长率(%)
		不　小　于			
0.020	10	421	—	—	—
0.100	10	421	—	—	—
0.200	15	420	—	—	—
0.290	15	419	—	—	—
0.300	15	419	—	—	—
0.380	20	418	—	—	—
0.480	20	417	—	—	—
0.570	20	416	—	—	—
0.660	25	415	—	—	—
0.750	25	414	—	—	—
0.850	25	413	—	—	—
0.940	25	412	0.5	—	—
1.03	25	411	0.5	—	—
1.12	25	410	0.5	—	—
1.22	25	409	0.5	—	—
1.31	25	408	0.6	—	—
1.41	25	407	0.6	—	—
1.50	25	407	0.6	446	0.6
1.56	25	405	0.6	445	0.6
1.60	25	404	0.6	445	0.6
1.70	25	403	0.6	444	0.6
1.76	25	403	0.7	443	0.7
1.83	25	402	0.7	442	0.7
1.90	25	401	0.7	441	0.7
2.00	25	400	0.7	440	0.7
2.12	25	399	0.7	439	0.7
2.24	25	398	0.8	438	0.8
2.36	25	396	0.8	436	0.8
2.50	25	395	0.8	435	0.8
2.62	25	393	0.9	434	0.9
2.65	25	393	0.9	433	0.9
2.73	25	392	0.9	432	0.9
2.80	25	391	0.9	432	0.9
2.85	25	391	0.9	431	0.9
3.00	25	389	1.0	430	1.0
3.15	30	388	1.0	428	1.0
3.35	30	386	1.0	426	1.0

续表

标称直径 （mm）	TR	TY		TYT	
	伸长率（%）	抗拉强度 （N/mm²）	伸长率（%）	抗拉强度 （N/mm²）	伸长率（%）
			不 小 于		
3.55	30	383	1.1	423	1.1
3.75	30	381	1.1	421	1.1
4.00	30	379	1.2	419	1.2
4.25	30	376	1.3	416	1.3
4.50	30	373	1.3	413	1.3
4.75	30	370	1.4	411	1.4
5.00	30	368	1.4	408	1.4
5.30	30	365	1.5	—	—
5.60	30	361	1.6	—	—
6.00	30	357	1.7	—	—
6.30	30	354	1.8	—	—
6.70	30	349	1.8	—	—
7.10	30	345	1.9	—	—
7.50	30	341	2.0	—	—
8.00	30	335	2.2	—	—
8.50	35	330	2.3	—	—
9.00	35	325	2.4	—	—
9.50	35	319	2.5	—	—
10.00	35	314	2.6	—	—
10.60	35	307	2.8	—	—
11.20	35	301	2.9	—	—
11.80	35	294	3.1	—	—
12.50	35	287	3.2	—	—
13.20	35	279	3.4	—	—
14.00	35	271	3.6	—	—

4. 电性能

圆铜线的电阻率应符合表 5 规定。

圆铜线的电阻率 表 5

型　　号	电阻率 $\rho 20$（不大于）（$\Omega \cdot mm^2/m$）	
	2.00mm 以下	2.00mm 及以上
TR	0.017 241	0.017 241
TY，TYT	0.017 96	0.017 77

计算时，20℃时的铜线物理参数应取下列数值：

密度 ……………………………………………… 8.89g/cm³

线膨胀系数……………………………………… 0.000 017℃$^{-1}$

电阻温度系数

TR 型 ·· 0.003 93℃$^{-1}$

TY，TYT 型标称直径 2.00mm 及以上 ········· 0.003 81℃$^{-1}$

标称直径 2.00mm 以下 ·············· 0.003 77℃$^{-1}$

5. 外观

圆铜线表面应光洁，不应有与良好工业产品不相称的任何缺陷。

6. 交货要求

（1）圆铜线应成盘或成圈交货，每盘或每圈圆铜线应为一整根，不允许焊接或扭接，制造过程中的铜杆和成品模前的焊接除外。

（2）若需方无协议，每盘或每圈圆铜线的净重，标称直径为 6.00mm 及以下者，应符合表 6 规定；标称直径为 6.00mm 以上者，按双方协议质量交货。

交货要求   表 6

标称直径 （mm）	每根圆铜线质量（不小于，kg）		短　段	
	成　　盘	成　　圈	质量（kg）	交货数量（kg）
0.020～0.025	0.1	—		
0.030～0.040	0.03	—		
0.050～0.060	0.08	—		
0.070～0.100	0.15	—		
0.110～0.150	0.3	—		
0.160～0.250	0.5	—		
0.260～0.400	1.0	—	不大于标准 质量的 50%	不大于交货 总质量的 15%
0.410～0.600	2.5	2.5		
0.630～0.800	5	5		
0.820～1.000	10	10		
1.01～2.00	20	20		
2.01～4.00	40	40		
4.01～6.00	60	60		

7. 验收规则及试验方法

（1）产品应由制造厂检验合格后方能出厂。每批出厂的产品应附有制造厂的产品质量检验合格证。产品应按表 7 规定进行检验。

检验规则   表 7

序　号	检验项目	验收规则	试验方法
1	尺寸	T，S	GB/T 4909.2—2009
2	外观	T，S	目测
3	机械性能	T，S	GB/T 4909.3—2009
4	电阻率	T，S	GB/T 3048.2—2007
5	质量	T，S	称重

（2）每批按 1% 抽样，但不少于三盘（圈）；批量较大时，不多于 10 盘（圈）。第一次试验结果有不合格时，应取双倍数量的试样就不合格项目进行第二次试验；如仍有不合格时，则判该批不合格。

2.3.13.2 电工圆铝线的检验报告

1. 资料表式

电工圆铝线检验报告

表 2.3.13.2

资质证号：　　　　　　　　　　统一编号：　　　　　　　　　　　共　页　第　页

委托单位		委托日期	
工程名称		报告日期	
使用部位		检测类别	
产品名称		生产厂家	
样品数量		规格型号	
样品状态		样品标识	
见证单位		见证人	

序号	检验项目	计量单位	标准要求	检测结果	单项判定
1	尺寸	mm			
2	外观	mm			
3	机械性能				
(1)	抗拉强度	N/mm²			
(2)	弯曲试验（单向弯曲）	mm			
4	卷绕试验	—			
5	20℃时直流电阻率	(Ω·mm²)/m			
6	质量	kg			

依据标准		试验方法 执行标准	
检测结论			
备　注			

批准：　　　　　审核：　　　　　校对：　　　　　检测：

2. 应用指导

（1）电工圆铝线的检验报告表式按表 2.3.13.2 或按当地建设行政主管部门批准的具有相应资质的检测机构出具的试验报告直接归存。

（2）卷绕试验的圆铝线应卷绕整齐，妥善包装。成盘时，最外一层应与线盘侧板边缘保持适当的距离。

每个试件的试验结果均应符合相关产品标准的规定，判为合格。

（3）执行标准：《电工圆铝线》（GB/T 3955—2009）。

（4）主要检测参数按表 1、表 2、表 3、表 4、表 5、表 6。

电工圆铝线
（GB/T 3955—2009）

本标准适用于制造电线电缆及电机电器用的圆铝线。

1. 型号

圆铝线型号见表 1。

圆铝线型号　　　　　　　　　　　　　　　　　　　表 1

型　　号	状态代号	名　　称
LR	0	软圆铝线
LY4	H4	H4 状态硬圆铝线
LY6	H6	H6 状态硬圆铝线
LY8	H8	H8 状态硬圆铝线
LY9	H9	H9 状态硬圆铝线

2. 规格

圆铝线的规格用标称直径表示，其范围应符合表 2 规定。

圆铝线的规格　　　　　　　　　　　　　　　　　　表 2

型　　号	直径范围（mm）
LR	0.30～10.00
LY4	0.30～6.00
LY6	0.30～10.00
LY8	0.30～5.00
LY9	1.25～5.00

3. 尺寸偏差

圆铝线标称直径的偏差应符合表 3 规定。圆铝线在垂直于轴线的同一截面上测得的最大和最小直径之差（厂值）应不超过标称直径偏差的绝对值。

圆铝线标称直径的偏差（mm）　　　　　　　　表3

标称直径 d	偏　　　差
0.300～0.900	±0.013
0.910～2.490	±0.025
2.50 及以上	±1%d

注：标称直径 2.50 及以上，计算时保留两位小数，标称直径 2.50 以下，计算时保留三位小数。

4. 机械性能

圆铝线的机械性能应符合表4规定。

圆铝线的机械性能　　　　　　　　　　表4

型号	直径（mm）	抗拉强度（N/mm²）		断裂伸长率（最小值，%）	卷　　绕
		最小	最大		
LR	0.30～1.00	—	98	15	—
	1.01～10.00	—	98	20	—
LY4	0.30～6.00	95	125	—	第12章
LY6	0.30～6.00	125	165	—	第12章
	6.01～10.00	125	165	3	—
LY8	0.30～5.00	160	205	—	第12章
LY9	1.25 及以下	200	—	—	第12章
	1.26～1.50	195			
	1.51～1.75	190			
	1.76～2.00	185			
	2.01～2.25	180			
	2.26～2.50	175			
	2.51～3.00	170			
	3.01～3.50	165			
	3.51～5.00	160			

5. 电性能

圆铝线的电性能应符合表5规定。

圆铝线的电性能　　　　　　　　　　表5

型　　号	20℃时直流电阻率（最大值，Ω·mm²/m）
LR	0.027 59
LY4 LY6 LY8 LY9	0.028 264

计算时，20℃时的物理数据应取下列数值：

密度 ……………………………………… 2.703kg/dm³

线膨胀系数……………………………… 0.000 023℃⁻¹

电阻温度系数　LR 型 ……………………… 0.004 13℃⁻¹

　　　　　　　其余型号 ……………… 0.004 03℃⁻¹

6. 表面质量

圆铝线表面应光洁，不得有与良好工业产品不相称的任何缺陷。

7. 交货要求

（1）圆铝线应成盘或成圈交货，每盘或每圈圆铝线应为一整根，不允许有任何形式的接头。制造过程中铝杆和成品线模前的焊接除外。

（2）每盘或每圈圆铝线的净重应符合表 6 规定。根据双方协议，允许任何重量的圆铝线交货。

圆铝线的净重　　　　　　　　　　　　　　　　　　　　表 6

标称直径 （mm）	每根圆铝线质量（最小值， kg）	短　段	
		质量	交货数量
0.30～0.50	1		
0.51～1.00	3		
1.01～2.00	8	不小于每根圆铝线	不大于交货
2.01～4.00	15	质量最小值的50%	总质量的15%
4.01～6.00	20		
6.01～10.00	25		

8. 验收规则

（1）产品应由制造厂检验合格后方能出厂。每批出厂的产品应附有制造厂的产品质量检验合格证。产品应按表 7 规定进行检验。

检验规则　　　　　　　　　　　　　　　　　　　　表 7

序　号	检验项目	验收规则	试验方法
1	尺寸	T，S	GB/T 4909.2—2009
2	外观	T，S	正常目力检测
3	机械性能	T，S	GB/T 4909.3—2009 GB/T 4909.6—2009
4	卷绕试验	T，S	本标准第 13 章的规定
5	20℃时直流电阻率	T，S	GB/T3048.2—2007
6	质量	T，S	称重

（2）每批按 1% 抽样，但不少于 3 盘（圈）；批量较大时，不多于 10 盘（圈）。第一次试验结果有不合格时，应另取双倍数量的试样就不合格项目进行第二次试验；如仍有不合格时，应逐盘、（圈）检查。

2.3.13.3 建筑节能用电缆的检验报告（额定电压 450/750V 及以下聚氯乙烯绝缘电缆）

1. 资料表式

额定电压 450/750V 及以下聚氯乙烯绝缘电缆检验报告 表 2.3.13.3

资质证号：　　　　　　　统一编号：　　　　　　　　　共 页 第 页

委托单位				委托日期	
工程名称				报告日期	
使用部位				检测类别	
产品名称				生产厂家	
样品数量				规格型号	
样品状态				样品标识	
见证单位				见证人	

序号	检验项目		计量单位	标准要求	检测结果	单项判定
1	结构检验					
2	绝缘厚度		mm			
3	平均外径	上限	mm			
		下限	mm			
4	电压试验	试验电压	kV			
		试验方式	—			
5	导体环境温度下绝缘电阻测量(体积电阻率)		$\Omega \cdot m$			
6	导体最高温度下绝缘电阻测量(体积电阻率)		$\Omega \cdot m$			
7						
8						
9						

依据标准		试验方法执行标准	
检测结论			
备　注			

批准：　　　　审核：　　　　校对：　　　　检测：

2. 应用指导

（1）建筑节能用电缆的检验报告（额定电压 450/750V 及以下聚氯乙烯绝缘电缆）表式按表 2.3.13.3 或按当地建设行政主管部门批准的具有相应资质的检测机构出具的试验报告直接归存。

（2）额定电压 450/750V 及以下聚氯乙烯绝缘电缆非电性试验要求见表 2.3.13.3-1。

额定电压450/750V及以下聚氯乙烯绝缘电缆
（GB/T 5023.1—2008/IEC 60227-1：2007）

聚氯乙烯（PVC）绝缘非电性试验要求   表 2.3.13.3-1

序号	试验项目	单位	混合物的型号			试验方法	
			PVC/C	PVC/D	PVC/E	GB/T	条文号
1	抗拉强度和断裂伸长率					2951.11-2008	9.1
1.1	交货状态原始性能						
1.1.1	抗张强度原始值：						
	——最小中间值	N/mm²	12.5	10.0	15.0		
1.1.2	断裂伸长率原始值：						
	——最小中间值	%	125	150	150		
1.2	空气烘箱老化后的性能					2951.11—2008 2951.12—2008	9.1 8.1.3.1
1.2.1	老化条件：						
	——温度	℃	80±2	80±2	135±2		
	——时间	h	7×24	7×24	10×24		
1.2.2	老化后抗张强度：						
	——最小中间值	N/mm²	12.5	10.0	15.0		
	——最大变化率ª	%	±20	±20	±25		
3	非污染试验ᵇ						
3.1	老化条件	℃	80±2	80±2	100±2	2951.12—2008	8.1.4
		h	7×24	7×24	10×24		
3.2	老化后机械性能		同 1.2.2 和 1.2.3				
4	热冲击试验					2951.31—2008	9.1
4.1	试验条件：						
	——温度	℃	150±2	150±2	150±2		
	——时间	h	1		1	1	
4.2	试验结果		不开裂				
5	高温压力试验					2951.31—2008	8.1
5.1	试验条件：						
	——刀口上施加的压力		见 GB/T 2951.31—2008 中 8.1.4				
	——载荷下加热时间		见 GB/T 2951.31—2008 中 8.1.5				
	——温度	℃	80±2	70±2	90±2		
	试验结果						
	——压痕深度，最大中间值	%	50	50	50		
6	低温弯曲试验					2951.14—2008	8.1
6.1	试验条件：						
	——温度ᶜ	℃	−15±2	−15±2	−15±2		
	——施加低温时间		见 GB/T 2951.14—2008 中 8.1.4 和 8.1.5				
6.2	试验结果：		不开裂				

序号	试验项目	单位	混合物的型号			试验方法	
			PVC/C	PVC/D	PVC/E	GB/T	条文号
7	低温弯曲试验					2951.14—2008	8.3
7.1	试验条件：						
	——温度	℃	－15±2	－15±2	—		
	——施加低温时间		见 GB/T 2951.14—2008 中 8.3.4 和 8.3.5				
7.2	试验结果：						
	——最小伸长率	%	20	20	—		
8	低温冲击试验 d					2951.14—2008	8.5
8.1	试验条件：						
	——温度	℃	－15±2	－15±2			
	——施加低温时间		见 GB/T 2951.14—2008 中 8.5.5				
	——落锤质量		见 GB/T 2951.14—2008 中 8.5.4				
	——试验结果：		见 GB/T 2951.14—2008 中 8.5.6				
9	热稳定性试验					2951.32—2008	9
9.1	试验条件：						
	——温度	℃	—	—	200±2		
	试验结果：						
	——最小平均热稳定时间	min	—	—	180		

注：a　变化率：老化后的中间值与老化前的中间值之差与老化前中间值之比，以百分比表示。
　　b　如果适用。
　　c　根据我国气候条件，试验温度规定为－15℃，但根据用户要求允许调整试验温度。
　　d　如果产品标准（GB/T 5023.3—2008、GB/T 5023.4—2008 等）中有规定。

2.3.14　常用节能材料或产品检测核查要点

2.3.14.1　墙体节能工程用材料或产品等的试验报告核查要点

（1）墙体节能工程用材料、构件等的品种、规格、数量应符合设计和相关标准规定。保温隔热材料，其导热系数、密度、抗压强度或压缩强度、燃烧性能应符合设计要求。

（2）墙体节能工程采用的保温材料和粘结材料等，进场复验应为见证取样送检。应复验如下项目：

1）保温材料的导热系数、密度、抗压强度或压缩强度；

2）粘结材料的粘结强度；

3）增强网的力学性能、抗腐蚀性能。

检查数量按同一厂家同一品种的产品，当单位工程建筑面积在 20000m² 以下时，各抽查不少于 3 次；当单位工程建筑面积在 20000m² 以上时，各抽查不少于 6 次。

（3）严寒和寒冷地区外保温使用的粘结材料，其冻融试验结果应符合该地区最低气温环境的使用要求。

（4）墙体节能用材料或产品复试报告的试验结果均应符合设计要求和标准（规范）的要求。

（5）墙体节能用材料或产品名目见 2.3 进场复验报告项下的相关材料或产品。

2.3.14.2 幕墙节能工程用材料或产品等的试验报告核查要点

（1）幕墙节能工程用材料、构件等的品种、规格、数量应符合设计和相关标准规定。保温隔热材料，其导热系数、密度、燃烧性能应符合设计要求。幕墙玻璃的传热系数、遮阳系数、可见光透射比、中空玻璃露点应符合设计要求。

（2）幕墙节能工程使用的材料、构件等的进场复验应为见证取样送检。应复验如下项目：

1）保温材料：导热系数、密度；

2）幕墙玻璃：可见光透射比、传热系数、遮阳系数、中空玻璃露点；

3）隔热型材：抗拉强度、抗剪强度。

检查数量按同一厂家的同一种产品抽查不少于一组。

（3）幕墙节能用材料或产品复试报告的试验结果均应符合设计要求和标准（规范）的要求。

（4）幕墙节能用材料或产品名目见 2.3 进场复验报告项下的相关材料或产品。

2.3.14.3 门窗节能工程用材料或产品等的试验报告核查要点

（1）建筑外门窗的试验报告，应核查其品种、规格、数量。建筑外窗的气密性、保温性能、中空玻璃露点、玻璃遮阳系数和可见光透射比应符合设计要求。

（2）建筑外窗进入现场应对下列性能进行复验，复验应为见证取样送检。应复验如下项目：

1）严寒、寒冷地区：气密性、传热系数和中空玻璃露点；

2）夏热冬冷地区：气密性、传热系数、玻璃遮阳系数、可见光透射比、中空玻璃露点；

3）夏热冬暖地区：气密性、玻璃遮阳系数、可见光透射比、中空玻璃露点。

检查数量按同一厂家同一品种同一类型的产品各抽查不少于 3 樘（件）。

（3）门窗节能用材料或产品复试报告的试验结果均应符合设计要求和标准（规范）的要求。

（4）门窗节能用材料或产品名目见 2.3 进场复验报告项下的相关材料或产品。

2.3.14.4 屋面节能工程用材料或产品等的试验报告核查要点

（1）屋面节能工程的保温隔热材料，应核查其品种、规格、数量。保温隔热材料应核查其导热系数、密度、抗压强度或压缩强度、燃烧性能应符合设计要求。复验应为见证取样送检。

检查数量按同一厂家同一品种的产品各抽查不少于 3 组。

（2）屋面节能用材料或产品复试报告的试验结果均应符合设计要求和标准（规范）的要求。

（3）屋面节能用材料或产品名目见 2.3 进场复验报告项下的相关材料或产品。

2.3.14.5　地面节能工程用材料或产品等的试验报告核查要点

（1）地面节能工程的保温材料，应核查其品种、规格、数量。保温材料应核查其导热系数、密度、抗压强度或压缩强度、燃烧性能。复验应为见证取样送检。性能应符合设计要求。

检查数量：同一厂家同一品种的产品各抽查不少于 3 组。

（2）地面节能用材料或产品复试报告的试验结果均应符合设计要求和标准（规范）的要求。

（3）地面节能用材料或产品名目见 2.3 进场复验报告项下的相关材料或产品。

2.3.14.6　采暖节能工程用材料或产品等的试验报告核查要点

（1）采暖系统节能工程采用的散热设备（如散热器）、阀门（恒温阀）、仪表（压力表、温度计）、管材、保温材料等产品的试验报告，应核查其类型、材质、规格及外观。应经监理工程师（建设单位代表）检查认可，且应形成相应的验收记录。各种产品和设备的质量证明文件和相关技术资料应齐全，并应符合国家现行有关标准和规定。应全数进行核查。

（2）散热器和保温材料等应对下列技术性能参数进行复验，复验应为见证取样送检：

1）散热器的单位散热量、金属热强度；

2）保温材料的导热系数、密度、吸水率。

检查数量按同一厂家同一规格的散热器按其数量的 1% 进行见证取样送检，但不得少于 2 组；同一厂家同材质的保温材料见证取样送检的次数，不得少于 2 次。

（3）采暖系统节能工程采用的散热设备、阀门、仪表、管材、保温材料等产品复试报告的试验结果均应符合设计要求和标准（规范）的要求。

（4）采暖系统节能工程采用的散热设备、阀门、仪表、管材、保温材料等产品名目见 2.3 进场复验报告项下的相关材料或产品。

2.3.14.7　通风与空调节能工程用材料或产品等的试验报告核查要点

（1）通风与空调系统节能工程所使用的设备、管道、阀门、仪表、绝热材料等产品的试验报告，应核查其类型、材质、规格及外观等，应对下列产品的技术性能参数进行核查。验收与核查的结果应经监理工程师（建设单位代表）检查认可，并应形成相应的验收、核查记录。各种产品和设备的质量证明文件和相关技术资料应齐全。

1）组合式空调机组、柜式空调机组、新风机组、单元式空调机组、热回收装置等设备的冷量、热量、风量、风压、功率及额定热回收效率；

2）风机的风量、风压、功率及其单位风量耗功率；

3）成品风管的技术性能参数；

4）自控阀门与仪表的技术性能参数。

通风与空调系统节能工程所使用的设备、管道、阀门、仪表、绝热材料等产品应全数检查。

（2）风机盘管机组和绝热材料应全数核查其下列技术性能参数进行复验，复验应为见证取样送检。

1）风机盘管机组的供冷量、供热量、风量、出口静压、噪声及功率；

2）绝热材料的导热系数、密度、吸水率。

检查数量按同一厂家的风机盘管机组按数量复验 2%，但不得少于 2 台；同一厂家同材质的绝热材料复验次数，不得少于 2 次。

（3）通风与空调系统节能工程所使用的设备、管道、阀门、仪表、绝热材料等产品复试报告的试验结果均应符合设计要求和标准（规范）的要求。

（4）通风与空调系统节能工程所使用的设备、管道、阀门、仪表、绝热材料等产品名目见 2.3 进场复验报告项下的相关材料或产品。

2.3.14.8   空调与采暖系统冷热源及管网节能工程用材料或产品等的试验报告核查要点

（1）空调与采暖系统冷热源设备及其辅助设备、阀门、仪表、绝热材料等产品的试验报告，应核查其类型、规格和外观等，应对下列产品的技术性能参数进行核查。验收与核查的结果应经监理工程师（建设单位代表）检查认可，并应形成相应的验收、核查记录。各种产品和设备的质量证明文件和相关技术资料应齐全。

1）锅炉的单台容量及其额定热效率；

2）热交换器的单台换热量；

3）电机驱动压缩机的蒸汽压缩循环冷水（热泵）机组的额定制冷量（制热量）、输入功率、性能系数（COP）及综合部分负荷性能系数（IPLV）；

4）电机驱动压缩机的单元式空气调节机、风管送风式和屋顶式空气调节机组的名义制冷量、输入功率及能效比（EER）；

5）蒸汽和热水型溴化锂吸收式机组及直燃型溴化锂吸收式冷（温）水机组的名义制冷量、供热量、输入功率及性能系数；

6）集中采暖系统热水循环水泵的流量、扬程、电机功率及耗电输热比（EHR）；

7）空调冷热水系统循环水泵的流量、扬程、电机功率及输送能效比（ER）；

8）冷却塔的流量及电机功率；

9）自控阀门与仪表的技术性能参数。

空调与采暖系统冷热源设备及其辅助设备、阀门、仪表、绝热材料等产品应全数核查。

（2）空调与采暖系统冷热源及管网节能工程的绝热管道、绝热材料应全数核查其导热系数、密度、吸水率等技术性能参数进行复验，复验应为见证取样送检。

检查数量按同一厂家同材质的绝热材料复验次数，不得少于 2 次。

（3）空调与采暖系统冷热源设备及其辅助设备、阀门、仪表、绝热材料等产品复试报告的试验结果均应符合设计要求和标准（规范）的要求。

（4）空调与采暖系统冷热源设备及其辅助设备、阀门、仪表、绝热材料等产品名目见 2.3 进场复验报告项下的相关材料或产品。

2.3.14.9   配电与照明节能工程用材料或产品等的试验报告核查要点

（1）照明光源、灯具及其附属装置应对下列技术性能进行核查，并经监理工程师（建设单位代表）检查认可，形成相应的验收、核查记录，资料齐全并应符合国家现行有关标准和规定。

1）荧光灯灯具和高强度气体放电灯灯具的效率不应低于表 2.3.14.9-1 的规定。

荧光灯灯具和高强度气体放电灯灯具的效率允许值 表 2.3.14.9-1

灯具出光口形式	开敞式	保护罩（玻璃或塑料）		格栅	格栅或透光罩
		透明	磨砂、棱镜		
荧光灯灯具	75%	65%	55%	60%	—
高强度气体放电灯灯具	75%	—	—	60%	60%

2）管型荧光灯镇流器能效限定值应不小于表2.3.14.9-2的规定。

镇流器能效限定值 表 2.3.14.9-2

标称功率（W）		18	20	22	30	32	36	40
镇流器能效因数（BEF）	电感型	3.154	2.952	2.770	2.232	2.146	2.030	1.992
	电子型	4.778	4.370	3.998	2.870	2.678	2.402	2.270

3）照明设备谐波含量限值应符合表2.3.14.9-3的规定。

照明设备谐波含量的限值 表 2.3.14.9-3

谐波次数	基波频率下输入电流百分比数表示的最大允许谐波电流（%）
2	2
3	$30 \times \lambda$注
5	10
7	7
9	5
$11 \leqslant n \leqslant 39$ （仅有奇次谐波）	3

注：λ是电路功率因数。

（2）低压配电系统选择的电缆、电线截面不得低于设计值，应对其截面和每芯导体电阻值进行见证取样送检。每芯导体电阻值应符合表2.3.14.9-4的规定。

检查数量按同厂家各种规格总数的10%，并且不少于2个规格。

（3）空调与采暖系统冷热源设备及其辅助设备、阀门、仪表、绝热材料等产品复试报告的试验结果均应符合设计要求和标准（规范）的要求。

（4）空调与采暖系统冷热源设备及其辅助设备、阀门、仪表、绝热材料等产品名目见2.3进场复验报告项下的相关材料或产品。

2.3.14.10 监测与控制节能工程用材料或产品等的试验报告核查要点

（1）监测与控制系统采用的设备、材料及附属产品，进场时应按设计要求对其品种、规格、型号、外观和性能等进行检查验收，并应经监理工程师（建设单位代表）检查认可，且应形成相应的质量记录。各种设备、材料和产品附带的质量证明文件和相关技术资料应齐全，并应符合国家现行有关标准和规定。

（2）监测与控制系统采用的设备、材料及附属产品复试报告的试验结果均应符合设计要求和标准（规范）的要求。

（3）监测与控制系统采用的设备、材料及附属产品名目见2.3进场复验报告项下的相关材料或产品。

3   隐蔽工程验收记录和相关图像资料

3.1   隐蔽工程验收记录

1. 资料表式

隐蔽工程验收记录表   表 3-1

施工单位：

工程编号				分项工程名称	
施工图名称及编号				项目经理	
施工标准名称及代号				专业技术负责人	
隐蔽工程部位	质量要求		施工单位自查情况	监理(建设)单位验收情况	
强制性条文验收与执行					
施工单位自查结论					
			施工单位项目技术负责人： 年 月 日		
监理(建设)单位验收结论	监理(建设)单位项目负责人： 年 月 日				
参加人员	监理(建设)单位	施 工 单 位			
		项目技术负责人	专职质检员	工 长	

注：隐蔽工程验收记录表式，可根据当地使用惯例制定的表式应用，但表列内容的工程编号、分项工程名称、施工图名称及编号、项目经理、施工标准名称及代号、专业技术负责人、隐蔽工程部位、质量要求、施工单位自查情况、监理（建设）单位验收情况、施工单位自查结论、施工单位项目技术负责人、监理（建设）单位验收结论、监理工程师（建设单位项目负责人）等项内容应齐全。实际试验项目根据工程实际择用。

2. 应用指导

隐蔽验收项目是指为下道工序所隐蔽的工程项目。关系到结构性能和使用功能的重要部位或项目的隐蔽检查；凡本工序操作完毕，将被下道工序所掩盖、包裹而再无从检查的工程项目均称为隐蔽工程项目。在隐蔽前必须进行隐蔽工程验收。

（1）隐蔽工程验收需按相应专业规范规定执行，隐蔽内容应符合设计图纸及规范要求。相关部位的隐蔽工程应有必要的附图或录像资料，"必要"即指有隐蔽工程全貌和有代表性的局部（部位）照片。管线工程覆土前建设单位应委托具有测量资质的单位进行竣工图测量，形成准确的竣工测量数据文件和工程测量图。

当施工中出现规范中未列出的，而且需要进行隐蔽验收的项目时，应按施工组织设计（方案）予以补充。对于隐蔽工程验收应随隐验随做好记录。其资料和文字一同归档保存。

（2）隐蔽验收单内容填写齐全，问题记录清楚、具体，结论准确，为符合要求。

（3）按部位不同，分别由有关部门及时验收、签证，并签字加盖公章，为符合要求，隐蔽日期和其他资料有矛盾与实际不符为不符合要求。

（4）在隐蔽前必须进行隐蔽工程验收。隐蔽工程验收由项目经理部的技术负责人提出，向项目监理机构提请报验，报验手续应及时办理，不得后补。需要进行处理的隐蔽工程项目必须进行复验，提出复验日期，复验后应做出结论。隐蔽验收的部位要复查材质化验单编号、设计变更、材料代用的文件编号等。隐蔽工程检查验收的报验应在隐验前两天，向项目监理机构提出隐蔽工程的名称、部位和数量。

隐蔽工程验收为不同专业规范检验批验收时应提供的附件资料，凡专业规范某检验批项下的检验方法中规定应提供隐蔽工程验收记录时，均应进行隐蔽工程验收并填写隐蔽工程验收记录。

（5）所有隐蔽工程项目均需全数检查验收。

3.1.1　墙体节能工程隐蔽验收记录

墙体节能工程隐蔽验收应该随做随验并做好记录。

墙体节能工程应对下列部位或内容进行隐蔽工程验收，并应有详细的文字记录和必要的图像资料：检查内容主要是产品的质量和各层构造做法、施工工艺是否符合设计和规程要求。

3.1.1.1　保温层附着的基层及其表面处理隐蔽工程验收记录

1. 资料表式

保温层附着的基层及其表面处理隐蔽工程验收记录表式见表 3-1 或按当地建设行政主管部门批准的"地方工程建设标准中的技术资料表式提供的施工文件"直接归存，并列入施工文件中。

2. 应用指导

隐蔽工程验收应检查：墙体节能工程施工应先对基层表面按设计和施工方案要求进行处理，然后进行保温层施工。处理后的基层应全数符合保温层施工方案的质量及相关要求。

3.1.1.2　保温板粘结或固定隐蔽工程验收记录

1. 资料表式

保温板粘结或固定隐蔽工程验收记录表式见表 3-1 或按当地建设行政主管部门批准的

"地方工程建设标准中的技术资料表式提供的施工文件"直接归存，并列入施工文件中。

2. 应用指导

隐蔽工程验收应检查：保温板材与基层及各构造层之间的粘结或连接必须牢固。粘结强度和连接方式应符合设计要求。保温板材与基层的粘结强度应做现场拉拔试验。试验结果应符合设计和规范要求。

3.1.1.3　锚固件隐蔽工程验收记录

1. 资料表式

锚固件隐蔽工程验收记录表式见表 3-1 或按当地建设行政主管部门批准的"地方工程建设标准中的技术资料表式提供的施工文件"直接归存，并列入施工文件中。

2. 应用指导

隐蔽工程验收应检查：墙体节能工程的保温层采用预埋或后置锚固件固定时，锚固件数量、位置、锚固深度和拉拔力应符合设计要求。后置锚固件应进行锚固力现场拉拔试验。试验结果应符合设计和规范要求。

3.1.1.4　增强网铺设隐蔽工程验收记录

1. 资料表式

增强网铺设隐蔽工程验收记录表式见表 3-1 或按当地建设行政主管部门批准的"地方工程建设标准中的技术资料表式提供的施工文件"直接归存，并列入施工文件中。

2. 应用指导

隐蔽工程验收应检查：采用加强网作为防止开裂的措施时，加强网的铺贴和搭接应符合设计和施工方案的要求。砂浆抹压应密实，不得空鼓，加强网不得皱褶、外露。

3.1.1.5　墙体热桥部位处理隐蔽工程验收记录

1. 资料表式

墙体热桥部位处理隐蔽工程验收记录表式见表 3-1 或按当地建设行政主管部门批准的"地方工程建设标准中的技术资料表式提供的施工文件"直接归存，并列入施工文件中。

2. 应用指导

隐蔽工程验收应检查：严寒和寒冷地区外墙热桥部位，应按设计要求采取节能保温等隔断热桥措施。完工后采用热工成像设备进行扫描检查，了解其处理措施是否有效。

3.1.1.6　预置保温板或预制保温墙板的板缝及构造节点隐蔽工程验收记录

1. 资料表式

预置保温板或预制保温墙板的板缝及构造节点隐蔽工程验收记录表式见表 3-1 或按当地建设行政主管部门批准的"地方工程建设标准中的技术资料表式提供的施工文件"直接归存，并列入施工文件中。

2. 应用指导

隐蔽工程验收应检查：外墙采用预置保温板现场浇筑混凝土墙体时，保温板的验收应符合规范第 4.2.2 条的规定；保温板的安装位置应正确、接缝严密，保温板在浇筑混凝土过程中不得移位、变形和损坏，保温板表面应采取界面处理措施，与混凝土粘结应牢固。

附：第 4.2.2 条　墙体节能工程使用的保温隔热材料，其导热系数、密度、抗压强度或压缩强度、燃烧性能应符合设计要求。

检验方法：核查质量证明文件及进场复验报告。

检查数量：全数检查。

3.1.1.7　现场喷涂或浇注有机类保温材料的界面隐蔽工程验收记录

1. 资料表式

现场喷涂或浇注有机类保温材料的界面隐蔽工程验收记录表式见表 3-1 或按当地建设行政主管部门批准的"地方工程建设标准中的技术资料表式提供的施工文件"直接归存，并列入施工文件中。

2. 应用指导

隐蔽工程验收应检查：采用现场喷涂或模板浇注的有机类保温材料做外保温时，有机类保温材料应达到陈化时间后方可进行下道工序施工。

3.1.1.8　被封闭的保温材料厚度隐蔽工程验收记录

1. 资料表式

被封闭的保温材料厚度隐蔽工程验收记录表式见表 3-1 或按当地建设行政主管部门批准的"地方工程建设标准中的技术资料表式提供的施工文件"直接归存，并列入施工文件中。

2. 应用指导

隐蔽工程验收应检查：保温隔热材料的厚度必须符合设计要求。保温材料厚度采用钢针插入或剖开尺量检查。

3.1.1.9　保温隔热砌块填充墙体隐蔽工程验收记录

1. 资料表式

保温隔热砌块填充墙体隐蔽工程验收记录表式见表 3-1 或按当地建设行政主管部门批准的"地方工程建设标准中的技术资料表式提供的施工文件"直接归存，并列入施工文件中。

2. 应用指导

隐蔽工程验收应检查：

1）保温砌块砌筑的墙体，应采用具有保温功能的砂浆砌筑。砌筑砂浆的强度等级应符合设计要求。砌体的水平灰缝饱满度不应低于 90％，竖直灰缝饱满度不应低于 80％。

2）对照设计核查施工方案和砌筑砂浆强度试验报告。用百格网检查灰缝砂浆饱满度。

3.1.2　幕墙节能工程隐蔽验收记录

幕墙节能工程施工中应对下列部位或项目进行隐蔽工程验收，并应有详细的文字记录和必要的图像资料。

3.1.2.1 被封闭的保温材料厚度和保温材料的固定隐蔽工程验收记录

幕墙节能工程隐蔽验收项目：密封条镶嵌、单元幕墙板块密封。

1. 资料表式

被封闭的保温材料厚度和保温材料的固定隐蔽工程验收记录表式见表 3-1 或按当地建设行政主管部门批准的"地方工程建设标准中的技术资料表式提供的施工文件"直接归存，并列入施工文件中。

2. 应用指导

隐蔽工程验收应检查：幕墙节能工程使用的保温材料，其厚度应符合设计要求，安装牢固，且不得松脱。对保温板或保温层采取针插法或剖开法检查。

3.1.2.2 幕墙周边与墙体的接缝处保温材料的填充隐蔽工程验收记录

1. 资料表式

幕墙周边与墙体的接缝处保温材料的填充隐蔽工程验收记录表式见表 3-1 或按当地建设行政主管部门批准的"地方工程建设标准中的技术资料表式提供的施工文件"直接归存，并列入施工文件中。

2. 应用指导

隐蔽工程验收应检查：幕墙与周边墙体间的接缝处因幕墙边缘一般为金属边框，存在热桥问题，故应采用弹性闭孔材料填充饱满。因幕墙有水密性要求，故应采用耐候密封胶密封。

3.1.2.3 构造缝、结构缝隐蔽工程验收记录

1. 资料表式

构造缝、结构缝隐蔽工程验收记录表式见表 3-1 或按当地建设行政主管部门批准的"地方工程建设标准中的技术资料表式提供的施工文件"直接归存，并列入施工文件中。

2. 应用指导

隐蔽工程验收应检查：伸缩缝、沉降缝、防震缝的保温或密封做法主要解决好密封问题和热桥问题，故其做法必须符合设计要求。

3.1.2.4 隔汽层隐蔽工程验收记录

1. 资料表式

隔汽层隐蔽工程验收记录表式见表 3-1 或按当地建设行政主管部门批准的"地方工程建设标准中的技术资料表式提供的施工文件"直接归存，并列入施工文件中。

2. 应用指导

隐蔽工程验收应检查：幕墙隔汽层应完整、严密、必须保证位置正确，穿透隔汽层处的节点构造应采取密封措施。

3.1.2.5 热桥部位、断热节点隐蔽工程验收记录

1. 资料表式

热桥部位、断热节点隐蔽工程验收记录表式见表 3-1 或按当地建设行政主管部门批准

的"地方工程建设标准中的技术资料表式提供的施工文件"直接归存，并列入施工文件中。

2. 应用指导

隐蔽工程验收应检查：幕墙工程热桥部位的隔断热桥措施，是为不结露，必须保证固体的传热路径被有效隔断，故应符合设计要求，断热节点的连接应牢固。

3.1.2.6 单元式幕墙板块间的接缝构造隐蔽工程验收记录

1. 资料表式

单元式幕墙板块间的接缝构造隐蔽工程验收记录表式见表 3-1 或按当地建设行政主管部门批准的"地方工程建设标准中的技术资料表式提供的施工文件"直接归存，并列入施工文件中。

2. 应用指导

(1) 隐蔽工程验收应检查：单元式幕墙板块组装应符合下列要求：

密封条：规格正确，长度无负偏差，接缝的搭接符合设计要求；

保温材料：固定牢固，厚度符合设计要求；

隔汽层：密封完整、严密；

冷凝水排水系统通畅，无渗漏（检查通水试验）。

(2) 单元式幕墙板块是在工厂内组装完成后运至现场的，进场后应对其进行检查验收。隐蔽工程验收应核查其检查验收资料。

3.1.2.7 冷凝水收集和排放构造隐蔽工程验收记录

1. 资料表式

冷凝水收集和排放构造隐蔽工程验收记录表式见表 3-1 或按当地建设行政主管部门批准的"地方工程建设标准中的技术资料表式提供的施工文件"直接归存，并列入施工文件中。

2. 应用指导

隐蔽工程验收应检查：冷凝水的收集和排放应通畅，并不得渗漏（检查通水试验）。

3.1.2.8 幕墙的通风换气装置隐蔽工程验收记录

1. 资料表式

幕墙的通风换气装置隐蔽工程验收记录表式见表 3-1 或按当地建设行政主管部门批准的"地方工程建设标准中的技术资料表式提供的施工文件"直接归存，并列入施工文件中。

2. 应用指导

隐蔽工程验收应检查：由于通风换气装置可使室内环境达到一定的舒适度，虽有能耗，但其通风换气装置是必要的，幕墙施工完毕后隐蔽，故应做好隐蔽工程验收。

3.1.3 门窗节能工程隐蔽验收记录

建筑外门窗工程施工中，应对门窗框与墙体接缝处的保温填充做法进行隐蔽工程验收，并应有隐蔽工程验收记录和必要的图像资料。

3.1.3.1　外门窗框与洞口之间的间隙用弹性闭孔材料的密封隐蔽工程验收记录

门窗节能工程隐蔽验收项目：外门窗框与洞口之间的间隙用弹性闭孔材料的密封。

1. 资料表式

外门窗框与洞口之间的间隙用弹性闭孔材料的密封隐蔽工程验收记录表式见表 3-1 或按当地建设行政主管部门批准的"地方工程建设标准中的技术资料表式提供的施工文件"直接归存，并列入施工文件中。

2. 应用指导

隐蔽工程验收应检查：

（1）门窗隐蔽验收重点是密封和热桥部位。

（2）外门窗框或副框与洞口之间的间隙应采用弹性闭孔材料填充饱满，并使用密封胶密封；外门窗框与副框之间的缝隙应使用密封胶密封。

3.1.4　屋面节能工程隐蔽验收记录

屋面保温隔热工程应对下列部位进行隐蔽工程验收，并应有详细的文字记录和必要的图像资料。

3.1.4.1　基层隐蔽工程验收记录

屋面节能工程隐蔽验收项目：采光屋面的安装、嵌缝处的质量、隔汽层位置及其完整与严密。

1. 资料表式

基层隐蔽工程验收记录表式见表 3-1 或按当地建设行政主管部门批准的"地方工程建设标准中的技术资料表式提供的施工文件"直接归存，并列入施工文件中。

2. 应用指导

隐蔽工程验收应检查：屋面节能工程施工应先对基层表面按设计和施工方案要求进行处理，然后进行保温层施工。处理后的基层应全数符合保温层施工方案的要求。

3.1.4.2　保温层的敷设方式、厚度；板材缝隙填充质量隐蔽工程验收记录

1. 资料表式

保温层的敷设方式、厚度；板材缝隙填充质量隐蔽工程验收记录表式见表 3-1 或按当地建设行政主管部门批准的"地方工程建设标准中的技术资料表式提供的施工文件"直接归存，并列入施工文件中。

2. 应用指导

隐蔽工程验收应检查：

（1）屋面保温隔热层应按施工方案施工，并应符合下列规定：

1）松散材料应分层敷设、按要求压实、表面平整、坡向正确；

2）现场采用喷、浇、抹等工艺施工的保温层，其配合比应计量准确，搅拌均匀、分层连续施工，表面平整，坡向正确。

3）板材应粘贴牢固、缝隙严密、平整。

（2）金属板保温夹芯屋面应铺装牢固、接口严密、表面洁净、坡向正确。

3.1.4.3　屋面热桥部位隐蔽工程验收记录

1. 资料表式

屋面热桥部位隐蔽工程验收记录表式见表 3-1 或按当地建设行政主管部门批准的"地方工程建设标准中的技术资料表式提供的施工文件"直接归存，并列入施工文件中。

2. 应用指导

隐蔽工程验收应检查：屋面工程热桥部位的隔断热桥措施，是为不结露，必须保证固体的传热路径被有效隔断，故应符合设计要求，断热节点的连接应牢固。

3.1.4.4　隔汽层隐蔽工程验收记录

1. 资料表式

隔汽层隐蔽工程验收记录表式见表 3-1 或按当地建设行政主管部门批准的"地方工程建设标准中的技术资料表式提供的施工文件"直接归存，并列入施工文件中。

2. 应用指导

隐蔽工程验收应检查：屋面的隔汽层位置应符合设计要求，隔汽层应完整、严密。

3.1.5　地面节能工程隐蔽验收记录

地面节能工程应对下列部位进行隐蔽工程验收，并应有详细的文字记录和必要的图像资料。

3.1.5.1　地面基层隐蔽工程验收记录

地面节能工程隐蔽验收项目：地面基层、各构造层、隔断热桥的保温措施。

1. 资料表式

地面基层隐蔽工程验收记录表式见表 3-1 或按当地建设行政主管部门批准的"地方工程建设标准中的技术资料表式提供的施工文件"直接归存，并列入施工文件中。

2. 应用指导

隐蔽工程验收应检查：地面节能工程施工应先对基层表面按设计和施工方案要求进行处理，然后进行保温层施工。处理后的基层应全数符合保温层施工方案的要求。

3.1.5.2　地面被封闭的保温材料厚度隐蔽工程验收记录

1. 资料表式

地面被封闭的保温材料厚度隐蔽工程验收记录表式见表 3-1 或按当地建设行政主管部门批准的"地方工程建设标准中的技术资料表式提供的施工文件"直接归存，并列入施工文件中。

2. 应用指导

隐蔽工程验收应检查：

（1）地面保温隔热层应按施工方案施工，并应符合下列规定：

1) 松散材料应分层敷设、按要求压实、表面平整、坡向正确；

2) 现场采用喷、浇、抹等工艺施工的保温层，其配合比应计量准确，搅拌均匀、分层连续施工，表面平整，坡向正确。

3) 板材应粘贴牢固、缝隙严密、平整。

(2) 金属板保温夹芯屋面应铺装牢固、接口严密、表面洁净、坡向正确。

3.1.5.3　地面保温材料粘结隐蔽工程验收记录

1. 资料表式

地面保温材料粘结隐蔽工程验收记录表式见表 3-1 或按当地建设行政主管部门批准的"地方工程建设标准中的技术资料表式提供的施工文件"直接归存，并列入施工文件中。

2. 应用指导

隐蔽工程验收应检查：保温板材与基层及各构造层之间的粘结或连接必须牢固。粘结强度和连接方式应符合设计要求。保温板材与基层的粘结强度应做现场拉拔试验。试验结果应符合设计和规范要求。

3.1.5.4　地面隔断热桥部位隐蔽工程验收记录

1. 资料表式

地面隔断热桥部位隐蔽工程验收记录表式见表 3-1 或按当地建设行政主管部门批准的"地方工程建设标准中的技术资料表式提供的施工文件"直接归存，并列入施工文件中。

2. 应用指导

隐蔽工程验收应检查：地面工程热桥部位的隔断热桥措施，是为不结露，必须保证固体的传热路径被有效隔断，应符合设计要求，断热节点的连接应牢固。

3.1.6　采暖节能工程隐蔽验收记录

3.1.6.1　井道、地沟、吊顶内的采暖隐蔽工程验收记录

1. 资料表式

井道、地沟、吊顶内的采暖隐蔽工程验收记录表式见表 3-1 或按当地建设行政主管部门批准的"地方工程建设标准中的技术资料表式提供的施工文件"直接归存，并列入施工文件中。

2. 应用指导

隐蔽或埋地采暖、热水等管道隐蔽工程验收记录根据规范和工艺要求按各自需要进行：在水压试验、防腐处理、灌水试验、严密性试验等完成后，凡属需要隐蔽或埋地的均应进行隐蔽工程验收。

3.1.6.2　低温热水地板辐射采暖地面、楼面下敷设盘管隐蔽工程验收记录

1. 资料表式

低温热水地板辐射采暖地面、楼面下敷设盘管隐蔽工程验收记录表式见表 3-1 或按当地建设行政主管部门批准的"地方工程建设标准中的技术资料表式提供的施工文件"直接

归存，并列入施工文件中。

2. 应用指导

（1）低温热水地板辐射采暖地面、楼面下敷设盘管隐蔽工程验收记录表式执行。

（2）低温热水地板辐射采暖地面、楼面下敷设盘管隐蔽工程验收应检查的内容：

1）地面下敷设的盘管埋地部分不应有接头。

2）盘管隐蔽前必须进行水压试验，试验压力为工作压力的 1.5 倍，但不小于 0.6MPa。稳压 1h 内压力降不大于 0.05MPa，并且不渗不漏。

3）加热盘管弯曲部分不得出现硬折弯现象，曲率半径应符合下列规定：

塑料管：不应小于管道外径的 8 倍。复合管：不应小于管道外径的 5 倍。

4）加热盘管管径、间距和长度应符合设计要求。间距偏差不大于 ±10mm。

5）填充层浇灌前观察检查防潮层、防水层、隔热层及伸缩缝，应符合设计要求。

6）填充层强度等级应符合设计要求。

3.1.7 通风与空调节能工程隐蔽验收记录

通风与空调系统应随施工进度对与节能有关的隐蔽部位或内容全数进行验收，并应有详细的文字记录和必要的图像资料。

3.1.7.1 井道、吊顶内管道或设备隐蔽验收记录

1. 资料表式

井道、吊顶内管道或设备隐蔽验收记录表式见表 3-1 或按当地建设行政主管部门批准的"地方工程建设标准中的技术资料表式提供的施工文件"直接归存，并列入施工文件中。

2. 应用指导

（1）通风与空调工程的凡敷设于暗井道及不通行吊顶内或其他工程（如设备、外砌墙、管道及附件外保温隔热等）所掩盖的项目，如空气洁净系统、制冷管道系统及其他部件等均需隐蔽工程验收。暗配管路（吊顶、埋地、管井内等）均应进行分层（或分段）的隐蔽工程检查验收。内容包括：管路走向、规格、标高、坡度、坡向、弯管接头、软接头、节点处理、保温及防结露处理、防渗漏功能、支托吊架的位置及固定焊接质量、防腐情况等。应在隐蔽前进行标准规定的有关调整、试验。

需要绝热的管道与设备除进行标准规定的有关调整、试验外，必须在绝热工程完成后方可隐蔽。未经试验或试验不符合要求的不得进行隐蔽。

（2）需要进行吹扫的管道，应在隐蔽前进行吹扫，需要吹扫且需要做保温绝热的工程，应在吹扫后进行保温绝热施工。

（3）制冷系统管道安装前，应将管子内的氧化皮、污染物和锈蚀除去，使内壁出现金属光泽面后，管子两端方可封闭。

（4）通风与空调工程中的隐蔽工程，在隐蔽前必须经监理人员验收及认可签证。

3.1.7.2 设备朝向、位置及地脚螺栓隐蔽验收记录

1. 资料表式

设备朝向、位置及地脚螺栓隐蔽验收记录表式见表 3-1 或按当地建设行政主管部门批

准的"地方工程建设标准中的技术资料表式提供的施工文件"直接归存，并列入施工文件中。

2. 应用指导

(1) 制冷系统的附属设备如冷凝器、贮液器、油分离器、中间冷却器、集油器、空气分离器、蒸发器和制冷剂泵等就位前，应检查管路的方向和位置、地脚螺栓和基础位置应符合设计要求。

(2) 当基础施工完毕交接验收时或验收单位基础移交给安装单位时，应对基础进行检查。内容包括：基础位置、几何尺寸、预留孔、预埋装置的位置，混凝土强度等级、工程设计对设备基础的消声、防振装置等是否符合工程设计与基础设计施工图。

(3) 通风与空调工程中的隐蔽工程，在隐蔽前必须经监理人员验收及认可签证。

3.1.8　空调与采暖系统的冷热源及管网节能工程隐蔽验收记录

空调与采暖系统冷热源和辅助设备及其管道和室外管网系统，应随施工进度对与节能有关的隐蔽部位或内容全数进行验收，并应有详细的文字记录和必要的图像资料。

3.1.8.1　锅炉及附属设备安装隐蔽工程验收记录

1. 资料表式

锅炉及附属设备安装隐蔽工程验收记录表式见表 3-1 或按当地建设行政主管部门批准的"地方工程建设标准中的技术资料表式提供的施工文件"直接归存，并列入施工文件中。

2. 应用指导

锅炉及附属设备安装当基础施工完毕交接验收时或验收单位基础移交给安装单位时，应对基础进行检查。内容包括：基础位置、设备朝向、几何尺寸、标高、预留孔、预埋装置的位置，地脚螺栓规格长度、底座接触、平整牢固、混凝土强度等级、工程设计对设备基础的消声、防振装置等是否符合工程设计与基础设计施工图。

3.1.9　配电与照明节能工程隐蔽验收记录

3.1.9.1　电气工程隐蔽工程验收记录

1. 资料表式

电气工程隐蔽工程验收记录表式见表 3-1 或按当地建设行政主管部门批准的"地方工程建设标准中的技术资料表式提供的施工文件"直接归存，并列入施工文件中。

2. 应用指导

电气工程隐蔽验收的主要项目

(1) 电气工程暗配线应进行分层分段分部位隐蔽检查验收，包括埋地、墙内、板孔内、密封桥架内、板缝内及混凝土内等。其内容包括：隐蔽内部线路走向与位置，规格、标高、弯度接头及焊接地线，防腐，管盒固定，管口处理。

(2) 利用结构钢筋做避雷引下线、暗敷避雷引下线及屋面暗设接闪器。应办理隐检手续，还应附图（平、剖面）及文字说明。内容包括：材质、规格、型号、焊接情况及相对位置。

（3）接地体的埋设与焊接。应检查搭接长度、焊面、焊接质量、防腐及其材料种类、遍数以及埋设位置、埋深、材质、规格、土壤处理等，还应附图说明。

（4）施工完成后不能进入吊顶内的管路敷设，在封顶前做好隐检，应检查位置、标高、材质、规格、固定方法、牢固程度及上、下层保护情况等。

（5）地基基础阶段隐检主要包括：暗引电缆的钢管埋设、地线引入、利用基础钢筋接地极的钢筋与引线焊接等。

3.1.9.2 电导管安装工程隐蔽工程验收记录

1. 资料表式

电导管安装工程隐蔽工程验收记录表式见表 3-1 或按当地建设行政主管部门批准的"地方工程建设标准中的技术资料表式提供的施工文件"直接归存，并列入施工文件中。

2. 应用指导

隐蔽验收检查要点

（1）检查验收金属的导管和线槽必须接地（PE）或接零（PEN）可靠。镀锌的钢导管、可挠性导管和金属线槽不得熔焊跨接接地线，以专用接地卡跨接的两卡间连线为铜芯软导线，截面积不小于 $4mm^2$；当非镀锌钢导管采用螺纹连接时，连接处的两端焊跨接接地线；当镀锌钢导管采用螺连接时，连接处的两端用专用接地卡固定跨接接地线；金属线槽不作设备的接地导体，当设计无要求时，金属线槽全长不少于两处与接地（PE）或接零（PEN）干线连接；非镀锌金属线槽间连接板的两端跨接钢芯接地线，镀锌线槽间连接板的两端不跨接接地线，但连接板两端不少于两个有防松螺帽或防松垫圈的连接固定螺栓。

（2）金属导管严禁对口熔焊连接；镀锌和壁厚小于等于 2mm 的钢导管不得套管熔焊连接。

（3）防爆导管不应采用倒扣连接；当连接有困难时，应采用防爆活接头，其接合面应严密。

（4）当绝缘导管在砌体上剔槽埋设时，应采用强度等级不小于 M10 的水泥砂浆抹面保护，保护层厚度大于 15mm。

（5）室外埋地敷设的电缆导管，埋深不应小于 0.7m。壁厚小于等于 2mm 的钢电线导管不应埋设于室外土壤内。

（6）室外导管的管口应设置在盒、箱内在落地式配电箱内的管口，箱底无封板的，管口高出基础面 50～80mm。所有管口在穿入电线、电缆后应作密封处理。由箱式变电所或落地式配电箱引向建筑物的导管，建筑物一侧的导管管口应设在建筑物内。

（7）金属导管内、外壁应防腐处理；埋设于混凝土内的导管内壁应防腐处理，外壁可不作防腐处理。

（8）暗配的导管，埋设深度与建筑物、构筑物表面的距离不应小于 15mm；明配的导管应排列整齐，固定点间距均匀，安装牢固；在终端、弯头中点或柜、台、箱、盘等边缘的距离 150～500mm 范围内设有管卡，中间直线段管卡间的最大距离应符合表 3.1.9.2 的规定。

管卡间最大距离   表 3.1.9.2

敷设方式	导管种类	导管直径(mm)				
		15～20	25～32	32～40	50～65	65 以上
		管卡最大距离				
支架或沿墙明敷	壁厚>2mm 刚性钢导管	1.5	2.0	2.5	2.5	3.5
	壁厚≤2mm 刚性钢导管	1.0	1.5	2.0	—	—
	刚性绝缘导管	1.0	1.5	1.5	2.0	2.0

3.1.9.3   电线导管、电缆导管和线槽敷设隐蔽工程验收记录

1. 资料表式

电线导管、电缆导管和线槽敷设隐蔽工程验收记录表式见表 3-1 或按当地建设行政主管部门批准的"地方工程建设标准中的技术资料表式提供的施工文件"直接归存，并列入施工文件中。

2. 应用指导

电线导管、电缆导管和线槽敷设隐蔽验收应检查的内容

（1）金属的导管和线槽必须接地（PE）或接零（PEN）可靠，并符合下列规定：

1）镀锌的钢导管、可挠性导管和金属线槽不得熔焊跨接接地线，以专用接地卡跨接的两卡间连线为铜芯软导线，截面积不小于 4mm^2；

2）当非镀锌钢导管采用螺纹连接时，连接处的两端焊跨接接地线；当镀锌钢导管采用螺纹连接时，连接处的两端用专用接地卡固定跨接接地线；

3）金属线槽不作设备的接地导体，当设计无要求时，金属线槽全长不少于两处与接地（PE）或接零（PEN）干线连接；

4）非镀锌金属线槽间连接板的两端跨接钢芯接地线，镀锌线槽间连接板的两端不跨接接地线，但连接板两端不少于两个有防松螺帽或防松垫圈的连接固定螺栓。

（2）金属导管严禁对口熔焊连接；镀锌和壁厚小于等于 2mm 的钢导管不得套管熔焊连接。

（3）电缆导管的弯曲半径不应小于电缆最小允许弯曲半径，电缆最小允许弯曲半径符合《建筑电气工程施工质量验收规范》（GB 50303—2002）规范表 3.1.9.3 的规定。

电缆最小允许弯曲半径   表 3.1.9.3

序　号	电缆种类	最小允许弯曲半径
1	无铅包钢铠护套的橡皮绝缘电力电缆	10D
2	有钢铠护套的橡皮绝缘电力电缆	20D
3	聚氯乙烯绝缘电力电缆	10D
4	交联聚氯乙烯绝缘电力电缆	15D
5	多芯控制电缆	10D

注：D 为电缆外径。

（4）室内进入落地式柜、台、箱、盘内的导管管口，应高出柜、台、箱、盘的基础面 50～80mm。

（5）线槽应安装牢固，无扭曲变形，紧固件的螺母应在线槽外侧。

（6）防爆导管敷设应符合下列规定：

1）导管间及与灯具、开关、线盒等的螺纹连接处紧密牢固，除设计有特殊要求外，连接处不跨接接地线，在螺纹上涂以电力复合酯或导电性防锈酯；

2）安装牢固顺直，镀锌层锈蚀或剥落处作防腐处理；

（7）绝缘导管敷设应符合下列规定：

1）管口平整光滑：管与管、管与盒（箱）等器件采用插入法连接，连接处结合面涂专用胶粘剂，接口牢固密封；

2）直埋于地下或楼板内的刚性绝缘导管，在穿出地面或楼板易受机械损伤的一段，采取保护措施。

3）当设计无要求时，埋设在墙内或混凝土内的绝缘导管，采用中型以上的导管。

4）沿建筑物、构筑物表面和在支架上敷设的刚性绝缘导管，按设计要求装设温度补偿装置。

（8）金属、非金属柔性导管敷设应符合下列规定：

1）刚性导管经柔性导管与电气设备、器具连接，柔性导管的长度在动力工程中不大于 0.8m，在照明工程中不大于 1.2m；

2）可挠金属管或其他柔性导管与刚性导管或电气设备、器具间的连接采用专用接头；复合型可挠金属管或其他柔性导管的连接处密封良好，防液覆盖层完整无损；

3）可挠性金属导管和金属柔性导管不能作接地（PE）或接零（PEN）的接续导体。

3.1.9.4　重复接地（防雷接地）工程隐蔽工程验收记录

1. 资料表式

重复接地（防雷接地）工程隐蔽工程验收记录表式见表 3-1 或按当地建设行政主管部门批准的"地方工程建设标准中的技术资料表式提供的施工文件"直接归存，并列入施工文件中。

2. 应用指导

重复接地（防雷接地）隐蔽验收应检查的内容

（1）暗敷在建筑物抹灰层内的引下线应有卡钉分段固定；明敷的引下线应平直，无急弯，与支架焊接处油漆防腐且无遗漏。

（2）变压器室，高、低压开关室内的接地干线应有不少于 2 处与接地装置引出干线连接。

（3）当利用金属构件、金属管道作接地线时，应在构件或管道与接地干线间焊接金属跨接线。

（4）钢制接地线的焊接连接符合《建筑电气工程施工质量验收规范》（GB 50303—2002）第 24.2.1 条的规定，材料采用及最小允许规格、尺寸符合（GB 50303—2002）第 24.2.2 条的规定。

（5）明敷接地引下线及室内接地干线的支持件间距应均匀，水平直线部分 0.5～

1.5m；垂直直线部分 1.5～3m；弯曲部分 0.3～0.5m。

（6）接地线在穿越墙壁、楼板和地坪处应加套钢管或其他坚固的保护套管，钢套管应与接地线作电气连通。

（7）变配电室内明敷接地干线安装应符合下列规定：

1）便于检查，敷设位置不妨碍设备的拆卸与检修；

2）当沿建筑物墙壁水平敷设时，距地面高度 250～300mm；与建筑物墙壁间的间隙 10～15mm；

3）当接地线跨越建筑物变形缝时，设补偿装置；

4）接地线表向沿长度方向，每段为 15～100mm，分别涂以绿色和黄色相间的条纹；

5）变压器室、高压配电室的接地干线上，应设置不少于 2 个供临时接地用的接线柱或接地螺栓；

6）当电缆穿过零序电流互感器时，电缆头的接地线应通过零序电流互感器后接地；由电缆头至穿过零序电流互感器的一段电缆金属护层和接地线应对地绝缘；

7）配电间隔和静止补偿装置的栅栏门及变配电室金属门铰链处的接地连接，应采用编织铜线。变配电室的避雷器应用最短的接地线与接地干线连接；

8）设计要求接地的幕墙金属框架和建筑物的金属门窗，应就近与接地干线连接可靠，连接处不同金属间应有防电化腐蚀措施。

3.1.9.5　配线敷设施工隐蔽工程验收记录

1. 资料表式

配线敷设施工隐蔽工程验收记录表式见表 3-1 或按当地建设行政主管部门批准的"地方工程建设标准中的技术资料表式提供的施工文件"直接归存，并列入施工文件中。

2. 应用指导

配线敷设隐蔽验收应检查的内容

（1）电线、电缆、线槽敷线

1）三相或单相的交流单芯电缆，不得单独穿于钢导管内。

2）不同回路、不同电压等级和交流与直流的电线，不应穿于同一导管内；同一交流回路的电线应穿于同一金属导管内，管内电线不得有接头。

3）爆炸危险环境照明线路的电线和电缆额定电压不得低于 750V，电线必须穿于钢导管内。

4）电线、电缆穿管前，应清除管内杂物和积水。管口应有保护措施，不进入接线盒（箱）的垂直管口穿入电线、电缆后，管口应密封。

5）当采用多相供电时，同一建筑物、构筑物的电线绝缘层颜色选择应一致；即保护地线（PE 线）应是黄绿相间色，零线用淡蓝色，相线用：A 相——黄色、B 相——绿色、C 相——红色。

6）线槽敷线应符合下列规定：

① 电线在线槽内有一定余量，不得有接头。电线按回路编号分段绑扎，绑扎点间距不大于 2m；

② 同一回路的相线和零线，敷设于同一金属线槽内；

③ 同一电源的不同回路无抗干扰要求的线路可敷设于同一线槽内；敷设于同一线槽内有抗干扰要求的线路用隔板隔离，或采用屏蔽电线且屏蔽护套一端接地。

（2）槽板配线

1）槽板内电线无接头，电线连接设在器具处；槽板与各种器具连接时，电线应留有余量，器具底座应压住槽板端部。

2）槽板敷设应紧贴建筑物表面，横平竖直，固定可靠，严禁用木楔固定，木槽板应经阻燃处理，塑料槽板表面应有阻燃标识。

3）木槽板无劈裂，塑料槽板无扭曲变形。槽板底板固定点间距应小于 500mm；槽板盖板固定点间距应小于 300mm；底板距终端 50mm 和盖板距终端 30mm 处应固定。

4）槽板的底板接口与盖板接口应错开 20mm，盖板在直线段和 90°转角处应成 45°斜口对接，T 形分支处应成三角叉接，盖板应无翘角，接口应严密整齐。

5）槽板穿过梁、墙和楼板处应有保护套管，跨越建筑物变形缝处槽板应设补偿装置，并且与槽板结合严密。

（3）钢索配线

1）应采用镀锌钢索，不应采用含油芯的钢索。钢索的钢丝直径应小于 0.5mm，钢索不应有扭曲和断股等缺陷。

2）钢索的终端拉环埋件应牢固可靠，钢索与终端拉环套接处应采用心形环，固定钢索的线卡不应少于 2 个，钢索端头应用镀锌绑扎紧密，并且应接地（PE）或接零（PEN）可靠。

3）当钢索长度 50m 及以下时，可在其一端装设花篮螺栓紧固；当钢索长度大于 50m 时，应在钢索两装设花篮螺栓紧固。

4）钢索中间吊架间距不应大于 12m，吊架与钢索连接处的吊钩深度不应小于 20mm，并应有防止钢索跳出的锁定零件。

5）电线和灯具在钢索上安装后，钢索应承受全部负载，并且钢索表面应整洁、无锈蚀。

6）钢索配线的零件间和线间距离如下：

① 钢管：支持件之间最大距离 1500mm；支持件与灯头盒之间最大距离 200mm；

② 刚性绝缘导管：支持件之间最大距离 1000mm；支持件与灯头盒之间最大距离 150mm；

③ 塑料护套线：支持件之间最大距离 200mm；支持件与灯头盒之间最大距离 100mm。

3.1.10 监测与控制节能工程隐蔽验收记录

《建筑节能工程施工质量验收规范》（GB 50411—2007）第 13.1.2 条规定：监测与控制系统施工质量的验收应执行《智能建筑工程质量验收规范》GB 50339 相关章节的规定和本规范的规定。

工程实施由施工单位和监理单位随工程实施过程进行，分别对施工质量管理文件、设计符合性、产品质量、安装质量进行检查，及时对隐蔽工程和相关接口进行检查。

同时，应有详细的文字和图像资料，并对监测与控制系统进行不少于168h的不间断试运行。

监测与控制节能工程的隐蔽验收表式按3.1.10.1执行。

3.1.10.1 隐蔽工程（随工检查）验收

1. 资料表式

隐蔽工程（随工检查）验收表　　　　　　　表3.1.10.1

系统名称：_____　　　　　　　　　　　　　　　　　　　编号：

建设单位	施工单位	监理单位

隐蔽工程（随工检查）内容与检查结果	检查内容	检查结果		
		安装质量	楼层（部位）	图　号

验收意见：

建设单位/总包单位	施工单位	监理单位
验收人： 日期： 盖章：	验收人： 日期： 盖章：	验收人： 日期： 盖章：

注：1. 检查内容包括：1)管道排列、走向、弯曲处理、固定方式；2)管道连接、管道搭铁、接地；3)管口安放护圈标识；4)接线盒及桥架加盖；5)线缆对管道及线间绝缘电阻；6)线缆接头处理等。
　　2. 检查结果的安装质量栏内，按检查内容序号，合格的打"√"，不合格的"×"，并注明对应的楼层（部位）、图号。
　　3. 综合安装质量的检查结果，在验收意见栏内填写验收意见并扼要说明情况。

2. 应用指导

分别见3.1.10.2~3.1.10.11的相关内容。

3.1.10.2 智能建筑通信网络系统隐蔽工程验收记录

1. 资料表式

智能建筑通信网络系统隐蔽工程验收记录表式见表3.1.10.1或按当地建设行政主管部门批准的"地方工程建设标准中的技术资料表式提供的施工文件"直接归存，并列入施工文件中。

2. 应用指导

（1）检查内容包括：管道排列、走向、弯曲处理、固定方式；管道连接、管道搭铁、接地；管口安放护圈标识；接线盒及桥架加盖；线缆对管道及线间绝缘电阻；线缆接头处理等。

（2）应做好隐蔽工程检查验收和过程检查记录，并经监理工程师签字确认；未经监理工程师签字，不得实施隐蔽作业。

3.1.10.3　智能建筑信息网络系统隐蔽工程验收记录

1. 资料表式

智能建筑信息网络系统隐蔽工程验收记录表式见表 3.1.10.1 或按当地建设行政主管部门批准的"地方工程建设标准中的技术资料表式提供的施工文件"直接归存，并列入施工文件中。

2. 应用指导

（1）检查内容包括：管道排列、走向、弯曲处理、固定方式；管道连接、管道搭铁、接地；管口安放护圈标识；接线盒及桥架加盖；线缆对管道及线间绝缘电阻；线缆接头处理等。

（2）应做好隐蔽工程检查验收和过程检查记录，并经监理工程师签字确认；未经监理工程师签字，不得实施隐蔽作业。

3.1.10.4　智能建筑建筑设备监控系统隐蔽工程验收记录

1. 资料表式

智能建筑建筑设备监控系统隐蔽工程验收记录表式见表 3.1.10.1 或按当地建设行政主管部门批准的"地方工程建设标准中的技术资料表式提供的施工文件"直接归存，并列入施工文件中。

2. 应用指导

（1）检查内容包括：管道排列、走向、弯曲处理、固定方式；管道连接、管道搭铁、接地；管口安放护圈标识；接线盒及桥架加盖；线缆对管道及线间绝缘电阻；线缆接头处理等。

（2）应做好隐蔽工程检查验收和过程检查记录，并经监理工程师签字确认；未经监理工程师签字，不得实施隐蔽作业。

3.1.10.5　智能建筑火灾自动报警及消防联动系统隐蔽工程验收记录

1. 资料表式

智能建筑火灾自动报警及消防联动系统隐蔽工程验收记录表式见表 3.1.10.1 或按当地建设行政主管部门批准的"地方工程建设标准中的技术资料表式提供的施工文件"直接归存，并列入施工文件中。

2. 应用指导

（1）检查内容包括：管道排列、走向、弯曲处理、固定方式；管道连接、管道搭铁、接地；管口安放护圈标识；接线盒及桥架加盖；线缆对管道及线间绝缘电阻；线缆接头处理等。

（2）应做好隐蔽工程检查验收和过程检查记录，并经监理工程师签字确认；未经监理工程师签字，不得实施隐蔽作业。

3.1.10.6　智能建筑安全防范系统隐蔽工程验收记录

1. 资料表式

智能建筑安全防范系统隐蔽工程验收记录表式见表 3.1.10.1 或按当地建设行政主管部门批准的"地方工程建设标准中的技术资料表式提供的施工文件"直接归存，并列入施工文件中。

2. 应用指导

（1）检查内容包括：管道排列、走向、弯曲处理、固定方式；管道连接、管道搭铁、接地；管口安放护圈标识；接线盒及桥架加盖；线缆对管道及线间绝缘电阻；线缆接头处理等。

（2）应做好隐蔽工程检查验收和过程检查记录，并经监理工程师签字确认；未经监理工程师签字，不得实施隐蔽作业。

3.1.10.7　智能建筑综合布线系统隐蔽工程验收记录

1. 资料表式

智能建筑综合布线系统隐蔽工程验收记录表式见表 3.1.10.1 或按当地建设行政主管部门批准的"地方工程建设标准中的技术资料表式提供的施工文件"直接归存，并列入施工文件中。

2. 应用指导

（1）检查内容包括：管道排列、走向、弯曲处理、固定方式；管道连接、管道搭铁、接地；管口安放护圈标识；接线盒及桥架加盖；线缆对管道及线间绝缘电阻；线缆接头处理等。

（2）《综合布线系统工程验收规范》GB 50312—2007 综合布线系统工程隐蔽工程签证项目

① 缆线暗敷（包括暗管、线槽、地板等方式）：缆线规格、路由、位置；符合布放缆线工艺；接地。

② 管道缆线：使用管孔孔位；缆线规格；缆线走向；缆线的防护设施的设置质量。

③ 埋式缆线：缆线规格；敷设位置、深度；缆线的防护设施的设置质量；回土夯实质量。

④ 隧道缆线：缆线规格；安装位置、路由；土建设计符合工艺要求。

⑤ 其他：通信线路与其他设施的间距；进线室安装、施工质量（随工检验或隐蔽工程签证）。

（3）应做好隐蔽工程检查验收和过程检查记录，并经监理工程师签字确认；未经监理工程师签字，不得实施隐蔽作业。

3.1.10.8　智能建筑智能化系统集成隐蔽工程验收记录

1. 资料表式

智能建筑智能化系统集成隐蔽工程验收记录表式见表 3.1.10.1 或按当地建设行政主管部门批准的"地方工程建设标准中的技术资料表式提供的施工文件"直接归存，并列入施工文件中。

2. 应用指导

（1）检查内容包括：管道排列、走向、弯曲处理、固定方式；管道连接、管道搭铁、接地；管口安放护圈标识；接线盒及桥架加盖；线缆对管道及线间绝缘电阻；线缆接头处理等。

（2）应做好隐蔽工程检查验收和过程检查记录，并经监理工程师签字确认；未经监理工程师签字，不得实施隐蔽作业。

3.1.10.9　智能建筑电源与接地隐蔽工程验收记录

1. 资料表式

智能建筑电源与接地隐蔽工程验收记录表式见表 3.1.10.1 或按当地建设行政主管部门批准的"地方工程建设标准中的技术资料表式提供的施工文件"直接归存，并列入施工文件中。

2. 应用指导

（1）检查内容包括：管道排列、走向、弯曲处理、固定方式；管道连接、管道搭铁、接地；管口安放护圈标识；接线盒及桥架加盖；线缆对管道及线间绝缘电阻；线缆接头处理等。

（2）应做好隐蔽工程检查验收和过程检查记录，并经监理工程师签字确认；未经监理工程师签字，不得实施隐蔽作业。

3.1.10.10　智能建筑环境隐蔽工程验收记录

1. 资料表式

智能建筑环境隐蔽工程验收记录表式见表 3.1.10.1 或按当地建设行政主管部门批准的"地方工程建设标准中的技术资料表式提供的施工文件"直接归存，并列入施工文件中。

2. 应用指导

（1）检查内容包括：管道排列、走向、弯曲处理、固定方式；管道连接、管道搭铁、接地；管口安放护圈标识；接线盒及桥架加盖；线缆对管道及线间绝缘电阻；线缆接头处理等。

（2）应做好隐蔽工程检查验收和过程检查记录，并经监理工程师签字确认；未经监理工程师签字，不得实施隐蔽作业。

3.1.10.11　智能建筑住宅（小区）智能化隐蔽工程验收记录

1. 资料表式

智能建筑住宅（小区）智能化隐蔽工程验收记录表式见表 3.1.10.1 或按当地建设行

政主管部门批准的"地方工程建设标准中的技术资料表式提供的施工文件"直接归存，并列入施工文件中。

2. 应用指导

（1）检查内容包括：管道排列、走向、弯曲处理、固定方式；管道连接、管道搭铁、接地；管口安放护圈标识；接线盒及桥架加盖；线缆对管道及线间绝缘电阻；线缆接头处理等。

（2）应做好隐蔽工程检查验收和过程检查记录，并经监理工程师签字确认；未经监理工程师签字，不得实施隐蔽作业。

4　分项工程质量验收记录
（必要时应核查检验批验收记录）

分项工程、检验批质量验收记录按第一章"建筑节能工程施工质量验收文件（GB 50411—2007）"相关章、节的表式、验收执行的规范条目及应核查资料的内容办理。

（GB 50411—2007）规范将其分项工程直接划分为 10 个分项工程，给出了分项工程的名称及需要验收的主要内容。计有：

（1）墙体节能工程检验批/分项工程质量验收记录表　表 411-1

（2）幕墙节能工程检验批/分项工程质量验收记录表　表 411-2

（3）门窗节能工程检验批/分项工程质量验收记录表　表 411-3

（4）屋面节能工程检验批/分项工程质量验收记录表　表 411-4

（5）地面节能工程检验批/分项工程质量验收记录表　表 411-5

（6）采暖节能工程检验批/分项工程质量验收记录表　表 411-6

（7）通风与空调节能工程检验批/分项工程质量验收记录表　表 411-7

（8）空调与采暖系统冷热源及管网节能工程检验批/分项工程质量验收记录表　表 411-8

（9）配电与照明节能工程检验批/分项工程质量验收记录表　表 411-9

（10）监测与控制节能工程检验批/分项工程质量验收记录表　表 411-10

建筑节能工程的质量验收按（GB 50300—2001、GB 50411—2007）的相关规定与要求执行。

5　施 工 试 验

5.1　建筑围护结构节能构造现场实体检验记录

5.1.1　外墙节能构造钻芯检验报告

1. 资料表式

外墙节能构造钻芯检验报告　　　　　　　　　　　　表 5.1.1

外墙节能构造检验报告		报告编号	
		委托编号	
		检测日期	
工程名称			
建设单位		委托人/联系电话	
监理单位		检测依据	
施工单位		设计保温材料	
节能设计单位		设计保温层厚度	

检验结果	检验项目	芯样 1	芯样 2	芯样 3
	取样部位	轴线/层	轴线/层	轴线/层
	芯样外观	完整/基本 完整/破碎	完整/基本 完整/破碎	完整/基本 完整/破碎
	保温材料种类			
	保温层厚度	mm	mm	mm
	平均厚度	mm		
	围护结构 分层做法	1 基层; 2 3 4 5	1 基层; 2 3 4 5	1 基层; 2 3 4 5
	照片编号			

结论:			见证意见: 1 抽样方法符合规定; 2 现场钻芯真实; 3 芯样照片真实; 4 其他 见证人:
批　　准		审　核	检　验
检验单位		（印章）	报告日期

2. 应用指导

（GB 50411—2007）规范第 14 章"围护结构现场实体检验"第 14.1.2 条规定：外墙节能构造的现场实体检验方法见（GB 50411—2007）规范附录 C。

其检验目的是：验证墙体保温材料的种类是否符合设计要求；验证保温层厚度是否符合设计要求；检查保温层构造做法是否符合设计和施工方案要求。

（1）外墙节能构造钻芯检验报告表式按表 5.1.1 或当地建设行政主管部门批准的试验室出具的试验报告表式执行。

（2）现场实体检验是指在监理工程师或建设单位代表见证下，对已经完成施工作业的分项或分部工程，按照有关规定在工程实体抽取试样，在现场进行检验或送至有见证检测资质的检测机构进行检验的活动。简称实体检验或现场检验。

（3）执行标准：《建筑节能工程施工质量验收规范》（GB 50411—2007）。

（4）围护结构现场实体检验实施

1）建筑围护结构施工完成后，应对围护结构的外墙节能构造和严寒、寒冷、夏热冬冷地区的外窗气密性进行现场实体检测。当条件具备时，也可直接对围护结构的传热系数进行检测。

2）外墙节能构造和外窗气密性的现场实体检验，其抽样数量可以在合同中约定，但合同中约定的抽样数量不应低于本规范的要求。当无合同约定时应按照下列规定抽样：

①每个单位工程的外墙至少抽查 3 处，每处一个检查点；当一个单位工程外墙有 2 种以上节能保温做法时，每种节能做法的外墙应抽查不少于 3 处；

②每个单位工程的外窗至少抽查 3 樘。当一个单位工程外窗有 2 种以上品种、类型和开启方式时，每种品种、类型和开启方式的外窗应抽查不少于 3 樘。

3）当对围护结构的传热系数进行检测时，应由建设单位委托具备检测资质的检测机构承担；其检测方法、抽样数量、检测部位和合格判定标准等可在合同中约定。

4）当外墙节能构造或外窗气密性现场实体检验出现不符合设计要求和标准规定的情况时，应委托有资质的检测机构扩大一倍数量抽样，对不符合要求的项目或参数再次检验。仍然不符合要求时应给出"不符合设计要求"的结论。

对于不符合设计要求的围护结构节能构造应查找原因，对因此造成的对建筑节能的影响程度进行计算或评估，采取技术措施予以弥补或消除后重新进行检测，合格后方可通过验收。

对于建筑外窗气密性不符合设计要求和国家现行标准规定的，应查找原因进行修理，使其达到要求后重新进行检测，合格后方可通过验收。

附：（GB 50411—2007）附录 C

外墙节能构造钻芯检验方法

（1）本方法适用于检验带有保温层的建筑外墙其节能构造是否符合设计要求。

（2）钻芯检验外墙节能构造应在外墙施工完工后、节能分部工程验收前进行。

（3）钻芯检验外墙节能构造的取样部位和数量，应遵守下列规定：

1）取样部位应由监理（建设）与施工双方共同确定，不得在外墙施工前预先确定；

2）取样部位应选取节能构造有代表性的外墙上相对隐蔽的部位，并宜兼顾不同朝向和楼层；取样部位必须确保钻芯操作安全，且应方便操作。

3）外墙取样数量为一个单位工程每种节能保温做法至少取 3 个芯样。取样部位宜均匀分布，不宜在同一个房间外墙上取 2 个或 2 个以上芯样。

（4）钻芯检验外墙节能构造应在监理（建设）人员见证下实施。

（5）钻芯检验外墙节能构造可采用空心钻头，从保温层一侧钻取直径 70mm 的芯样。钻取芯样深度为钻透保温层到达结构层或基层表面，必要时也可钻透墙体。

当外墙的表层坚硬不易钻透时，也可局部剔除坚硬的面层后钻取芯样。但钻取芯样后应恢复原有外墙的表面装饰层。

（6）钻取芯样时应尽量避免冷却水流入墙体内及污染墙面。从空心钻头中取出芯样时应谨慎操作，以保持芯样完整。当芯样严重破损，难以准确判断节能构造或保温层厚度时，应重新取样检验。

（7）对钻取的芯样，应按照下列规定进行检查：

1）对照设计图纸观察、判断保温材料种类是否符合设计要求；必要时也可采用其他方法加以判断；

2）用分度值为 1mm 的钢尺，在垂直于芯样表面（外墙面）的方向上量取保温层厚度，精确到 1mm；

3）观察或剖开检查保温层构造做法是否符合设计和施工方案要求。

（8）在垂直于芯样表面（外墙面）的方向上实测芯样保温层厚度，当实测芯样厚度的平均值达到设计厚度的 95% 及以上且最小值不低于设计厚度的 90% 时，应判定保温层厚度符合设计要求；否则，应判定保温层厚度不符合设计要求。

（9）实施钻芯检验外墙节能构造的机构应出具检验报告。检验报告的格式可参照表 C.0.9（见表 5.1.1）样式。检验报告至少应包括下列内容：

1）抽样方法、抽样数量与抽样部位；

2）芯样状态的描述；

3）实测保温层厚度，设计要求厚度；

4）按照本规范 14.1.2 条（见应用指导）的检验目的给出是否符合设计要求的检验结论；

5）附有带标尺的芯样照片并在照片上注明每个芯样的取样部位；

6）监理（建设）单位取样见证人的见证意见；

7）参加现场检验的人员及现场检验时间；

8）检测发现的其他情况和相关信息。

（10）当取样检验结果不符合设计要求时，应委托具备检测资质的见证检测机构增加一倍数量再次取样检验。仍不符合设计要求时，应判定围护结构节能构造不符合设计要求。此时，应根据检验结果委托原设计单位或其他有资质的单位重新验算房屋的热工性能，提出技术处理方案。

（11）外墙取样部位的修补，可采用聚苯板或其他保温材料制成的圆柱形塞填充并用建筑密封胶密封。修补后宜在取样部位挂贴注有"外墙节能构造检验点"的标志牌。

5.1.2　预制保温墙板现场安装淋水试验检查记录

1. 资料表式

预制保温墙板现场安装淋水试验检查记录

表 5.1.2

工程名称			施工单位	
试水日期	年　月　日　时起 年　月　日　时止		试水部位	
淋水简况：				
强制性条文执行：				
检查结果：				
评定意见：				
				年　月　日
参加人员	监理(建设)单位	施　工　单　位		
		项目技术负责人	专职质检员	工　长

2. 应用指导

(1)（GB 50411—2007）：第 4.2.12 条　采用预制保温墙板现场安装的墙体，应符合下列规定：

1）保温墙板应有型式检验报告，型式检验报告中应包含安装性能的检验；

2）保温墙板的结构性能、热工性能及与主体结构的连接方法应符合设计要求，与主体结构连接必须牢固；

3）保温墙板的板缝处理、构造节点及嵌缝做法应符合设计要求；

4）保温墙板板缝不得渗漏。

检验方法：核查型式检验报告、出厂检验报告、对照设计观察和淋水试验检查；核查隐蔽工程验收记录。

检查数量：型式检验报告、出厂检验报告全数核查；其他项目每个检验批抽查 5％，并不少于 3 块（处）。

（2）淋水试验

空腔防水外墙板竣工后都应做淋水试验。淋水试验是用花管在所有外墙上喷淋，淋水时间不得小于 2 小时，淋水后检查外墙壁有无渗漏现象，应请建设单位参加并签认。

没有条件做浇水试验的屋面工程，应做好雨季观察记录。每次较大降雨时，施工单位应邀请建设单位对屋面进行检查（重点查管子根部、烟囱根部、女儿墙根等凸出屋面部分的泛水及下口等细部节点处），检查有无渗漏，并做好记录，双方签认。经过一个雨季，如屋面无渗漏现象视为合格。

5.2 严寒、寒冷和夏热冬冷地区外窗气密性现场检验

5.2.1 严寒、寒冷和夏热冬冷地区外窗气密性现场检验报告

1. 资料表式

外窗气密性现场检验报告 表 5.2.1

施工单位：

工程名称		施工日期			
测试单位		验收日期			
测试内容					
问题及处理					
测试结论					
参加人员	建设单位代表	监理单位代表	施 工 单 位		
			项目负责人	专业技术负责人	质检员	试验员

2. 应用指导

（1）建筑外窗气密、水密、抗风压性能现场检测表式按表 5.2.1 或当地建设行政主管部门批准的试验室出具的试验报告表式执行。

（2）严寒、寒冷、夏热冬冷地区的建筑外窗，应对其气密性做现场实体检验，检测结

果应满足设计要求。

检验方法：随机抽样现场检验。

检查数量：同一厂家同一品种、类型的产品各抽查不少于3樘。

（3）执行标准：《建筑外窗气密、水密、抗风压性能现场检测方法》（JG/T 211—2007）。

（4）（JG/T 211—2007）标准适用于安装建筑外窗气密、水密、抗风压性能的现场检测。检测对象除建筑外窗本身还可包括其安装连接部位。建筑外门可参照（JG/T 211—2007）标准。（JG/T 211—2007）标准不适用于建筑外窗产品的型式检验。

（5）严寒、寒冷、夏热冬冷地区的外窗现场实体检测应按照国家现行有关标准的规定执行。其检验目的是验证建筑外窗气密性是否符合节能设计要求和国家有关标准的规定。

（6）外窗气密性的现场实体检测应在监理（建设）人员见证下抽样，委托有资质的检测机构实施。

（7）当外墙节能构造或外窗气密性现场实体检验出现不符合设计要求和标准规定的情况时，应委托有资质的检测机构扩大一倍数量抽样，对不符合要求的项目或参数再次检验。仍然不符合要求时，应给出"不符合设计要求"的结论。

对于不符合设计要求的围护结构节能构造应查找原因，对因此造成的对建筑节能的影响程度进行计算或评估，采取技术措施予以弥补或消除后重新进行检测，合格后方可通过验收。

对于建筑外窗气密性不符合设计要求和国家现行标准规定的，应查找原因进行修理，使其达到要求后重新进行检测，合格后方可通过验收。

（8）表列子项

1）测试单位：一般为建设行政主管部门委托的测试单位，照实际填写。

2）测试内容：应按标准要求逐项进行。

3）问题及处理：指测试过程中出现的问题和问题的处理方法，按实际填写。

4）气密性现场检验报告，建设单位代表、监理单位代表均必须签字；施工单位的项目负责人、专业技术负责人、试验员、质检员均必须签字。

5）测试记录必须填写，测试结论应明确说明是否符合设计和规范要求。

3. 几点说明

（1）严寒、寒冷和夏热冬冷地区外窗气密性检测执行（GB/T 211—2007）。

（2）建筑外门窗只对试件本身、不涉及门窗与其他结构之间的接缝部位的气密、水密、抗风压性能在试验室的检测，执行《建筑外门窗气密、水密、抗风压性能分级及检测方法》（GB/T 7106—2008）。

5.2.2   幕墙气密性检验报告

应用指导

（1）幕墙气密性检验报告的表式按表5.2.1或当地建设行政主管部门批准的试验单位提供的试验报告直接归存，并列入施工文件中。

（2）幕墙气密性检验执行标准：按《建筑外门窗气密、水密、抗风压性能分级及检测方法》（GB/T 7106—2008）执行。

5.3 风管及系统严密性检验记录

5.3.1 风管及系统严密性检验记录

1. 资料表式

风管及系统严密性检验记录表   表 5.3.1

工程名称		分部(或单位)工程		
分项工程		系统名称		
风管级别		试验压力(Pa)		
系统总面积(m²)		试验总面积(m²)		
允许单位面积漏风量 [m³/(m²·h)]		实测单位面积漏风量 [m³/(m²·h)]		
系统测定分段数		试验日期		
检测区段图示	分段实测数值			
	序 号	分段表面积 (m²)	试验压力 (Pa)	实际漏风量 (m³/m²·h)
	Ⅰ			
	Ⅱ			
	Ⅲ			
	Ⅳ			
	Ⅴ			
评定 意见				
参加人员	监理(建设)单位	施 工 单 位		
		专业技术负责人	质检员	试验员

2. 应用指导

(1) 风管及风管系统由于结构的原因，少量漏风是正常的，过量漏风将会造成大量能源浪费。故此在工程实施中应满足设计和施工规范的相关技术要求，保证建筑节能工程质量。

(2) 允许漏风量是指在系统工作压力条件下，系统风管的单位表面积、在单位时间内允许空气泄漏的最大数量。

(3) 执行标准：《通风与空调工程施工质量验收规范》(GB 50243—2002)。

(4) 风管工艺性、强度和严密性规定。

1) 风管必须通过工艺性的检测或验证，其强度和严密性要求应符合设计或下列规定：

① 风管的强度应能满足在 1.5 倍工作压力下接缝处无开裂；

② 矩形风管的允许漏风量应符合（GB 50243—2002）第 4.2.5 条规定；

③ 低压、中压圆形金属风管、复合材料风管以及采用非法兰形式的非金属风管的允许漏风量，应为矩形风管规定值的 50%；

④ 砖、混凝土风道的允许漏风量不应大于矩形低压系统风管规定值的 1.5 倍；

⑤ 排烟、除尘、低温送风系统按中压系统风管的规定，1~5 级净化空调系统按高压系统风管的规定；

⑥按风管系统的类别和材质分别抽查，不得少于 3 件及 15m²。

2）净化空调系统风管空气洁净度等级为 1~5 级的净化空调系统风管不得采用按扣式咬口。

（5）漏风量测试

1）漏风量测试应采用经检验合格的专用测量仪器，或采用符合现行国家标准《流量测量节流装置》规定的计量元件搭设的测量装置。

2）漏风量测试装置可采用风管式或风室式。风管式测试装置采用孔板作计量元件；风室式测试装置采用喷嘴作计量元件。

3）漏风量测试装置的风机，其风压和风量应选择分别为被测定系统或设备的规定试验压力及最大允许漏风量的 1.2 倍。

4）漏风量测试装置试验压力的调节，可采用调整风机转速的方法，也可采用控制节流装置开度的方法。漏风量值必须在系统经调整后，保持稳压的条件下测得。

5）漏风量测试装置的压差测定应采用微压计，其最小读数分格不应大于 2.0Pa。

6）风管式漏风量测试装置按（GB 50243-2002）执行。

7）正压或负压系统风管与设备的漏风量测试，分正压试验和负压试验两类。一般可采用正压条件下的测试来检验。

8）系统漏风量测试可以整体或分段进行。测试时，被测系统的所有开口均应封闭，不应漏风。

9）被测系统的漏风量超过设计和本规范的规定时，应查出漏风部位（可用听、摸、观察水或烟捡试），做好标记。修补、完工后重新测试，直至合格。

10）漏风量测定值一般应为规定测试压力下的实测数值。

（6）风管系统安装完毕后，应按系统类别进行严密性检验，漏风量应符合设计与（GB 50243-2002）规范的规定。风管系统的严密性检验，应符合下列规定：

1）低压系统风管的严密性检验应采用抽检，抽检率为 5%，并且不得少于一个系统。在加工工艺得到保证的前提下，采用漏光法检测。检测不合格时，应按规定的抽检率，作漏风量测试。

2）中压系统风管的严密性检验，应在漏光法检测合格后，对系统漏风量测试进行抽检，抽检率为 20%，并且不得少于一个系统。

3）高压系统风管的严密性检验，为全数进行漏风量测试。

4）系统风管严密性检验的被抽检系统，应全数合格，则视为通过；如有不合格时，则应再加倍抽检，直至全数合格。

5）净化空调系统风管的严密性检验，1~5 级的系统按高压系统风管的规定执行；

6～9 级的系统按（GB 50243—2002）第 4.2.5 条执行。

附：第 4.2.5 条　风管必须通过工艺性的检测或验证，其强度和严密性要求应符合设计或下列规定：

1　风管的强度应能满足在 1.5 倍工作压力下接缝处无开裂。

2　矩形风管的允许漏风量应符合以下规定：

低压系统风管　　　　$Q_L \leqslant 0.1056 P^{0.65}$

中压系统风管　　　　$Q_M \leqslant 0.0352 P^{0.65}$

高压系统风管　　　　$Q_H \leqslant 0.0117 P^{0.65}$

式中　Q_L、Q_M、Q_H——系统风管在相应工作压力下，单位面积风管单位时间内的允许漏风量 $[m^3/(h \cdot m^2)]$；

　　　　　　　　P——指风管系统的工作压力（Pa）。

3　低压、中压圆形金属风管、复合材料风管以及采用非法兰形式的非金属风管的允许漏风量，应为矩形风管规定值的 50%。

4　排烟、除尘、低温送风系统按中压，1～5 净化空调系统按高压系统风管的规定。

按风管系统的类别和材质分别抽查，不得少于 3 件及 15m²。

5　砖、混凝土风道的允许漏风量不应大于矩形低压系统风管规定值的 1.5 倍。

（7）漏风测试方法按（GB 50243—2002）规范附录 A 漏光法检测与漏风量测试。

（8）表列子项

1）风管级别：指施工图设计标注的风管级别。

2）试验压力：指规范规定的额定试验压力（Pa）。

3）系统总面积：指漏风检测设定的系统总面积。

4）试验总面积：指漏风检测实际测定的总面积。

5）允许单位面积漏风量：指规范规定的允许单位面积漏风量。

6）实测单位面积漏风量：指实际测定单位面积漏风量。

7）检测区段图示：指绘制被测区段的检测图，应简单、清晰。

附：风管管材的规格与质量要求 [GB 50243—2002）风管制作]

钢板风管板材厚度（mm）　　　　　　　　　　　　　　表 1

类别 风管直径 D 或长边尺寸 b	圆形风管	矩形风管		除尘系统风管
		中、低压系统	高压系统	
$D(b) \leqslant 320$	0.5	0.5	0.75	1.5
$320 < D(b) \leqslant 450$	0.6	0.6	0.75	1.5
$450 < D(b) \leqslant 630$	0.75	0.6	0.75	2.0
$630 < D(b) \leqslant 1000$	0.75	0.75	1.0	2.0
$1000 < D(b) \leqslant 1250$	1.0	1.0	1.0	2.0
$1250 < D(b) \leqslant 2000$	1.2	1.0	1.2	按设计
$2000 < D(b) \leqslant 4000$	按设计	1.2	按设计	

注：1. 螺旋风管的钢板厚度可适当减小 10%～15%。
　　2. 排烟系统风管钢板厚度可按高压系统。
　　3. 特殊除尘系统风管钢板厚度应符合设计要求。
　　4. 不适用于地下人防与防火隔墙的预埋管。

高、中、低压系统不锈钢板风管板材厚度（mm） 表2

风管直径或长边尺寸 b	不锈钢板厚度
$b \leqslant 500$	0.5
$500 < b \leqslant 1120$	0.75
$1120 < b \leqslant 2000$	1.0
$2000 < b \leqslant 4000$	1.2

中、低压系统铝板风管板材厚度（mm） 表3

风管直径或长边尺寸 b	铝板厚度
$b \leqslant 320$	1.0
$320 < b \leqslant 630$	1.5
$630 < b \leqslant 2000$	2.0
$2000 < b \leqslant 4000$	按设计

金属圆形风管法兰及螺栓规格（mm） 表4

风管直径 D	法兰材料规格		螺栓规格
	扁钢	角钢	
$D \leqslant 140$	20×4	—	M6
$140 < D \leqslant 280$	25×4	—	
$280 < D \leqslant 630$	—	25×3	
$630 < D \leqslant 1250$	—	30×4	M8
$1250 < D \leqslant 2000$	—	40×4	

金属矩形风管法兰及螺栓规格（mm） 表5

风管长边尺寸 b	法兰材料规格（角钢）	螺栓规格
$b \leqslant 630$	25×3	M6
$630 < b \leqslant 1500$	30×3	M8
$1500 < b \leqslant 2500$	40×4	
$2500 < b \leqslant 4000$	50×5	M10

圆形弯管曲率半径和最少节数 表6

弯管直径 D(mm)	曲率半径 R	弯管角度和最少节数							
		90°		60°		45°		30°	
		中节	端节	中节	端节	中节	端节	中节	端节
80～220	$\geqslant 1.5D$	2	2	1	2	1	2	—	2
220～450	$D \sim 1.5D$	3	2	2	2	1	2	—	2
450～800	$D \sim 1.5D$	4	2	2	2	1	2	1	2
800～1400	D	5	2	3	2	2	2	1	2
1400～2000	D	8	2	5	2	3	2	2	2

圆形风管无法兰连接形式　　表7

无法兰连接形式		附件板厚（mm）	接口要求	使用范围
承插连接		—	插入深度≥30mm,有密封要求	低压风管　直径<700mm
带加强筋承插		—	插入深度≥20mm,有密封要求	中、低压风管
角钢加固承插		—	插入深度≥20mm,有密封要求	中、低压风管
芯管连接		≥管板厚	插入深度≥20mm,有密封要求	中、低压风管
立筋抱箍连接		≥管板厚	翻边长楞筋匹配一致,坚固严密	中、低压风管
抱箍连接		≥管板厚	对口尽量靠近不重叠,抱箍应居中	中、低压风管宽度≥100mm

矩形风管无法兰连接形式　　表8

无法兰连接形式		附件板厚（mm）	使用范围
S形插条		≥0.7	低压风管单独使用连接处必须有固定措施
C形插条		≥0.7	中、低压风管
立插条		≥0.7	中、低压风管
立咬口		≥0.7	中、低压风管
包边立咬口		≥0.7	中、低压风管
薄钢板法兰插条		≥1.0	中、低压风管
薄钢板法兰弹簧夹		≥1.0	中、低压风管

续表

无法兰连接形式		附件板厚 (mm)	使用范围
直角形 平插条		≥0.7	低压风管
立联合角 形插条		≥0.8	低压风管

注：薄钢板法兰风管也可采用铆接法兰条连接的方法。

中、低压系统硬聚氯乙烯圆形风管板材厚度（mm）   表9

风管直径 D	板材厚度
D≤320	3.0
320＜D≤630	4.0
630＜D≤1000	5.0
1000＜D≤2000	6.0

中、低压系统硬聚氯乙烯矩形风管板材厚度（mm）   表10

风管长边尺寸 b	板材厚度
b≤320	3.0
320＜b≤500	4.0
500＜b≤800	5.0
800＜b≤1250	6.0
1250＜b≤2000	8.0

中、低压系统有机玻璃钢风管板材厚度（mm）   表11

圆形风管直径 D 或矩形风管长边尺寸 b	壁厚
D(b)≤200	2.5
200＜D(b)≤400	3.2
400＜D(b)≤630	4.0
630＜D(b)≤1000	4.8
1000＜D(b)≤2000	6.2

中、低压系统无机玻璃钢风管板材厚度（mm）   表12

圆形风管直径 D 或矩形风管长边尺寸 b	壁厚
D(b)≤300	2.5～3.5
300＜D(b)≤500	3.5～4.5
500＜D(b)≤1000	4.5～5.5
1000＜D(b)≤1500	5.5～6.5
1500＜D(b)≤2000	6.5～7.5
D(b)＞2000	7.5～8.5

中、低压系统无机玻璃钢风管玻璃纤维布厚度与层数（mm）　表 13

圆形风管直径 D 或矩形风管长边 b	风管管体玻璃纤维布厚度		风管法兰玻璃纤维布厚度	
	0.3	0.4	0.3	0.4
	玻璃布层数			
$D(b)≤300$	5	4	8	7
$300<D(b)≤500$	7	5	10	8
$500<D(b)≤1000$	8	6	13	9
$1000<D(b)≤1500$	9	7	14	10
$1500<D(b)≤2000$	12	8	16	14
$D(b)>2000$	14	9	20	16

硬聚氯乙烯圆形风管法兰规格（mm）　表 14

风管直径 D	材料规格（宽×厚）	连接螺栓	风管直径 D	材料规格（宽×厚）	连接螺栓
$D≤180$	35×6	M6	$800<D≤1400$	45×12	M10
$180<D≤400$	35×8	M8	$1400<D≤1600$	50×15	
$400<D≤500$	35×10		$1600<D≤2000$	60×15	
$500<D≤800$	40×10	M10	>2000	按设计	

有机、无机玻璃钢风管法兰规格（mm）　表 15

风管直径 D 或风管边长 b	材料规格（宽×厚）	连接螺栓
$D(b)≤400$	30×4	M8
$400<D(b)≤1000$	40×6	
$1000<D(b)≤2000$	50×8	M10

焊缝形式及坡口　表 16

焊缝形式	焊缝名称	图　形	焊缝高度（mm）	板材厚度（mm）	焊缝坡口张角 $α$(°)
对接焊缝	V形单面焊		2～3	3～5	70～90
	V形双面焊		2～3	5～8	70～90
	X形双面焊		2～3	≥8	70～90

续表

焊缝形式	焊缝名称	图　形	焊缝高度 （mm）	板材厚度 （mm）	焊缝坡口 张角 α(°)
搭接焊缝	搭接焊		≥最小板厚	3～10	—
填角焊缝	填角焊 无坡角		≥最小板厚	6～18	—
			≥最小板厚	≥3	—
对角焊缝	V形 对角焊		≥最小板厚	3～5	70～90
	V形 对角焊		≥最小板厚	5～8	70～90
	V形 对角焊		≥最小板厚	6～15	70～90

无机玻璃钢风管外形尺寸（mm）　　　　　表 17

直径或 大边长	矩形风管 外表平面度	矩形风管管口 对角线之差	法兰平面度	圆形风管 两直径之差
≤300	≤3	≤3	≤2	≤3
301～500	≤3	≤4	≤2	≤3
501～1000	≤4	≤5	≤2	≤4
1001～1500	≤4	≤6	≤3	≤5
1501～2000	≤5	≤7	≤3	≤5
>2000	≤6	≤8	≤3	≤5

5.4　现场组装的组合式空调机组的漏风量测试记录

5.4.1　现场组装的组合式空调机组的漏风量测试记录

1. 资料表式

现场组装的组合式空调机组的漏风量测试记录　　　　表 5.4.1

工程名称		分部（或单位）工程	
分项工程		检测日期	
设备名称		型号　规格	
额定风量（m³/h）		允许漏风率（%）	
工作压力（Pa）		测试压力（Pa）	
允许漏风量（m³/h）		实测漏风量（m³/h）	
检测过程简要说明			
评定结论			
参加人员	监理（建设）单位	施　工　单　位	
		专业技术负责人　　　　质检员　　　　试验员	

2. 应用指导

（1）组合式空调机组是指带冷、热源，用水、蒸汽为媒体，以功能段为组合单元，能够完成空气冷却、加热、去湿、过滤、消声与输送等功能的空气处理机组。组合式空调机组组装应符合设计规定，功能段之间的连接应严密，应讲究外观质量，要求达到整体平直，各段组装严密，检查门开启灵活，应避免机组出现翘裂、变形。

（2）一般大型空调机组由于体积大，不便于整体运输，常采用散装或组装功能段运至现场进行整体拆装。由于加工质量和组装水平不同，组装后机组的密封性能存在较大差异，严重的漏风将影响系统的使用功能。因此，空调机组整体的漏风量测试是其必要的步骤之一。

（3）组合式空调机组、柜式空调机组、新风机组、单元式空调机组的安装应符合下列规定：

1）各种空调机组的规格、数量应符合设计要求；机组应清理干净。

2）安装位置和方向应正确，并且与风管、送风静压箱、回风箱的连接应严密可靠；

3）现场组装的组合式空调机组组装应符合设计的顺序和要求，各功能段之间连接应严密，并应做漏风量的检测，其漏风量应符合现行国家标准《组合式空调机组》GB/T 14294—2008 的规定；

4）机组内的空气热交换器翅片和空气过滤器应清洁、完好，并且安装位置和方向必须正确，并便于维护和清理。当设计未注明过滤器的阻力时，应满足粗效过滤器的初阻力≤50Pa（粒径≥5.0μm，效率：80％＞E≥20％）；中效过滤器的初阻力≤80Pa（粒径≥1.0μm，效率：70％＞E≥20％）的要求。

检验方法：观察检查；核查漏风量测试记录。

检查数量：按同类产品的数量抽查 20％，且不得少于 1 台。

（4）空调机组检测前应对其安装质量进行检查。

1）空调机组安装的型号、规格、方向与技术参数应符合设计要求；

2）组合式空调机组及柜式空调机组安装的组合式空调机组各功能段的组装，应符合设计规定的顺序和要求；各功能段之间的连接应严密，外观整体应平直、各段组装严密；

3）机组与供回水管的连接应正确，机组下部冷凝水排放管的水封高度应符合设计要求；

4）机组应清扫干净，箱体内应无杂物、垃圾和积尘；

5）机组内空气过滤器（网）和空气热交换器翅片应清洁、完好；

6）应认真做好设备的保护工作。

检查数量：按总数抽查 20％，不得少于 1 台。

（5）表列子项

1）额定风量（m³/h）：指设备铭牌标注的额定风量。

2）允许漏风率（％）：指规范规定的允许漏风率。

3）工作压力（Pa）：指规范规定的额定试验压力。

4）测试压力（Pa）：按规范规定实际测试的试验压力。

5）允许漏风量（m³/h）：指规范规定的允许单位面积漏风量。

6）实测漏风量（m³/h）：指实际测定单位面积漏风量。

5.5 设备单机试运转及调试记录

5.5.1 设备单机试运转及调试记录

1. 资料表式

设备单机试运转及调试记录表（通用）　　　　　表 5.5.1

工程名称			分部(或单位)工程				
系统名称							
序号	系统编号	设备名称	设备转速(r/min)		功率(kW)		电流(A)		轴承温升(℃)
			额定值	实测值	铭牌	实测	额定值	实测值	实测值
评定意见									
				年　月　日					
参加人员	监理(建设)单位		施　工　单　位						
			专业技术负责人		质检员		工　长		

2. 应用指导

设备单机的试运转记录是指通风与空调工程的某设备安装完成后，按规范要求必须进行的测试项目。

设备的试运转应按标准规定进行，并按标准要求做好记录。设备的试运转前按设计或规范要求进行设备试运行准备，且满足设计和规范要求。

（1）（GB 50243—2002）第 11.2.1 条规定：通风与空调工程安装完毕，必须进行系统的测定与调整（简称调试），系统调试应包括以下项目：

1) 单机试运转及调试；

2）系统无生产负荷下的联合试运转及调试。

（2）单机试运转及调试的设备主要包括：

1）通风与空调设备：离心通风机、离心鼓风机、防爆通风机和消防排烟通风机；离心泵；冷却塔；电控防火、防排烟风阀（口）等的试运转与调试。

2）空调制冷系统设备：活塞式制冷压缩机和压缩机组、离心式制冷机组、溴化锂吸收式制冷机组、螺杆式制冷机组等的试运转与调试。

3）热源设备：锅炉（烘炉、煮炉、锅炉本体试运行）等的试运转与调试。

5.5.2　风机类设备试运转与调试记录

5.5.2.1　离心通风机试运转与调试记录

1. 资料表式

离心通风机试运转与调试记录按设备单机试运转及调试记录表（通用）表 5.5.1 或按当地建设行政主管部门批准的"地方工程建设标准中的技术资料表式提供的施工文件"直接归存，并列入施工文件中。

2. 应用指导

（1）基本规定

1）风机的开箱检查，应符合下列要求：

① 应按设备装箱单清点风机的零件、部件、配套件和随机技术文件；

② 应按设计图样核对叶轮、机壳和其他部位的主要安装尺寸；

③ 风机型号、输送介质、进出口方向（或角度）和压力，应与工程设计要求相符；叶轮旋转方向、定子导流叶片和整流叶片的角度及方向，应符合随机技术文件的规定；

④ 风机外露部分各加工面应无锈蚀；转子的叶轮和轴颈、齿轮的齿面和齿轮轴的轴颈等主要零件、部件应无碰伤和明显的变形；

⑤ 风机的防锈包装应完好无损；整体出厂的风机，进气口和排气口应有盖板遮盖，且不应有尘土和杂物进入；

⑥ 外露测振部位表面检查后，应采取保护措施。

2）风机组装前的清洗和检查除应符合现行国家标准《机械设备安装工程施工及验收通用规范》GB 50231—2009 和随机技术文件的有关规定外，尚应符合下列要求：

① 设备外露加工面、组装配合面、滑动面，各种管道、油箱和容器等应清洗洁净；出厂已装配好的组合件超过防锈保质期应拆洗；

② 输送介质为氢气、氧气等易燃易爆气体的压缩机，其与介质接触的零件、部件和管道及其附件应进行脱脂，油脂的残留量不应大于 125mg/m²；脱脂后应采用干燥空气或氮气吹干，并应将零件、部件和管道及其附件做无油封闭；

③ 润滑系统、密封系统中的油泵、过滤器、油冷却器和安全阀等应拆卸清洗；

④ 油冷却器应以最大工作压力进行严密性试验，并且应保压 10min 后无泄漏；

⑤ 现场组装时，机器各配合表面、机加工表面、转动部件表面、各机件的附属设备应清洗洁净；当有锈蚀时应清除，并应采取防止安装期间再发生锈蚀的措施；

⑥ 调节机构应清洗洁净，其转动应灵活。

3) 风机的进气、排气管路和其他管路的安装,除应符合现行国家标准《工业金属管道工程施工规范》GB 50235—2010 和《通风与空调工程施工质量验收规范》GB 50243 的有关规定外,尚应符合下列要求:

① 风机的进气、排气系统的管路、大型阀件、调节装置、冷却装置和润滑油系统等管路,应有单独的支承,并应与基础或其他建筑物连接牢固。与风机机壳相连时,不得将外力施加在风机机壳上。连接后应复测机组的安装水平和主要间隙,并且应符合随机技术文件的规定;

② 与风机进气口和排气口法兰相连的直管段上,不得有阻碍热胀冷缩的固定支撑;

③ 各管路与风机连接时,法兰面应对中并平行;

④ 气路系统中补偿器的安装应符合随机技术文件的规定。

4) 风机的润滑、密封、液压控制系统应清洗洁净;组装后风机的润滑、密封、液压控制、冷却和气路系统的受压部分,应以其最大工作压力进行严密性试验,且应保压10min 后无泄漏;其风机的冷却系统试验压力不应低于 0.4MPa。

5) 风机试运转前,应符合下列要求:

① 轴承箱和油箱应经清洗洁净、检查合格后,加注润滑油;加注润滑油的规格、数量应符合随机技术文件的规定;

② 电动机、汽轮机和尾气透平机等驱动机器的转向应符合随机技术文件的要求;

③ 盘动风机转子,不得有摩擦和碰刮;

④ 润滑系统和液压控制系统工作应正常;

⑤ 冷却水系统供水应正常;

⑥ 风机的安全和连锁报警与停机控制系统应经模拟试验,并应符合下列要求:

A. 冷却系统压力不应低于规定的最低值;

B. 润滑油的油位和压力不应低于规定的最低值;

C. 轴承的温度和温升不应高于规定的最高值;

D. 轴承的振动速度有效值或峰—峰值不应超过规定值;

E. 喘振报警和气体释放装置应灵敏、正确、可靠;

F. 风机运转速度不应超过规定的最高速度。

⑦ 机组各辅助设备应按随机技术文件的规定进行单机试运转,并且应合格;

⑧ 风机传动装置的外露部分、直接通大气的进口,其防护罩(网)应安装完毕;

⑨ 主机的进气管和与其连接的有关设备应清扫洁净。

(2) 离心通风机

1) 离心通风机的轴承箱找正、调平,应符合下列要求:

① 轴承箱与底座应紧密结合;

② 整体安装轴承箱的安装水平,应在轴承箱中分面上进行检测,其纵向安装水平亦可在主轴上进行检测,纵、横向安装水平偏差均不应大于 0.10/1000;

③ 左、右分开式轴承箱的纵、横向安装水平,以及轴承孔对主轴轴线在水平面的对称度(图 5.5.2.1-1),应符合下列要求:

A. 在每个轴承箱中分面上,纵向安装水平偏差不应大于 0.04/1000;

B. 在每个轴承箱中分面上,横向安装水平偏差不应大于 0.08/1000;

C. 在主轴轴颈处的安装水平偏差不应大于 0.04/1000;

D. 轴承孔对主轴轴线在水平面内的对称度偏差不应大于 0.06mm（图 5.5.2.1-1）；可测量轴承箱两侧密封径向间隙之差不应大于 0.06mm。

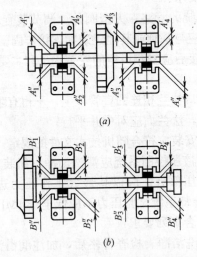

图 5.5.2.1-1　轴承孔对主轴轴线在水平面内的对称度

(a) 叶轮安装在两独立的轴承箱之间；(b) 叶轮悬臂安装在两独立的轴承箱一端

$A'_1-A''_1$、$A'_2-A''_2$……$B'_1-B''_1$、$B'_2-B''_2$—轴承箱两侧密封径向间隙之差；

$A'_1-A'_4$、$B'_1-B'_4$、$A''_1-A''_4$、$B''_1-B''_4$—轴承箱两侧密封径向间隙值

2）具有滑动轴承的离心通风机除应符合本规范第 2.2.1 条［见（2）离心通风机项下的 1)］的要求外，其轴瓦与轴颈的接触弧度及轴向接触长度、轴承间隙和压盖过盈量，应符合随机技术文件的规定；当不符合规定时，应进行修刮和调整；无规定时，应符合现行国家标准《机械设备安装工程施工及验收通用规范》GB 50231—2009 的有关规定。

3）离心通风机机壳组装时，应以转子轴线为基准找正机壳的位置；机壳进风口或密封圈与叶轮进口圈的轴向重叠长度和径向间隙，应调整到随机技术文件规定的范围内（图 5.5.2.1-2，并应使机壳后侧板轴孔与主轴同轴，并不得碰刮；无规定时，轴向重叠长度应为叶轮外径的 8‰～12‰；径向间隙沿圆周应均匀，其单侧间隙值应为叶轮外径的 1.5‰～4‰。

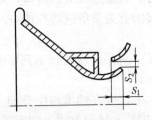

图 5.5.2.1-2　机壳进风口或密封圈与叶轮进口圈之间的安装尺寸

S_1—机壳进风口或密封圈与叶轮进口圈的轴向重叠长度；S_2—机壳进风口或密封圈与叶轮之间径向间隙

4）离心通风机机壳中心孔与轴应保持同轴。压力小于 3kPa 的通风机，孔径和轴径的差值不应大于表 5.5.2.1 的规定，并且不应小于 2.5mm；压力大于 3kPa 的风机，在机壳中心孔的外侧应设置密封装置。

机壳中心孔径与轴径的差值   表 5.5.2.1

机 号	差 值(mm)
No2～No6.3	4
＞No6.3～No12.5	8
＞No12.5	12

5）离心通风机试运转除应符合本规范第 2.1.12 条［见应用指导项下的（2）离心通风机］的要求外，尚应符合下列要求：

①启动前应关闭进气调节门；

②点动电动机，各部位应无异常现象和摩擦声响；

③风机启动达到正常转速后，应在调节门开度为 0°～5°时进行小负荷运转；

④小负荷运转正常后，应逐渐开大调节门，但电动机电流不得超过额定值，直至规定的负荷，轴承达到稳定温度后，连续运转时间不应少于 20min；

⑤具有滑动轴承的大型风机，负荷试运转 2h 后应停机检查轴承，轴承应无异常现象；当合金表面有局部碰伤时应进行修整，再连续运转不应少于 6h；

⑥高温离心通风机进行高温试运转时，其升温速率不应大于 50℃/h；进行冷态试运转时，其电机不得超负荷运转；

⑦试运转中，在轴承表面测得的温度不得高于环境温度 40℃，轴承振动速度有效值不得超过 6.3mm/s；矿井用离心通风机振动速度有效值不得超过 4.6mm/s；其振动的检测及其限值应符合《风机、压缩机、泵安装工程施工及验收规范》（GB 50275—2010）规范附录 A 的规定；

⑧试运转中应按《风机、压缩机、泵安装工程施工及验收规范》（GB 50275—2010）规范第 2.1.12 条第 6 款［见应用指导项下基本规定中的 5)］的要求进行检查，其动作应灵敏、正确、可靠，并且应记录实测的数值备查。

5.5.2.2 防爆通风机和消防排烟通风机试运转与调试记录

1. 资料表式

防爆通风机和消防排烟通风机试运转与调试记录按设备单机试运转及调试记录表（通用）表 5.5.1 或按当地建设行政主管部门批准的"地方工程建设标准中的技术资料表式提供的施工文件"直接归存，并列入施工文件中。

2. 应用指导

（1）防爆通风机除应符合《风机、压缩机、泵安装工程施工及验收规范》（GB 50275—2010）风机相应类型的风机安装要求外，尚应符合下列要求：

1）转动件和相毗邻的静止件不应产生碰擦，外露传动件加的防护罩应固定牢固和可靠接地，其接地电阻不应大于规定值，并且与传动件不应产生碰擦；

2）防爆通风机所配备的防爆型电机及其附属电器部件，应符合现行国家标准《爆炸性环境用防爆电气设备》GB 3836 的有关规定；

3）离心防爆风机进风口与叶轮轮盖进口的径向单侧间隙和轴向重叠长度，应符合表 5.5.2.2-1 的要求；轴流防爆风机机壳与叶轮的径向单侧间隙，应符合表 5.5.2.2-2 的要求；且最小径向单侧间隙值不得小于 2.5mm；

离心防爆风机进风口与叶轮轮盖进口的径向单侧间隙和轴向重叠长度　　表 5.5.2.2-1

项　目	机　号	
	≤No10	>No10
单侧径向间隙(mm)	2.5～4	(1.5‰～4‰)D
轴向重叠长度(mm)	(8‰～12‰)D	

注：D 为叶轮直径。

轴流防爆风机机壳与叶轮的径向单侧间隙　　　　　表 5.5.2.2-2

项　目	机　号	
	≤No10	>No10
单侧径向间隙(mm)	2.5～4	(1.5‰～3.5‰)D

注：D 为叶轮直径。

4）防爆通风机进口法兰上钻孔的孔距允许偏差为±0.5mm；

5）离心防爆通风机轮盖内径的圆跳动偏差，应小于或等于叶轮与进风口最小径向单侧间隙的 1/2；

6）叶片出口边对轮盘垂直度偏差，不应大于叶轮出口宽度的 1%；

7）离心防爆通风机叶片出口安装角的允许偏差为±1°；

8）离心防爆通风机机壳和进风口应平整，不应有压伤、凹凸不平和歪斜等缺陷。

(2) 消防排烟通风机除应符合《风机、压缩机、泵安装工程施工及验收规范》（GB 50275—2010）风机相应类型的风机安装要求外，尚应符合下列要求：

1）轴流式消防排烟通风机电动机动力引出线，应有耐高温隔离套管或采用耐高温电缆；

2）消防排烟通风机进出口法兰连接孔的位置偏差，不应大于 1.5mm；

3）轴流式消防排烟通风机机壳与叶轮的径向间隙应均匀，径向单侧最小间隙应符合表 5.5.2.2-3 的要求；

径向单侧最小间隙　　　　　　　表 5.5.2.2-3

机　号	最小间隙(mm)
≤No10	3.5
>No10	4.5

4）离心式消防排烟通风机进风口与叶轮轮盖进口的径向单侧间隙和进风口与叶轮轮盖的轴向重叠长度，应符合《风机、压缩机、泵安装工程施工及验收规范》（GB 50275—2010）规范第 2.2.3 条的要求〔见（2）离心通风机的 3)〕。

5.5.3　泵类设备试运转与调试记录

1. 资料表式

泵类设备试运转与调试记录按设备单机试运转及调试记录表（通用）表 5.5.1 或按当地建设行政主管部门批准的"地方工程建设标准中的技术资料表式提供的施工文件"直接

归存，并列入施工文件中。

2. 应用指导

（1）基本规定

1）泵的开箱检查，应符合下列要求：

① 按装箱单清点泵的零件和部件、附件和专用工具，应无缺件；防锈包装应完好，无损坏和锈蚀；管口保护物和堵盖应完好；

② 核对泵的主要安装尺寸，并应与工程设计相符；

③ 应核对输送特殊介质的泵的主要零件、密封件以及垫片的品种和规格。

2）泵的清洗和检查，应符合下列要求：

① 整体出厂的泵在防锈保证期内，应只清洗外表；出厂时已装配、调整完善的部分不得拆卸；当超过防锈保证期或有明显缺陷需拆卸时，其拆卸、清洗和检查应符合随机技术文件的规定；

② 解体出厂泵的主要零件、部件，附属设备、中分面和套装零件、部件，均不得有损伤和划痕；轴的表面不得有裂纹、损伤及其他缺陷；防锈包装应完好无损。清洗洁净后应去除水分，并应将零件、部件和设备表面涂上润滑油，同时应按装配的顺序分类放置；

③ 零部件防锈包装的清洗，应符合随机技术文件的规定；无规定时，应符合现行国家标准《机械设备安装工程施工及验收通用规范》GB 50231—2009 的有关规定；

④ 泵的清洁度的检测及其限值应符合随机技术文件的规定；无规定时，应符合本规范附录 B 的规定；

⑤ 装配完成的旋转部件，其转动应均匀、无摩擦和卡滞。

3）整体安装的泵安装水平，应在泵的进、出口法兰面或其他水平面上进行检测，纵向安装水平偏差不应大于 0.10‰，横向安装水平偏差不应大于 0.20‰；解体安装的泵的安装水平，应在水平中分面、轴的外露部分、底座的水平加工面上纵、横向放置水平仪进行检测，其偏差均不应大于 0.05‰。

4）管道的安装除应符合现行国家标准《工业金属管道工程施工规范》GB 50235—2010 的有关规定外，尚应符合下列要求：

① 管子内部和管端应清洗洁净，并应清除杂物；密封面和螺纹不应损伤；

② 泵的进、出管道应有各自的支架，泵不得直接承受管道等的质量；

③ 相互连接的法兰端面应平行；螺纹管接头轴线应对中，不应借法兰螺栓或管接头强行连接；泵体不得受外力而产生变形；

④ 密封的内部管路和外部管路，应按设计规定和标记进行组装；其进口、出口和密封介质的流动方向，严禁发生错乱；

⑤ 管道与泵连接后，应复检泵的原找正精度；当发现管道连接引起偏差时，应调整管道；

⑥ 管道与泵连接后，不应在其上进行焊接和气割；当需焊接和气割时，应拆下管道或采取必要的措施，并应防止焊渣进入泵内；

⑦ 泵的吸入和排出管道的配置应符合设计规定；无规定时，应符合本规范附录 C 的规定；

⑧ 液压、润滑、冷却、加热的管路安装，应符合现行国家标准《机械设备安装工程

施工及验收通用规范》GB 50231—2009 的有关规定。

5）解体出厂的泵组装后，其承压件和管路应进行严密性试验；泵体及其排出管路等试验压力宜为最大工作压力，并应保压 10min，系统应无渗漏和泄漏；加热、冷却及其夹套等的试验压力应为最大工作压力，并不应低于 0.6MPa，且应保压 10min，系统应无渗漏和泄漏。

6）安全阀、溢流阀或超压保护装置应调整至正常开启压力，其全流量压力和回座压力应符合随机技术文件的规定。

7）泵的隔振器安装位置应正确；各个隔振器的压缩量应均匀一致，其偏差应符合随机技术文件的规定。

8）泵试运转前的检查，应符合下列要求：

① 润滑、密封、冷却和液压等系统应清洗洁净并保持畅通，其受压部分应进行严密性试验；

② 润滑部位加注的润滑剂的规格和数量应符合随机技术文件的规定，有预润滑、预热和预冷要求的泵应按随机技术文件的规定进行；

③ 泵的各附属系统应单独试验调整合格，并应运行正常；

④ 泵体、泵盖、连杆和其他连接螺栓与螺母应按规定的力矩拧紧，并应无松动；联轴器及其他外露的旋转部分均应有保护罩，并应固定牢固；

⑤ 泵的安全报警和停机联锁装置经模拟试验，其动作应灵敏、正确和可靠；

⑥ 经控制系统联合试验各种仪表显示、声讯和光电信号等，应灵敏、正确、可靠，并应符合机组运行的要求；

⑦ 盘动转子，其转动应灵活、无摩擦和阻滞。

9）泵试运转应符合下列要求：

① 试运转的介质宜采用清水；当泵输送介质不是清水时，应按介质的密度、相对密度折算为清水进行试运转，流量不应小于额定值的 20%；电流不得超过电动机的额定电流；

② 润滑油不得有渗漏和雾状喷油；轴承、轴承箱和油池润滑油的温升不应超过环境温度 40℃，滑动轴承的温度不应大于 70℃；滚动轴承的温度不应大于 80℃；

③ 泵试运转时，各固定连接部位不应有松动；各运动部件运转应正常，无异常声响和摩擦；附属系统的运转应正常；管道连接应牢固、无渗漏；

④ 轴承的振动速度有效值应在额定转速、最高排出压力和无气蚀条件下检测，检测及其限值应符合随机技术文件的规定；无规定时，应符合本规范附录 A 的规定；

⑤ 泵的静密封应无泄漏；填料函和轴密封的泄漏量不应超过随机技术文件的规定；

⑥ 润滑、液压、加热和冷却系统的工作应无异常现象；

⑦ 泵的安全保护和电控装置及各部分仪表应灵敏、正确、可靠；

⑧ 泵在额定工况下连续试运转时间不应少于表 5.5.3-1 规定的时间；高速泵及特殊要求的泵试运转时间应符合随机技术文件的规定。

⑨ 系统在试运转中应检查下列各项，并应做好记录：

A. 润滑油的压力、温度和各部分供油情况；

B. 吸入和排出介质的温度、压力；

泵在额定工况下连续试运转时间　　　　　　　　　　　　　表 5.5.3-1

泵的轴功率(kW)	连续试运行时间(mm)
<50	30
50～100	60
100～400	90
>400	120

C. 冷却水的供水情况；

D. 各轴承的温度、振动；

E. 电动机的电流、电压、温度。

（2）离心泵

1）泵的清洗和检查，应符合下列要求：

① 整体出厂的泵在防锈保证期内，其内部零件不宜拆卸，可只清洗外表。当超过防锈保证期或有明显缺陷需拆卸时，其拆卸、清洗和检查应符合随机技术文件的规定；无规定时，应符合下列要求：

A. 拆下叶轮部件应清洗洁净，叶轮应无损伤；

B. 冷却水管路应清洗洁净，并应保持畅通；

C. 管道泵和共轴式泵不宜拆卸。

② 解体出厂的泵的清洗和检查，应符合下列要求：

A. 泵的主要零件、部件和附属设备、中分面和套装零件、部件的端面不得有擦伤和划痕；轴的表面不得有裂纹、压伤及其他缺陷。清洗洁净后应去除水分，并应将零件、部件和设备表面涂上润滑油，同时应按装配顺序分类放置；

B. 泵壳垂直中分面不宜拆卸和清洗。

2）泵的找正应符合下列要求：

① 驱动机轴与泵轴、驱动机轴与变速器轴以联轴器连接时，两半联轴器的径向位移、端面间隙、轴线倾斜，应符合随机技术文件的规定；

② 驱动机轴与泵轴以皮带连接时，两轴的平行度、两轮的偏移，应符合现行国家标准《机械设备安装工程施工及验收通用规范》GB 50231—2009 的有关规定；

③ 汽轮机驱动的泵和输送高温、低温液体的泵在常温状态下找正时，应按设计规定预留其温度变化的补偿值。

3）解体出厂的泵安装时，密封环应牢固地定在泵体或叶轮上；密封环间的运转间隙应符合随机技术文件的规定。

4）大型解体泵安装时，应测量转子叶轮、轴套、叶轮密封环、平衡盘、轴颈等主要部位的径向和端面跳动值，其允许偏差应符合随机技术文件的规定；无规定时，轴和轴套装配后，在通过填料函外端面径向平面处的径向跳动值应符合表 5.5.3-2 的规定。

轴和轴套装配外端面径向平面处的径向跳动值　　　　　　表 5.5.3-2

公称外直径(mm)	轴的径向跳动值(μm)
<50	<50
50～100	<80
>100	<100

　　5）叶轮在蜗室内的前轴向、后轴向间隙，节段式多级泵的轴向尺寸应符合随机技术文件的规定；多级泵各级平面间原有垫片的厚度不得变更。高温泵平衡盘（鼓）和平衡套之间的轴向间隙，单平衡盘结构宜为 0.04～0.08mm，平衡盘、平衡鼓联合结构宜为 0.35～1mm；推力轴承和止推盘之间的轴向总间隙，单壳体节段式泵应为 0.5～1mm，双壳体泵应为 0.5～0.7mm。

　　6）叶轮出口的中心线应与泵壳流道中心线对准；多级泵在平衡盘与平衡板靠紧时，叶轮出口的宽度应在导叶进口宽度范围内。

　　7）滑动轴承轴瓦背面与轴瓦座应紧密贴合，其过盈值应为 0.02～0.04mm；轴瓦与轴颈的顶间隙和侧间隙，应符合随机技术文件的规定。

　　8）滚动轴承与轴和轴承座的配合公差、滚动轴承与端盖间的轴向间隙，以及介质温度引起的轴向膨胀间隙、向心推力轴承的径向游隙及其预紧力，应按随机技术文件的规定进行检查和调整；无规定时，应符合现行国家标准《机械设备安装工程施工及验收通用规范》GB 50231—2009 的有关规定。

　　9）组装填料密封径向总间隙，应符合随机技术文件的规定；无规定时，应符合表 5.5.3-3 的规定。填料压紧后，填料环进液口与液封管应对准或使填料环稍向外侧。

表 5.5.3-3

组装填料密封的径向总间隙（mm）

组装件名称	径向总间隙
填料环与轴承	1.00～1.50
填料环与填料箱	0.15～0.20
填料压盖与轴承	0.75～1.00
填料压盖与填料箱	0.10～0.30
有底环时底环与轴套	0.70～1.00

　　10）机械密封、浮动环密封、迷宫密封及其他形式的轴密封件各部分间隙和接触要求，应符合随机技术文件的规定；无规定时，应符合现行国家标准《机械设备安装工程施工及验收通用规范》GB 50231—2009 的有关规定。

　　11）轴密封件组装后，盘动转子的转动应灵活；转子的轴向窜动量，应符合随机技术文件的规定。

　　12）高温泵在高温条件下试运转前，除应符合《风机、压缩机、泵安装工程施工及验收规范》（GB 50275—2010）规范第 4.1.9 条的规定，尚应符合下列要求：

　　① 试运转前应进行泵体预热，温度应均匀上升，每小时温升不应超过 50℃；泵体表面与工作介质进口的工艺管道的温差，不应超过 40℃；

　　② 预热时应每隔 10min 盘车半圈；温度超过 150℃时，应每隔 5min 盘车半圈；

　　③ 泵体机座滑动端螺栓处和导向键处的膨胀间隙，应符合随机技术文件的规定；

　　④ 轴承部位和填料函的冷却液应接通；

　　⑤ 应开启入口阀门和放空阀门，并应排出泵内气体；应在预热到规定温度后，再关闭放空阀门。

　　13）低温泵在低温介质下试运转前，除应符合《风机、压缩机、泵安装工程施工及验收规范》（GB 50275—2010）规范第 4.1.9 条［见应用指导项下基本规定中的 8)］的规定外，尚应符合下列要求：

① 预冷前应打开旁通管路；

② 管道和蜗室内应按工艺要求进行除湿处理；

③ 预冷时应全部打开放空阀门，宜先用低温气体进行冷却，然后再用低温液体冷却，缓慢均匀地冷却到运转温度，直到放空阀口流出液体，再将放空阀门关闭；

④ 应放出机械密封腔内空气。

14) 泵启动时，应符合下列要求：

① 离心泵应打开吸入管路阀门，并应关闭排出管路阀门；高温泵和低温泵应符合随机技术文件的规定；

② 泵的平衡盘冷却水管路应畅通；吸入管路应充满输送液体，并应排尽空气，不得在无液体情况下启动；

③ 泵启动后应快速通过喘振区；

④ 转速正常后应打开出口管路的阀门，出口管路阀门的开启不宜超过 3min，并应将泵调节到设计工况，不得在性能曲线驼峰处运转。

15) 泵试运转时除应符合《风机、压缩机、泵安装工程施工及验收规范》 （GB 50275—2010）规范第 4.1.10 条 [见应用指导项下基本规定中的 14)] 的规定外，尚应符合下列要求：

① 机械密封的泄漏量不应大于 5mL/h，高压锅炉给水泵机械密封的泄漏量不应大于 10mL/h；填料密封的泄漏量不应大于表 5.5.3-4 的规定，并且温升应正常；杂质泵及输送有毒、有害、易燃、易爆等介质的泵，密封的泄漏量不应大于设计的规定值；

填料密封的泄漏量　　　　　　　　　　　　　　表 5.5.3-4

设计流量(m³/h)	≤50	>50~100	>100~300	>300~1000	>1000
泄漏量(mL/min)	15	20	30	40	60

② 工作介质相对密度小于 1 的离心泵用水进行试运转时，控制电动机的电流不得超过额定值，并且水流量不应小于额定值的 20%；用有毒、有害、易燃、易爆颗粒等介质进行运转的泵，其试运转应符合随机技术文件的规定；

③ 低温泵不得在节流情况下运转；

④ 泵的振动值的检测及其限值，应符合随机技术文件的规定；无规定时，应符合本规范附录 A 的规定。

16) 泵停止试运转后，应符合下列要求：

① 离心泵应关闭泵的入口阀门，待泵冷却后应再依次关闭附属系统的阀门；

② 高温泵的停机操作应符合随机技术文件的规定；停机后应每隔 20~30min 盘车半圈，并应直到泵体温度降至 50℃为止；

③ 低温泵停机，当无特殊要求时，泵内应经常充满液体；吸入阀和排出阀应保持常开状态；采用双端面机械密封的低温泵，液位控制器和泵密封腔内的密封液应保持为泵的灌泵压力；

④ 输送易结晶、凝固、沉淀等介质的泵，停泵后应防止堵塞，并应及时用清水或其他介质冲洗泵和管道；

⑤ 应放净泵内积存的液体。

5.5.4 冷却塔设备试运转与调试记录

1. 资料表式

冷却塔设备试运转与调试记录　　　　　　　　表 5.5.4

工程名称				施工单位		
运行日期	年　月　日　时			设备名称与型号		
试运转情况简述：						
试运转要求：						
试运转结果：						
评定结论：						
参加人员	监理(建设)单位	施　工　单　位				
		项目技术负责人	专职质检员		试验员	

2. 应用指导

(1) 冷却塔的型号、规格、技术参数必须符合设计要求。对含有易燃材料冷却塔的安装，必须严格执行施工防火安全规定。

(2) 冷却塔运转前准备工作

1) 清扫冷却塔内的杂物和尘垢，防止冷却水管或冷凝器等堵塞；

2) 冷却塔和冷却水管路系统用水冲洗，管路系统应无漏水现象；

3) 检查自动补水阀的动作状态是否灵活、准确。

(3) 冷却塔本体应稳固、无异常振动，其噪声应符合设备技术文件的规定。
冷却塔风机与冷却水系统循环试运行不少于 2h，运行应无异常情况。

(4) 具有冷却水系统的通风空调工程的冷却塔试运转应填写冷却塔的运行调试记录。

(5) 试运转前应对冷却塔进行以下检查记录：

1) 塔体和附件（配件）的安装固定应牢靠。

2) 用手盘动风叶，布水器应灵活、无异常现象。

3) 电机绕组对电机金属外壳（对地）绝缘电阻应符合要求。

4) 点动电机检查风叶转向应正确。

(6) 冷却塔风机试运转检查记录内容及要求：

1) 运转平稳、无异常振动与声响。

2) 其电机运行电流、工作电压应符合设备技术文件的规定。

3) 在额定转速下连续运转 2h 后，风机轴承最高温度——滑动轴承不得超过 70℃，滚动轴承不得超过 80℃；电机轴承最高温度——滑动轴承不应超过 80℃，滚动轴承不应超过 95℃。

4）在塔进风口方向，离塔壁水平距离为一倍塔体直径（当塔形为矩形时，取当量直径：$D=1.3(a \cdot b)^{0.5}$，a、b 为塔的边长）及离地面高度 1.5m 处测量噪声。

5）记录应填写连续运行时间及运行时的环境温度。

（7）冷却塔型号及性能参数记录可在设备技术文件或机体铭牌上摘录数据。

（8）冷却塔试运转工作结束后，应清理集水池。

5.5.5　电控防火、防排烟风阀（口）试运转与调试记录

1. 资料表式

电控防火、防排烟风阀（口）试运转与调试记录　　表 5.5.5

工程名称						施工单位		
运行日期		年　月　日　时				风阀名称与型号		
试运转情况简述：								
试运转要求：								
试运转结论：								
参加人员	监理(建设)单位			施　工　单　位				
				项目技术负责人		专职质检员		试验员

2. 应用指导

电动防火阀、防排烟风阀（口）的手动、电动操作应灵活、可靠，信号输出要正确。在调试前要检查所有的阀门均应全部开启。

检查数量按系统中风阀的数量抽查 20%，且不得少于 5 件。

5.5.6　制冷设备单机试运转与调试记录

5.5.6.1　制冷设备安装、工艺与调试的基本规定

基本规定

（1）整体出厂的制冷机组安装水平，应在底座或与底座平行的加工面上纵、横向进行检测，其偏差均不应大于 1/1000。解体出厂的制冷机组及其冷凝器、贮液器等附属设备的安装水平，应在相应的底座或与水平面平行的加工面上纵、横向进行检测，其偏差均不应大于 1/1000。

（2）制冷设备清洗的清洁度应符合随机技术文件的规定；无规定时，应符合《制冷设

备、空气分离设备安装工程施工及验收规范》（GB 50274—2010）规范附录 A 的规定。

（3）对出厂时已充灌制冷剂的整体出厂制冷设备，应检查其无泄漏后，进行负荷试运转。

（4）制冷系统的附属设备在现场安装时，应符合下列要求：

1）安装的位置、标高和进、出管口方向，应符合工艺流程、设计和随机技术文件的规定；

2）带有集油器的设备，集油器的一端应稍低一些；

3）洗涤式油分离器的进液口的标高，宜低于冷凝器的出液口标高；

4）低温设备的支撑与其他设备的接触处，应垫设不小于其他绝热层厚度的垫木或绝热材料，垫木应经防腐处理；

5）制冷剂泵的轴线标高，应低于循环贮液器的最低液面标高；进出管径应大于泵的进、出口直径；两台及以上泵的进液管应单独敷设，不应并联安装；泵不应在无介质和有气蚀的情况下运转；

6）附属设备应进行单体吹扫和气密性试验，气密性试验压力应符合随机技术文件的规定；无规定时，应符合表 5.5.6.1-1 的规定。

气密性试验压力（MPa）
表 5.5.6.1-1

制　冷　剂	试验压力
R22,R404A,R407C,R502,R507,R717	≥1.8
R134a	≥1.2

（5）制冷设备管道在现场安装时，除应符合现行国家标准《工业金属管道工程施工规范》GB 50235—2010 和《自动化仪表工程施工及验收规范》GB 50093 的有关规定外，尚应符合下列要求：

1）输送制冷剂碳素钢管道的焊接，应采用氩弧焊封底、电弧焊盖面的焊接工艺；

2）在液体管上接支管，应从主管的底部或侧部接出；在气体管上接支管，应从主管的上部或侧部接出；供液管不应出现上凸的弯曲；吸气管除氟系统专设的回油管外，不应出现下凹的弯曲；

3）吸、排气管道敷设时，其管道外壁之间的间距应大于 200mm；在同一支架敷设时，吸气管宜敷设在排气管下方；

4）设备之间制冷剂管道连接的坡向及坡度，当设计或随机技术文件无规定时，应符合表 5.5.6.1-2 的规定；

设备之间制冷剂管道连接的坡向及坡度
表 5.5.6.1-2

管　道　名　称	坡　向	坡　度
压缩机进气水平管（氨）	蒸发器	≥3/1000
压缩机进气水平管（氟利昂）	压缩机	≥10/1000
压缩机排气水平管	油分离器	≥10/1000
冷凝器至贮液器的水平供液管	贮液器	1/1000～3/1000
油分离器至冷凝器的水平管	油分离器	3/1000～5/1000
机器间调节站的供液管	调节站	1/1000～3/1000
调节站至机器间的加气管	调节站	1/1000～3/1000

5）法兰、螺纹等连接处的密封材料，应选用金属石墨垫、聚四氟乙烯带、氯丁橡胶密封液或甘油-氧化铝；与制冷剂氨接触的管路附件，不得使用铜和铜合金材料；与制冷剂接触的铝密封垫片应使用纯度高的铝材；

6）管道的法兰、焊缝和管路附件等不应埋于墙内或不便检修的地方；排气管穿过墙壁处应加保护套管，排气管与套管的间隙宜为 10mm。管道绝热保温的材料和绝热层的厚度应符合设计的规定；与支架和设备相接触处，应垫上与绝热层厚度相同的垫木或绝热材料。

（6）阀门的安装应符合下列要求：

1）制冷设备及管路的阀门，均应经单独压力试验和严密性试验合格后，再正式装至其规定的位置上；试验压力应为公称压力的 1.5 倍，保压 5min 应无泄漏；常温严密性试验，应在最大工作压力下关闭、开启 3 次以上，在关闭和开启状态下应分别停留 1min，其填料各密封处应无泄漏现象；

2）阀门进、出介质的方向，严禁装错；阀门装设的位置应便于操作、调整和检修；

3）电磁阀、热力膨胀阀、升降式止回阀、自力式温度调节阀等阀以及感温包的安装，应符合随机技术文件的规定。热力膨胀阀的安装位置宜靠近蒸发器。

（7）制冷机组冷却水套及其管路，应以 0.7MPa 进行水压试验，保持压力 5min 应无泄漏现象。

（8）制冷机组的润滑、密封和液压控制系统除组装清洗洁净外，应以最大工作压力的 1.25 倍进行压力试验，保持压力 10min 应无泄漏现象。

（9）制冷机组的安全阀、溢流阀或超压保护装置，应单独按随机技术文件的规定进行调整和试验；其动作正确无误后，再安装在规定的位置上。

（10）制冷剂充灌和制冷机组试运转过程中，严禁向周围环境排放制冷剂。

5.5.6.2　活塞式制冷压缩机和压缩机组试运转与调试记录

1. 资料表式

活塞式制冷压缩机和压缩机组试运转与调试记录按设备单机试运转及调试记录表（通用）表 5.5.4 或按当地建设行政主管部门批准的"地方工程建设标准中的技术资料表式提供的施工文件"直接归存，并列入施工文件中。

2. 应用指导

（1）压缩机和压缩机组试运转前，应符合下列要求：

1）气缸盖、吸排气阀及曲轴箱盖等应拆下检查，其内部的清洁及固定情况应良好；气缸内壁面应加少量冷冻机油；盘动压缩机数转，各运动部件应转动灵活、无过紧和卡阻现象；

2）加人曲轴箱冷冻机油的规格及油面高度，应符合随机技术文件的规定；

3）冷却水系统供水应畅通；

4）安全阀应经校验、整定，其动作应灵敏、可靠；

5）压力、温度、压差等继电器的整定值应符合随机技术文件的规定；

6）控制系统、报警及停机连锁机构应经调试，其动作应灵敏、正确、可靠；

7）点动电动机应进行检查，其转向应正确；

8）润滑系统的油压和曲轴箱中压力的差值不应低于 0.1MPa。

（2）压缩机和压缩机组的空负荷试运转，应符合下列要求：

1）应拆去气缸盖和吸、排气阀组，并应固定气缸套；

2）应启动压缩机并运转 10min，停车后检查各部位的润滑和温升，无异常后应继续运转 1h；

3）运转应平稳、无异常声响和剧烈振动；

4）主轴承外侧面和轴封外侧面的温度应正常；

5）油泵供油应正常；

6）氨压缩机的油封和油管的接头处，不应有油滴漏现象；

7）停车后应检查气缸内壁面，应无异常磨损。

（3）开启式压缩机的空气负荷试运转，应符合下列要求：

1）吸、排气阀组安装固定后，应调整活塞的止点间隙，并应符合随机技术文件的规定；

2）压缩机的吸气口应加装空气滤清器；

3）在高压级和低压级排气压力均为 0.3MPa 时，试验时间不应少于 1h；

4）油压调节阀的操作应灵活，调节的油压宜高于吸气压力 0.15～0.3MPa；

5）能量调节装置的操作应灵活、正确；

6）当环境温度为 43℃、冷却水温度为 33℃时，压缩机曲轴箱中润滑油的温度不应高于 70℃；

7）气缸套的冷却水进口水温不应高于 35℃，出口水温不应高于 45℃；

8）运转时，应平稳、无异常声响和振动；

9）吸、排气阀的阀片跳动声响应正常；

10）各连接部位、轴封、填料、气缸盖和阀件应无漏气、漏油、漏水现象；

11）空气负荷试运转后，应拆洗空气滤清器和油过滤器，并应更换润滑油。

（4）空气负荷试运转合格后，应用 0.5～0.6MPa 的干燥压缩空气或氮气，对压缩机和压缩机组按顺序反复吹扫，直至排污口处的靶上无污物。

（5）压缩机和压缩机组的抽真空试验，应符合下列要求：

1）应关闭吸、排气截止阀，并应开启放气通孔，开动压缩机进行抽真空；

2）压缩机的低压级应将曲轴箱抽真空至 15kPa，压缩机的高压级应将高压吸气腔压力抽真空至 15kPa。

（6）压缩机和压缩机组密封性试验应将 1.0MPa 的氮气或干燥空气充入压缩机中，在 24h 内其压力降不应大于试验压力的 1%。使用氮气和氟利昂混合气体检查密封性时，氟利昂在混合物的分压力不应少于 0.3MPa。

（7）采用制冷剂对系统进行检漏时，应利用系统的真空度向系统充灌少量制冷剂，且应将系统内压力升至 0.1～0.2MPa 后进行检查，系统应无泄漏现象。

（8）充灌制冷剂，应符合下列要求：

1）制冷剂的规格、品种和性能应符合设计的要求；

2）系统应抽真空，真空度应达到随机技术文件的规定，应将制冷剂钢瓶内的制冷剂经干燥过滤器干燥过滤后，由系统注液阀充灌系统；在充灌过程中，应按规定向冷凝器供冷却水或蒸发器供载冷剂；

3）系统压力升至 0.1～0.2MPa 时，应全面检查无异常后，继续充灌制冷剂；

4）系统压力与钢瓶的压力相同时，可开动压缩机；

5）充灌制冷剂的总量，应符合设计或随机技术文件的规定。

（9）压缩机和压缩机组的负荷试运转，应在系统充灌制冷剂后进行。负荷试运转除应符合本规范第 2.2.3 条第 4 款～第 10 款［见本节（3）开启式压缩机的空气负荷试运转］的规定外，尚应符合下列要求：

1）启动压缩机前，应按随机技术文件的规定将曲轴箱中的润滑油加热；

2）运转中开启式机组润滑油的温度不应高于 70℃；半封闭式机组不应高于 80℃；

3）最高排气温度不应高于表 5.5.6.2 的规定；

压缩机的最高排气温度　　　　　　　　　　表 5.5.6.2

制　冷　剂	最高排气温度（℃）	
R717	低压级	120
	高压级	150
R22	低压级	115
	高压级	145

注：机组安装场地的最高温度 38℃。

4）开启式压缩机轴封处的渗油量，不应大于 0.5mL/h。

5.5.6.3　螺杆式制冷压缩机组试运转与调试记录

1. 资料表式

螺杆式制冷压缩机组试运转与调试记录按设备单机试运转及调试记录表（通用）表 5.5.4 或按当地建设行政主管部门批准的"地方工程建设标准中的技术资料表式提供的施工文件"直接归存，并列入施工文件中。

2. 应用指导

（1）压缩机组试运转前，应符合下列要求：

1）脱开联轴器，单独检查电动机的转向应符合压缩机要求；连接联轴器，其找正允许偏差应符合随机技术文件的规定；

2）盘动压缩机应无阻滞、卡阻等现象；

3）应向油分离器、贮油器或油冷却器中加注冷冻机油，油的规格及油面高度应符合随机技术文件的规定；

4）油泵的转向应正确；油压宜调节至 0.15～0.3MPa；应调节四通阀至增、减负荷位置；滑阀的移动应正确、灵敏，并应将滑阀调至最小负荷位置；

5）各保护继电器、安全装置的整定值应符合随机技术文件的规定，其动作应灵敏、可靠；

6）机组能量调节装置应灵活、可靠；

7）机组的安全阀门应动作灵敏、不漏气、安全可靠。

（2）开启式机组在组装完毕经空负荷和空气负荷试运转后，其吹扫、抽真空试验、密封性试验、系统检漏和充灌制冷剂，应符合《制冷设备、空气分离设备安装工程施工及验收规范》（GB 50274—2010）规范第2.2.4条～第2.2.8条［见5.5.6.2活塞式制冷压缩机应用指导（4）～（8）］规定。

（3）压缩机组的负荷试运转，应符合下列要求：

1）应按要求供给冷却介质；

2）机器启动时，油温不应低于25℃；

3）启动运转的程序应符合随机技术文件的规定；

4）调节油压宜大于排气压力0.15～0.3MPa；精滤油器前后压差不应高于0.1MPa；

5）冷却水温度不应高于32℃。采用R22、R717制冷剂的压缩机的排气温度不应高于105℃，冷却后的油温宜为30～65℃；

6）吸气压力不宜低于0.05MPa，排气压力不应高于1.6MPa；

7）运转中应无异常声响和振动，压缩机轴承体处的温升应正常；

8）机组密封应良好，不得渗漏制冷剂；氨制冷机组运行时，在轴封处的渗油量不应大于3mL/h。

5.5.6.4　离心式制冷机组试运转与调试记录

1. 资料表式

离心式制冷机组试运转与调试记录按设备单机试运转及调试记录表（通用）表5.5.4或按当地建设行政主管部门批准的"地方工程建设标准中的技术资料表式提供的施工文件"直接归存，并列入施工文件中。

2. 应用指导

（1）机组试运转前，应符合下列要求：

1）冲洗润滑系统，应符合随机技术文件的规定；

2）加入油箱的冷冻机油的规格及油面高度，应符合随机技术文件的规定；

3）抽气回收装置中压缩机的油位应正常，转向应正确，运转应无异常现象；

4）各保护继电器的整定值应整定正确；

5）导向叶片实际开度和仪表指示值，应按随机技术文件的规定调整一致。

（2）机组的空气负荷试运转，应符合下列要求：

1）压缩机吸气口的导向叶片应关闭，浮球室盖板和蒸发器上的视孔法兰应拆除，吸、排气口应与大气相通；

2）冷却水的水质，应符合现行国家标准《工业循环冷却水处理设计规范》GB 50050的有关规定；

3）启动油泵及调节润滑系统，其供油应正常；

4）点动电动机应进行检查，其转向应正确，转动应无阻滞现象；

5）启动压缩机，当机组的电机为通水冷却时，其连续运转时间不应小于0.5h；当机组的电机为通氟冷却时，其连续运转时间不应大于10min；同时应检查油温、油压和轴承部位的温升，机器的声响和振动均应正常；

6）导向叶片的开度应进行调节试验；导向叶片的启闭应灵活、可靠；当导向叶片开度大于40%时，试验运转时间宜缩短。

（3）制冷机组经空负荷和空气负荷试运转后，其吹扫、抽真空试验、密封性试验、系统检漏和充灌制冷剂应符合《制冷设备、空气分离设备安装工程施工及验收规范》（GB 50274—2010）规范第 2.2.4 条～第 2.2.8 条［见 5.5.6.2 活塞式制冷压缩机应用指导（4）～（8）］的规定。用卤素仪进行检查时，泄漏率不应大于 149/a。

（4）机组的负荷试运转，应符合下列要求：

1）接通油箱电加热器，应将油加热至 50～55℃；

2）冷却水的水质，应符合《制冷设备、空气分离设备安装工程施工及验收规范》（GB 50274—2010）规范第 2.4.2 条第 2 款［见本节应用指导（2）机组的空气负荷试运转中的 2)］的规定；

3）载冷剂的规格、品种和性能，应符合设计的要求；

4）应启动油泵、调节润滑系统，其供油应正常；

5）应按随机技术文件的规定启动抽气回收装置，并应排除系统中的空气；

6）启动压缩机应逐步开启导向叶片，并应快速通过喘振区；

7）机组的声响、振动和轴承部位的温升应正常；当机器发生喘振时，应立即采取消除故障或停机的措施；

8）油箱的油温宜为 50～65℃，油冷却器出口的油温宜为 35～55℃；

9）能量调节机构的工作应正常；

10）机组载冷剂出口处的温度及流量，应符合随机技术文件的规定。

5.5.6.5　溴化锂吸收式制冷机组试运转与调试记录

1. 资料表式

溴化锂吸收式制冷机组试运转与调试记录按设备单机试运转及调试记录表（通用）表 5.5.4 或按当地建设行政主管部门批准的"地方工程建设标准中的技术资料表式提供的施工文件"直接归存，并列入施工文件中。

2. 应用指导

（1）真空泵安装时，应符合下列要求：

1）抽气连接管应采用真空胶管，并宜缩短设备与真空泵间的管长；

2）真空泵用油的规格及加油量，应符合随机技术文件的规定；

3）真空泵应进行抽气性能的检验；在泵的吸入管上应装真空度测量仪，并应关闭真空泵与制冷系统连接的阀门，启动真空泵，将压力抽至 0.0133kPa 后，应停泵观察真空度测量仪，真空度测量仪应无泄漏显示。

（2）系统气密性试验的气体应采用干净的空气或氮气。试验压力宜为设计压力，并且不应小于 0.08MPa。经用泡沫剂检查应无泄漏，应用灵敏度大于或等于 1×10^{-6}（Pa·m^3）/s 的氦质谱仪检漏，机组整体泄漏不应大于 2×10^{-6}（Pa·m^3）/s。

（3）系统抽真空试验应在气密性试验合格后进行，试验时应将压缩机吸、排气截止阀关闭，启动真空泵将系统内绝对压力抽至 0.0665kPa 后，关闭真空泵上的抽气阀门，其 24h 后压力的上升不应大于 0.0266kPa。

（4）系统气密性试验和抽真空试验后，应用 0.5～0.6MPa 的干燥压缩空气或氮气按顺序反复吹扫，并应直至排污口处的标靶上无污物。

（5）制冷系统的加液，应符合下列要求：

1）应按随机技术文件的规定配制溴化锂溶液；配制后，溶液应在容器中进行沉淀，并应保持洁净，不得有油类物质或其他杂物混入；

2）应启动真空泵，并应将系统抽真空至 0.0665kPa 绝对压力以下；当系统内部冲洗后有残留水分时，可将系统抽至环境温度相对应的水蒸气饱和压力，其压力应符合附录 B 的规定；

附：附录 B　环境温度对应的水蒸气饱和压力

环境温度对应的水蒸气饱和压力　　　　　　　　　　　表 B

温度(℃)	绝对压力(kPa)	温度(℃)	绝对压力(kPa)
0	0.6108	20	2.3368
1	0.6566	21	2.4855
2	0.7054	22	2.6424
3	0.7575	23	2.8079
4	0.8129	24	2.9824
5	0.8718	25	3.1663
6	0.9346	26	3.3600
7	1.0012	27	3.5639
8	1.0721	28	3.7785
9	1.1473	29	4.0043
10	1.2271	30	4.2417
11	1.3118	31	4.4913
12	1.4015	32	4.7536
13	1.4967	33	5.0290
14	1.5974	34	5.3182
15	1.7041	35	5.6217
16	1.8170	36	5.9401
17	1.9364	37	6.2740
18	2.0626	38	6.6240
19	2.1960	39	6.9907

3）加液连接管应采用真空胶管，连接管的一端应与规定的阀门连接，接头密封应良好；管的另一端应插入加液桶中，并且应浸没在溶液中，与桶底的距离不应小于 100mm；

4）开启加液阀门，应将溶液注入系统；溴化锂溶液的加入量应符合随机技术文件的规定；加液过程中，应防止将空气带入系统。

（6）制冷系统的试运转，应符合下列要求：

1）启动运转应符合下列要求：

①应向冷却水系统和冷水系统供水，当冷却水温度低于 20℃时，应调节阀门，减少

冷却水供水量；

②启动发生器泵、吸收器泵，应使溶液循环；

③应慢慢开启蒸汽或热水阀门，向发生器供蒸汽或热水；对以蒸汽为热源的机组，应在较低的蒸汽压力状态下运转，无异常现象后，再逐渐提高蒸汽压力至随机技术文件的规定值；

④当蒸发器冷剂水液囊具有足够的积水后，应启动蒸发器泵，并调节制冷机，并且应使其正常运转；

⑤启动运转过程中应启动真空泵，抽除系统内的残余空气或初期运转产生的不凝性气体。

2）运转中应做好检查与实测记录，检查项目应符合下列要求；

①稀溶液、浓溶液和混合溶液的浓度、温度，冷却水、冷媒水的水量和进、出口温度差，加热蒸汽的压力、温度和凝结水的温度、流量或热水的温度及流量，均应符合随机技术文件的规定；

②混有溴化锂的冷剂水的相对密度不应大于 1.04；

③系统应保持规定的真空度；

④屏蔽泵的工作应稳定，并无阻塞、过热、异常声响等现象；

⑤各安全保护继电器的动作应灵敏、正确，仪表的指示应准确。

5.5.7 热源设备试运转与调试记录

5.5.7.1 锅炉设备的烘炉试运转与调试记录

1. 资料表式

烘炉检查记录 表 5.5.7.1

工程名称			施工单位		
锅炉名称		烘炉方法		工作压力	
型号规格		测温方法		介质温度	
烘炉时间	年 月 日 时至		年 月 日 时		
烘炉情况记录				时 间	火焰实测温度
评定意见					

参加人员	监理(建设)单位	施 工 单 位		
		专业技术负责人	质检员	试验员

注：1. 烘炉试验后必须填写烘炉检查记录。凡需进行烘炉检查而未进行的，该分项工程为不合格。

2. 烘炉检查表式的内容应详细填写，必须详细填写烘炉情况记录和评定意见。

2. 应用指导

（1）烘炉前应具备下列条件：

1）锅炉及附属装置全部组装完毕且水压试验合格。

2）烘炉所需辅助设备试运转合格，热工仪表校验合格。

3）保温及准备工作结束。

（2）锅炉火焰烘炉应符合下列规定：

1）火焰应在炉膛中央燃烧，不应直接烧烤炉墙及炉拱。

2）烘炉时间一般不少于 4d，升温应缓慢，后期烟温不应高于 160℃，且持续时间不应少于 24h。

3）链条炉排在烘炉过程中应定期转动。

4）烘炉的中、后期应根据锅炉水水质情况排污。

（3）烘炉结束后应符合下列规定：

1）炉墙经烘烤后没有变形、裂纹及塌落现象。

2）炉墙砌筑砂浆含水率达到 7%以下。

（4）锅炉在烘炉、煮炉合格后，应进行 48h 的带负荷连续试运行，同时应进行安全阀的热状态定压检验和调整。

（5）锅炉的烘炉

1）工作条件

① 锅炉本体及其附属设备、工艺管道全部安装完毕，附属设备、软化设备、化验设备、水泵等已达到使用条件，经过水压试验并试运转合格。

② 炉墙砌完后应打开各处门、孔，让其干燥一段时间且已经完毕。

③ 备好燃料。

2）烘炉前的准备工作

① 清理炉膛及烟风道内留下的砖头、木块、铁线等杂物。

② 拆掉所有的临时支撑设施。

③ 检查给水系统及水处理系统的工作情况，要求给水系统（包括水处理）8h 连续试运行，均能正常工作。

④ 关闭省煤器主烟道进口挡板，使用旁烟道。无旁通烟道时，打开省煤器出口。保证省煤器内有循环水冷却。

3）烘炉

① 木柴烘炉阶段：

A. 关闭所有阀门，打开锅筒排气阀，并向锅炉内注入合格的软化清水，使其达到锅炉运行的最低水位；

B. 加进木柴，将木柴集中在炉排中间，约占炉排 1/2 时点火。小火烘烤，开始可单靠自然通风，按温升情况控制火焰的大小。起始的 2～3h 内，烟道挡板开启约为烟道剖面 1/3。待温升后加大引力时，把烟道挡板关至仅留 1/6 为止。炉膛保持负压；

C. 最初两天，木柴燃烧须稳定均匀，不得在木柴已经熄火时再急增火力，直至第三昼夜，略添少量煤，开始向下个阶段过渡；

D. 木柴烘炉阶段第一天不得超过 80℃，后期不超过 150℃，烘烤约 2～3d。

② 煤炭烘炉阶段：

A. 首先缓缓开动炉排及鼓、引风机，烟道挡板开到烟道面积 1/3～1/6 的位置上。不得让烟从人孔、手孔或其他地方冒出。注意打开上部检查门，排除炉墙气体；

B. 一般情况下烘炉不少于 4d，冬季烘炉要酌情将木柴烘炉时间延迟若干天。烟道局部后期烟温不高于 150℃，砌筑砂浆的含水率降到 10％以下为好；

C. 烘炉中水位下降时及时补充清水，保持正常水位。烘炉初期开启连续排污，到中期每隔一定时间进行一次定期排污（一般为 6～8h 排污一次）。烘炉期少开检查门、看火门、人孔等，防止冷空气进入炉膛，使炉膛产生裂损，严禁冷水洒在炉墙上；

D. 烘炉时锅炉不升压。

（6）填表说明

1）工作压力：指锅炉的额定工作压力。

2）烘炉方法：应参考《锅炉安装工程施工及验收规范》GB 50273—2009 规定执行。可参照（5）锅炉的烘炉执行。

3）烘炉情况记录：照实际烘炉过程的情况记录。分别按不同时间的火焰实测温度记录。

注：烘煮炉：烘煮炉应按当地劳动局对锅炉烘煮炉的有关要求进行操作，劳动局验收合格后可从劳动局验收合格资料中摘出烘煮炉记录。

5.5.7.2　锅炉设备的煮炉试运转与调试记录

1. 资料表式

<table>
<tr><td colspan="6" align="center">烘炉检查记录</td><td align="right">表 5.5.7.2</td></tr>
<tr><td>工程名称</td><td colspan="3"></td><td>施工单位</td><td colspan="2"></td></tr>
<tr><td>锅炉名称</td><td></td><td>烘炉方法</td><td></td><td>工作压力</td><td></td><td></td></tr>
<tr><td>型号规格</td><td></td><td>测温方法</td><td></td><td>介质温度</td><td></td><td></td></tr>
<tr><td>烘炉时间</td><td colspan="6">年　月　日　时至　年　月　日　时</td></tr>
<tr><td rowspan="5">烘炉情况记录</td><td colspan="5" rowspan="5"></td><td>时　间</td><td>火焰实测温度</td></tr>
<tr><td></td><td></td></tr>
<tr><td></td><td></td></tr>
<tr><td></td><td></td></tr>
<tr><td></td><td></td></tr>
<tr><td colspan="7">评定意见</td></tr>
<tr><td rowspan="3">参加人员</td><td colspan="2" rowspan="2">监理（建设）单位</td><td colspan="5" align="center">施　工　单　位</td></tr>
<tr><td>专业技术负责人</td><td>质检员</td><td colspan="3">试验员</td></tr>
<tr><td colspan="2"></td><td></td><td></td><td colspan="3"></td></tr>
</table>

注：1. 煮炉试验后必须填写煮炉检查记录。凡需进行煮炉检查而未进行的，该分项工程为不合格。

2. 煮炉检查表式的内容应详细填写，必须详细填写煮炉的时间、压力、煮炉效果情况记录和评定意见。

2. 应用指导

（1）烘炉试验完成后即可进行煮炉。

（2）煮炉检查包括煮炉的药品成分和用量、加药程序、蒸煮压力、温度升降控制。需要写明煮炉时间、效果和情况、清洗除垢的情况。

（3）煮炉时间一般应为2～3d，如蒸汽压力较低，可适当延长煮炉时间。非砌筑或浇筑保温材料保温的锅炉，安装后可直接进行煮炉。煮炉结束后，锅筒和集箱内壁应无油垢，擦去附着物后金属表面应无锈斑。

（4）锅炉在烘炉、煮炉合格后，应进行48h的带负荷连续试运行，同时应进行安全阀的热状态定压检验和调整。应检查烘炉、煮炉及试运行全过程。后期应使蒸汽压力保持工作压力的75％左右。

（5）锅炉的煮炉

为清除在制造、安装中带入锅炉内的铁锈、油脂和污垢，以免恶化蒸汽品质或使受热面过热烧坏。将碱性溶液加入锅炉内，使锅炉内的油脂与碱起皂化作用而沉淀，通过排污排除杂质。

1）加药

① 若设计无规定，按表5.5.7.2-1用量向锅炉内加药。

锅炉煮炉加药量

表 5.5.7.2-1

药　品　名　称	加药量(kg/m^3，水)		药　品　名　称	加药量(kg/m^3，水)	
	铁锈较薄	铁锈较厚		铁锈较薄	铁锈较厚
氢氧化钠(NaOH)	2～3	2～4	磷酸三钠($Na_3PO_4 \cdot 12H_2O$)	2～3	2～3

② 有加药器的锅炉，在最低水位加入药量，否则可以上锅筒一次加入；

③ 当碱度低于45mg当量/L，应补充加药量；

④ 药器可按100％纯度计算，无磷酸三钠时，可用碳酸钠（Na_2CO_3）代替，用量为磷酸三钠的1.5倍。若单独用碳酸钠煮炉，其数量为每立方米水加6kg。

2）煮炉的方法：

① 煮炉开始在炉内升起微火。使炉水缓慢沸腾待产生蒸汽后由空气阀或安全阀排出，使锅炉不受压，维持10～12h；

② 减弱燃烧，将压力降到0.1MPa，打开定期排污阀逐个排污一次，并补充给水或加入未加完的药溶液，维持水位；

③ 再加强燃烧，把压力升到工作压力75％～100％范围时，运行12～24h；

④ 停炉冷却后排出炉水（蒸气压力降为零，水温低于70℃），并及时用清水（温水）将锅炉内部冲洗干净。检查锅炉和集箱内壁，无油垢、无锈斑为煮炉合格。

3）煮炉操作中应注意的几点：

① 煮炉时间，炉水水位控制在最高水位，水位降低时，及时补充给水；

② 每隔3～4h由上、下锅筒（锅壳）及各集箱排污处进行炉水取样，若炉水碱度低于50mg当量/L，应向炉内补充加药；

③ 需要排污时，应将压力降低后，注意要前后、左右对称排污；

④ 对所有接触煮炉用水的管道、阀门进行清洗，清洗干净后，打开人孔，进行检查，清除沉积物；

⑤ 经建设和施工和监理三方共同检验，确认合格，并在验收记录上签章后，方可封闭人孔和手孔。

（6）填表说明

1）工作压力：指锅炉的额定工作压力。

2）煮炉方法：应参考《锅炉安装工程施工及验收规范》GB 50273—2009 规定执行。可按（5）锅炉的煮炉执行。

3）煮炉情况记录：照实际煮炉过程的情况记录，分别按不同时间、压力填写记录。

5.5.7.3　锅炉设备的试运转与调试记录

1. 资料表式

锅炉试运行记录　　　　　　　　　　　　　表 5.5.7.3

工程名称	
施工单位	

本锅炉的安全附件校验合格后，由 ＿＿＿＿＿＿＿＿＿＿＿＿＿＿＿＿＿＿＿＿＿＿＿＿＿ 统一组织，经

＿＿＿＿＿＿＿＿＿＿＿＿＿＿＿＿＿＿＿＿＿ 共同验收，自＿＿＿＿年＿＿月＿＿日＿＿时至＿＿＿＿

年＿＿月＿＿日＿＿时试运行，运行正常，符合规程及设计文件要求，试运行合格。

试运行情况记录：

　　　　　　　　　　　　　　　　　　　　　　　　　　　　　　　　　记录人：

运行结果说明：

参加人员	建设单位（签章）	监理单位（签章）	管理单位（签章）	施　工　单　位		
				专业技术负责人	质检员	工长

注：签章系指单位加盖公章参加人员本人签字。

2. 应用指导

（1）锅炉的水压试验

1）锅炉的汽、水系统安装完毕后，必须进行水压试验。水压试验的压力应符合表 5.5.7.3-1 的规定。

① 在试验压力下 10min 内压力降不超过 0.02MPa；然后降至工作压力进行检查，压力不降，不渗、不漏。

② 观察检查，不得有残余变形，受压元件金属壁和焊缝上不得有水珠和水雾。

2）分汽缸（分水器、集水器）安装前应进行水压试验，试验压力为工作压力的 1.5

倍，但不得小于 0.6MPa。试验压力下 10min 内无压降、无渗漏。

水压试验压力规定 表 5.5.7.3-1

项　　次	设备名称	工作压力 P(MPa)	试验压力(MPa)
1	锅炉本体	1.5P 但不小于 0.2	<0.59
		P+0.3	0.59≤P≤1.18
		1.25P	P>1.18
	可分式省煤器	P	1.25P+0.5
	非承压锅炉	大气压力	0.2

注：1. 工作压力 P 对蒸汽锅炉指锅筒工作压力，对热水锅炉指锅炉额定出水压力；

2. 铸铁锅炉水压试验同热水锅炉；

3. 非永压锅炉水压试验压力为 0.2MPa，试验期间压力应保持不变。

3）连接锅炉及辅助设备的工艺管道安装完毕后，必须进行系统的水压试验，试验压力为系统中最大工作压力的 1.5 倍。在试验压力 10min 内压力降不超过 0.05MPa，然后降至工作压力进行检查，不渗不漏。

（2）锅炉试运行及安全阀定压

锅炉在烘炉煮炉合格后，正式运行前应进行 72 小时的满负荷运行，同时将安全阀定压。

1）准备工作

① 准备充足的燃煤，供水、供电、运煤、除渣系统均能满足锅炉满负荷连续运行的需要。

② 对于单机试车、烘炉煮炉中发现的问题或故障，应全部进行排除、修复或更换。

③ 由具有合格证的司炉工、化验员负责操作，并在运行前熟悉各系统流程。操作中严格执行操作规程，试运行工作由甲乙双方配合进行。

2）点火运行

① 将合格的软水上至锅炉最低安全水位，打开炉膛门、烟道门，自然通风 10～15min。添加燃料及引火木柴，然后点火，开大引风机的调节阀，使木柴引燃，然后关小引风机的调节阀，间断开启引风机，使火燃烧旺盛，而后手工加煤并开启鼓风机。当燃煤燃烧旺盛时，可关闭点火门向煤斗加煤，间断开动炉排。此时应观察燃烧情况进行适当拨火，使煤能连续燃烧。同时调整鼓风量和引风量，使炉膛内维持 2～3mm 水柱的负压，使煤逐步正常燃烧。

② 升火时炉膛温升不宜太快，避免锅炉受热不均产生较大的热应力影响锅炉寿命。一般情况从点火到燃烧正常，时间不得少于 3～4h。

③ 运行正常后应注意水位变化，炉水受热后水位会上升，超过最高水位时，通过排污保持水位正常。

④ 当锅炉压力升至 0.05～0.1MPa 时，应进行压力表变管和水位表的冲洗工作。以后每班冲洗一次。

⑤ 当锅炉压力升至 0.3～0.4MPa 时，对锅炉范围内的法兰、人孔、手孔和其他连接螺栓进行一次热状态下的紧固。随着压力升高及时消除人孔、手孔、阀门、法兰等处的渗

漏，并注意观察锅筒、联箱、管道及支架的热膨胀是否正常。

　　3）安全阀定压

　　① 试运行正常后，可进行安全阀的调整定压工作，安全阀开启压力规定见表5.5.7.3-2。

　　② 定压顺序和方法。

　　A. 锅炉装有两个安全阀的，一个按表中较高值调整，另一个按较低值调整。安全阀调整顺序为：先调整确定锅筒上开启压力较高的安全阀，然后再调整确定开启压力较低的安全阀。

　　B. 对弹簧式安全阀，先拆下安全阀的阀帽的开口销，取下安全阀提升手柄和安全阀的阀帽，用扳手松开紧固螺母，调松调整螺杆，放松弹簧，降低安全阀的排气压力，然后逐渐由较低压力调整到规定压力。当听到安全阀有排气声而不足规定开启压力值时，应将调整螺杆顺时针转挚压紧弹簧，这样反复几次，逐步将安全阀调整到规定的开启压力。在调整时，观察压力表的人与调整安全阀的人要配合好，当弹簧调整到安全阀能在规定的开启压力下自动排气时，就可以拧紧紧固螺母。

　　C. 对杠杆式安全阀，要先松动重锤的固定螺栓，再慢慢移动重锤，移远为加压，移近为降压。当重锤移到安全阀能在规定的开启压力下自动排汽时，就可以拧紧重锤的固定螺栓。

　　D. 省煤器安全阀的调整定压与弹簧式安全阀的杠杆式安全阀相同。其升压和控制压力的方法是将锅炉给水阀临时关闭，靠给水泵升压，用调节省煤器循环管阀门的大或小来控制安全阀开启压力。当锅炉需上水时，应先保证锅炉上水后再进行调整。安全阀调整完毕，应及时把锅炉给水阀门打开。

安全阀开启压力规定

表 5.5.7.3-2

锅炉工作压力 P（MPa）	安全阀开启压（MPa）
<1.27	工作压力＋0.2
	工作压力＋0.5
1.27～3.82	1.04 倍工作压力
	1.06 倍工作压力
热水锅炉	1.12 倍工作压力
	1.14 倍工作压力
省煤器	1.1 估工作压力

　　③ 定压工作完成后，应做一次安全阀自动排气试验，启动合格后应加锁或铅封。同时将正确的开启压力、起座压力、回座压力记入《企业锅炉安装工程质量证明书》中。

　　④ 注意事项：

　　A. 安全阀定压调试应有两人配合操作，严防蒸汽冲出伤人及高空坠落事故的发生。

　　B. 安全阀定压调试记录应有建设、施工和监理三方共同签字盖章。

　　C. 要保持正常水位，防止缺水和满水事故。

　　D. 当使用单位提出按实际运行压力调整安全阀的开启压力，而锅炉配套安全阀无法调出较低的启动压力时，应更换相应工作压力的弹簧。更换弹簧可参照表 5.5.7.3-2办理。

4）安全阀调整完成后，锅炉安全负荷连续试运行 72h，以保证锅炉及全部附属设备运行正常。

（3）总体验收

在锅炉试运行末期，建设单位、安装单位、监理单位和当地劳动部门、环保部门共同对锅炉及附属设备进行总体验收。总体验收应进行下列几个方面的检查：

1）检查由安装单位填写的锅炉、锅炉房设备及管道的施工安全记录、质量检验记录。

2）检查锅炉、附属设备及管道安装是否符合设计要求。热力设备和管道的保温、刷油是否合格。

3）检查各安全附件安装是否合理正确，性能是否可靠，压力容器有无合格证明。

4）锅炉房电气设备安装是否正确、安全可靠；自动控制、信号系统及仪表是否调试合格，灵敏可靠。

5）检查上煤、燃烧、除渣系统的运行情况有无跑风漏烟现象；检查消烟除尘设备的效果和锅炉附属设备噪声是否合格。

6）检查水处理设备及给水设备的安装质量，查看水质是否符合低压锅炉水质标准。

7）检查烘炉、煮炉、安全阀调试记录，了解试运行时各项参数能否达到设计要求。

8）检查与锅炉安全运行有关的各项规定（如安全疏散、通道、消防、安全防护）落实和执行情况。

9）总体验收合格后，由安装单位按照有关要求整理竣工技术文件，并交由建设单位保管，建设单位作为向当地劳动部门申请办理《锅炉使用登记证》的证明文件之一，并存入锅炉技术档案中。

5.6 系统联合试运转及调试记录

建筑节能工程验收资料核查中包括：采暖系统联合试运转及调试记录和通风与空调工程系统联合试运转及调试记录。

5.6.1 采暖节能工程室内采暖系统试运转及调试记录

采暖节能工程室内采暖系统试运转及调试应包括：室内采暖系统水压试验记录、采暖管道系统吹洗（脱脂）检验记录、采暖系统试运转及调试记录。

（GB 50242—2002）第 3.3.16 条规定：各种承压管道系统和设备应做水压试验，非承压管道系统和设备应做灌水试验。

5.6.1.1　室内采暖系统水压试验记录

1. 资料表式

室内采暖系统水压试验记录　　　　表 5.6.1.1

工程名称					分项工程名称			
试验时间	年　　月　　日　　时起				试压方式			
	年　　月　　日　　时止							
被试系统					压力表编号			
试验介质					试压标准	工作压力		MPa
试验要求:								
试验记录	强度试验	试验压力表设置位置						
		试验压力(MPa)						
		试验持续时间(min)						
		试验压力降(MPa)						
		渗漏情况						
	严密性试验	试验压力(MPa)						
		试验持续时间(min)						
		试验压力降(MPa)						
		渗漏情况						
试压经过及问题处理								
试验结论:								
参加人员	监理(建设)单位		施　工　单　位					
			专业技术负责人		质检员		试验员	

2. 应用指导

（1）室内采暖系统水压试验记录是建筑工程管道、设备安装完成后，必须进行的测试项目。

（2）采暖、热水系统隐蔽前，阀门、散热器及设备在安装前必须进行管道、设备强度和严密性试验（有焊接管道时应进行焊口检查），填写检查和试压记录，试验结果应满足设计规范的有关规定。经监理（建设）单位代表验证签名后才能隐蔽和安装。

（3）采暖系统安装完毕，管道保温之前应进行水压试验。试验压力应符合设计要求。当设计未注明时，应符合下列规定:

1）蒸汽、热水采暖系统，应以系统顶点工作压力加 **0.1MPa** 作水压试验，同时在系统顶点的试验压力不小于 **0.3MPa**。

2）高温热水采暖系统，试验压力应为系统顶点工作压力加 **0.4MPa**。

3）使用塑料管及复合管的热水采暖系统，应以系统顶点工作压力加 **0.2MPa** 作水压试验，同时在系统顶点的试验压力不小于 **0.4MPa**。

检验方法：使用钢管及复合管的采暖系统应在试验压力下 **10min** 内压力降不大于 **0.02MPa**，降至工作压力后检查，不渗、不漏；

使用塑料管的采暖系统应在试验压力下 **1h** 内压力降不大于 **0.05MPa**，然后降压至工作压力的 **1.15** 倍，稳压 **2h**，压力降不大于 **0.03MPa**，同时各连接处不渗、不漏。

（4）系统试压合格后，应对系统进行冲洗并清扫过滤器及除污器。

检验方法：现场观察，直至排出水不含泥沙、铁屑等杂质，并且水色不浑浊为合格。

（5）系统冲洗完毕应充水、加热，进行试运行和调试（室温应满足设计要求）。

（6）低温热水地板辐射采暖系统地面下敷设的盘管埋地部分不应有接头。

（7）盘管隐蔽前必须进行水压试验，试验压力为工作压力的 1.5 倍，但不小于 0.6MPa。

检验方法：稳压 1h 内压力降不大于 0.05MPa 且不渗、不漏。

（8）管道压力试验的几点说明。

① 管道试压一般分单项试压和系统试压两种。单项试压是在干管敷设完成，隐蔽部位的管道安装完毕后按设计和规范要求进行的水压试验。

② 试压前应将预留口堵严，关闭入口总阀门和所有泄水阀门及低处放风阀门，打开各分路及主管阀门和系统最高处的放风阀门。

③ 检查全部系统，发现有漏水处应做好标记，并进行修理，修好后再充满水进行加压，而后复查，如管道不渗、不漏，并持续到规定时间，压降在允许范围内，即试压符合要求。应通知有关单位验收，并办理验收手续。

④ 冬季竣工而又不能及时供暖的工程进行系统试压时，必须采取可靠措施把水泄净，以防冻坏管道和设备。

（9）表列子项

① 被试系统：指实际管道、设备的系统进行的试验；

② 试验时间：照实际的试验时间填写，分别按年、月、日、时填写；

③ 试压方式：指被试系统试压采用介质的方式，照实际试压方式填写；

④ 试压标准：指被试系统试压采用的标准，由测试人照实际填写；

⑤ 试验要求：指被试系统试验的相关要求，一般按规范的试验要求填写；

⑥ 试验强度：试验压力、持续时间、压力降应符合设计和规范要求；

⑦ 渗漏情况：指被试系统试验的结果有无渗漏，照实际填写；

⑧ 严密性试验：试验压力、持续时间、压力降应符合设计和规范要求；

⑨ 试验结论：由施工单位的专业技术负责人和项目监理机构的专业监理工程师根据试验结果，经协商同意后填写；

⑩ 试压经过及问题处理：按实际试压中发现问题的过程及对发现问题的处理方法，照实际填写。

5.6.1.2　采暖管道系统吹洗（脱脂）检验记录

1. 资料表式

采暖管道系统吹洗（脱脂）检验记录　　　　表 5.6.1.2

工程名称			部　位						日　期		
管道系统编号	材质	工作介质	吹　洗					脱脂		备注	
			介质	压力	流速	吹洗次数	鉴定	介质	鉴定		
依据标准及要求			试验情况					试验结论			
核定意见											
参加人员	监理（建设）单位			施　工　单　位							
				专业技术负责人		质检员			试验员		

2. 应用指导

采暖管道系统吹洗（脱脂）检验记录是建筑安装工程的管道、设备在压力试验合格后，必须进行的测试项目。

（1）一般规定

1）管道在压力试验合格后，应对采暖管道进行吹扫或清洗（简称吹洗）工作，并应在吹洗前编制吹洗方案。

2）吹洗方法应根据对管道的使用要求、工作介质及管道内表面的脏污程度确定。公称直径大于或等于 600mm 的液体或气体管道，宜采用人工清理；公称直径小于 600mm 的液体管道宜采用水冲洗；公称直径小于 600mm 的气体管道宜采用空气吹扫；蒸汽管道应以蒸汽吹扫；非热力管道不得用蒸汽吹扫。

对有特殊要求的管道，应按设计文件规定采用相应的吹洗方法。

（2）《建筑给水排水及采暖工程施工质量验收规范》（GB 50242—2002）第 8.6.2 条规定：系统试压合格后，应对系统进行冲洗并清扫过滤器及除污器。现场观察，直至排出水不含泥沙、铁屑等杂质，并且水色不浑浊为合格。

（3）该记录应按单元、层逐户检查填写。系统冲洗完毕应充水、加热，进行试运行和调试。观察、测量室温应满足设计要求。

（4）室内供热管道冲洗

工作条件

① 管道已进行系统试压合格。

② 热源已送至进户装置前，或者热源已具备。

（5）室内采暖系统冲洗

1）热水采暖系统的冲洗。

首先，检查全系统内各类阀件的关启状态。要关闭系统上的全部阀门，应关紧、关严，并拆下除污器、自动排汽阀等。

① 水平供水干管及总供水立管的冲洗：先将自来水管接进供水水平干管的末端，再将供水总立管进户处接往下水道。打开排水口的控制阀，再开启自来水进口控制阀，进行反复冲洗。冲洗结束后，先关闭自来水进口阀，后关闭排水口控制阀门。

② 系统上立管及回水水平导管冲洗：自来水连通进口可不动，将排水出口连通管改接至回水管总出口处。关上供水总立管上各个分环路的阀门。先打开排水口的总阀门，再打开靠近供水总立管边的第一个立支管上的全部阀门，最后打开自来水入口处阀门进行第一分立支管的冲洗。冲洗结束时，先关闭进水口阀门，再关闭第一分支管上的阀门。按此顺序分别对第二、三……各环路上各根立支管及水平回路的导管进行冲洗。若为同程式系统，则从最远的立支管开始冲洗为好。

③ 冲洗中，当排入下水道的冲洗水为洁净水时可认为合格。全部冲洗后，再以流速 $1\sim1.5m/s$ 的速度进行全系统循环，延续 20min 以上，循环水色透明为合格。

④ 全系统循环正常后，把系统回路按设计要求连接好。

2）蒸汽采暖，供热系统的吹洗：

① 蒸汽供热系统的吹洗，采用蒸汽为热源较好，也可以采用压缩空气进行。

② 系统投入使用前必须冲洗，冲洗前应将管道安装的流量孔板，滤网温度计等阻碍污物通过的设施临时拆除，待冲洗合格后再安装好。

③ 蒸气系统宜用蒸汽吹洗，吹扫前应缓慢升温，并且恒温 1 小时后进行吹洗，吹洗后降至环境温度（一般应不少于三吹扫）直到管内无铁锈及污物为合格。

④ 吹洗的过程除了将疏水器、回水盒卸除以外，其他程序均与热水系统相同。

5.6.1.3 采暖系统联合试运转及调试记录

1. 资料表式

采暖系统联合试运转及调试记录表   表 5.6.1.3

工程名称		分部(或单位)工程	
系统编号		试验日期	年 月 日

采暖系统试运转及调试,经_____共同验收,自_____年

___月___日___时至_____年___月___日___时试运行,运行正常,符合规程及设计文件要求,试运行合格。

试运行内容及情况简述:

记录人:

问题处理及建议:

试运行结果:

评定结论:

参加人员	监理(建设)单位	施 工 单 位		
		专业技术负责人	质检员	试验员

2. 应用指导

（1）（GB 50411—2007）第 9.2.10 条规定：采暖系统安装完毕后，应在采暖期内与热源进行联合试运转和调试。联合试运转和调试结果应符合设计要求。采暖房间温度相对于设计计算温度不得低于 **2℃**，且不高于 **1℃**。

检验方法：检查室内采暖系统试运转和调试记录。

（2）系统冲洗完毕应充水、加热，进行试运行和调试（测量室温应满足设计要求）。

（3）先联系好热源，制定出通暖调试方案、人员分工和处理紧急情况的各项措施。备好修理、泄水等器具。

（4）维修人员按分工各就各位，分别检查采暖系统中的泄水阀门是否关闭，干、立、支管上的阀门是否打开。

（5）向系统内充水（以软化水为宜），开始先打开系统最高点的排气阀，指定专人看管。慢慢打开系统回水干管的阀门，待最高点的排气阀见水后立即关闭。然后，开启总进口供水管的阀门，最高点的排气阀须反复开闭数次，直至将系统中冷空气排净。

（6）在巡视检查中如发现隐患，应尽量关闭小范围内的供、回水阀门，及时处理和抢修。修好后随即开启阀门。

（7）全系统运行时，遇有不热处要先查明原因。如需冲洗检修，先关闭供、回水阀，泄水后再先后打开供、回水阀门，反复放水冲洗。冲洗完后再按上述程序通暖运行，直到运行正常为止。

（8）若发现热度不均，应调整各个分路、立管、支管上的阀门，使其基本达到平衡后，邀请各有关单位检查验收，并办理验收手续。

（9）高层建筑的采暖管道冲洗与通热，可按设计系统的特点进行划分，按区域、独立系统、分若干层等逐段进行。

（10）冬期通暖时，必须采取临时采暖措施。室温应连续 24h 保持在 5℃ 以上后，方可进行正常送暖：

1）充水前先关闭总供水阀门，开启外网循环管的阀门，使热力外网管道先预热循环。

2）分路或分立管通暖时，先从向阳面的末端立管开始，打开总进口阀门，通水后关闭外网循环管的阀门。

3）待已供热的立管上的散热器全部热后，再依次逐根、逐个分环路通热，直到全系统正常运行为止。

5.6.2 通风与空调工程系统联合试运转及调试记录

5.6.2.1 通风与空调工程系统联合试运转及调试记录

1. 资料表式

系统联合试运转及调试记录表

表 5.6.2.1

工程名称		分部（或单位）工程		
系统编号		试验日期	年　　月　　日	
设计总风量	m³/h	实测总风量	m³/h	
风机全压		实测风机全压		
运行调试内容：				
问题处理及建议：				
评定意见：				

参加人员	监理（建设）单位	施　工　单　位		
		专业技术负责人	质检员	试验员

2. 应用指导

（1）通风工程系统无生产负荷联动试运转及调试应符合下列规定：

1）系统联动试运转中，设备及主要部件的联动必须符合设计要求，动作协调、正确，无异常现象；

2）系统经过平衡调整，各风口或吸风罩的风量与设计风量的允许偏差不应大于设计和规范的规定；

3）湿式除尘器的供水与排水系统运行应正常。

（2）空调工程系统无生产负荷联动试运转及调试还应符合下列规定：

1）空调工程水系统应冲洗干净、不含杂物，并排除管道系统中的空气；系统连续运行应达到正常、平稳；水泵的压力与水泵电机的电流不出现大幅波动。系统平衡调整后，各空气调节机组的水流量应符合设计和规范的要求；

2）各种自动计量检测元件和执行机构的工作应正常，满足建筑设备自动化（BA、FA 等）系统对被测定参数进行检测和控制的要求；

3）多台冷却塔并联运行时，各冷却塔的进水量、出水量应达到均衡一致；

4）空调室内噪声应符合设计规定要求；

5）有压差要求的房间、厅堂与其他相连房间之间的压差，舒适性空调正压力为 0～25Pa；工艺性的空调应符合设计的规定；

6）有环境噪声要求的场所，制冷、空调机组应按现行国家标准《采暖通风与空气调节设备噪声声功率级的测定——工程法》GB 9068 的规定进行测定。洁净室内的噪声应符合设计的规定。

检验方法：观察、用仪表测量检查及查阅调试记录。

检查数量：按系统数量抽查10％，并且不得少于1个系统或1间。

5.6.2.2　通风与空调系统风量的平衡测试记录

1. 资料表式

通风与空调系统风量的平衡测试表式见表5.6.2.1或按当地建设行政主管部门批准的"地方工程建设标准中的技术资料表式提供的施工文件"直接归存，并列入施工文件中。

2. 应用指导

空调系统风量的测定内容包括：测定总送风量、新风量、回风量、排风量，以及各干、支风管内风量和送（回）风口的风量等。

（1）风管内风量的测定方法

1）测定截面位置和测定截面内测点位置的确定

在用毕托管和倾斜式微压计测系统总风量时，测定截面应选在气流比较均匀稳定的地方。一般都选在局部阻力之后大于或等于4倍管径（或矩形风管大边尺寸）和局部阻力之前大于或等于1.5倍管径（或矩形风管大边尺寸）的直管段上。当条件受到限制时，距离可适当缩短，并且应适当增加测点数量。

测定截面内测点的位置和数目，主要根据风管形状而定。对于矩形风管，应将截面划分为若干个相等的小截面，并使各小截面尽可能接近于正方形，测点位于小截面的中心处，小截面的面积不得大于0.05m²。在圆形风管内测量平均速度时，应根据管径的大小，将截面分成若干个面积相等的同心圆环，每个圆环上测量四个点，且这四个点必须位于互相垂直的两个直径上，所划分的圆环数目，可按表5.6.2.2选用。

圆形风管划分圆环数表　　　　　　　　　　　　表5.6.2.2

圆形风管直径(mm)	200以下	200～400	400～700	700以上
圆环数(个)	3	4	5	5～6

2）绘制系统草图

根据系统的实际安装情况，参考设计图纸，绘制出系统单线草图供测试时使用。在草图上，应标明风管尺寸、测定截面位置、风阀的位置、送（回）风口的位置等。在测定截面处，应说明该截面的设计风量、面积。

3）测量方法

将毕托管插入测试孔，全压孔迎向气流方向，使倾斜式微压计处于水平状态，连接毕托管和倾斜式微压计。在测量动压时，不论处于吸入管段还是压出管段，都是将较大压力（全压）接"＋"处，较小压力（静压）接"－"处，将多向阀手柄扳向"测量"位置，在测量管标尺上即可读出酒精柱长度，再乘以倾斜测量管所固定位置上的仪器常数K值，即得所测量的压力值。

4）风管内风量的计算

通过风管截面的风量可以按下式确定：

$$L = 3600Fv$$

式中　F——风管截面积（m^2）；

　　　v——测量截面内平均风速（m/s）。

所测得的动压值要通过计算方可求出平均风速：

$$v = \sqrt{\frac{2gP_{db}}{\rho}}$$

式中　g——重力加速度，一般取 9.81m/s^2；

　　　ρ——空气的体积密度（kg/m^3）；

　　　P_{db}——测得的平均动压（kPa）。

5）系统总风量的调整

系统总风量的调整可以通过调节风管上风阀的开度大小来实现。

（2）送回风口风量的测定

1）各送（回）风或吸风罩风量的测定有两种方法：

① 用热球风速仪在风口截面处用定点测量法进行测量。测量时可按风口截面的大小，划分为若干个面积相等的小块，在其中心处测量。对于尺寸较大的矩形风口（图5.6.2.2-1），可分为同样大小的 8～12 个小方格进行测量；对于尺寸较小的矩形风口（图5.6.2.2-2），一般测 5 个点即可，对于条缝形风口（图5.6.2.2-3），在其高度方向至少应有两个测点，沿条缝方向根据其长度分别取为 4、5、6 对测点；对于圆形风口（图5.6.2.2-4），按其直径大小可分别测 4 个点或 5 个点。

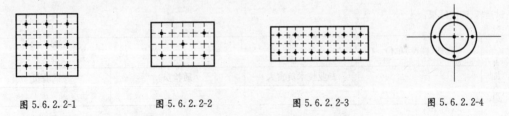

图 5.6.2.2-1　　　　图 5.6.2.2-2　　　　图 5.6.2.2-3　　　　图 5.6.2.2-4

② 可用叶轮风速仪采用匀速移动测量法测量。对于截面积不大的风口，可将风速仪沿整个截面按一定的路线慢慢地匀速移动，移动时风速仪不得离开测定平面，此时测得的结果可认为是截面平均风速。此法须进行三次，取其平均值。

③ 送（回）风口和吸风罩风量的计算：

$$L = 3600FvK$$

式中　F——送风的外框面积（m^2）；

　　　K——考虑送风口的结构和装饰形式的修正系数，一般取 0.7～1.0；

　　　v——风口处测得的平均风速（m/s）。

2）风量调整

目前使用的风量调整方法有流量等比分配法、基准风口调整法和逐段分支调整法，调试时可根据空调系统的具体情况采用相应的方法进行调整。

5.6.2.3　空调工程水系统连续运转与调试记录

1. 资料表式

空调工程水系统连续运转与调试记录　　　　　表 5.6.2.3

工程名称		试运转调试日期	
监理单位		项目经理	
设计空调冷（热）水总流量 $Q_设$/(m³/h)		相对差	
实际空调冷（热）水总流量 $Q_实$/(m³/h)			
空调冷（热）水供水温度（℃）		空调冷（热）水回水温度（℃）	
设计空调冷却水总流量 $Q_设$/(m³/h)		相对差	
实际空调冷却水总流量 $Q_实$/(m³/h)			
冷却水供水温度（℃）		冷却水回水温度（℃）	
试运转、调试内容：			
试运转、调试结果：			

参加人员	监理（建设）单位	施　工　单　位		
		专业技术负责人	质检员	试验员

2. 应用指导

（1）空调工程水系统连续运行与调试记录按 5.6.2.3 表式执行。

（2）空调工程水系统应冲洗干净、不含杂物，并排除管道系统中的空气；系统连续运行应达到正常、平稳；水泵的压力与水泵电机的电流不出现大幅波动。

空调工程水系统应冲洗干净，不含杂物，并排除管道系统中的空气。系统连续运行应达到正常、平稳。系统调整后，各空调机组的水流量应符合设计和规范的要求。

5.6.2.3-1　空调工程水系统的冷却水系统调试

1. 资料表式

空调工程水系统的冷却水系统调试表式按表 5.6.2.3 或按当地建设行政主管部门批准的"地方工程建设标准中的技术资料表式提供的施工文件"直接归存，并列入施工文件中。

2. 应用指导

启动冷却水泵和冷却塔，进行整个系统的循环清洗，反复多次，直至系统内的水不带任何杂质，水质清洁为止。在系统工作正常的情况下，用流量仪测量冷却水的流量，并且进行调节使之符合要求。

5.6.2.3-2　空调工程水系统的冷冻水系统调试

1. 资料表式

·空调工程水系统的冷冻水系统调试表式按表 5.6.2.3 或按当地建设行政主管部门批准的"地方工程建设标准中的技术资料表式提供的施工文件"直接归存，并列入施工文件中。

2. 应用指导

冷冻水系统的管路长且复杂，系统内清洁度要求高。因此，在清洗时要求严格、认真，冷冻水系统的清洗工作属封闭式的循环清洗，反复多次，直至水质洁净为止。最后，开启制冷机蒸发器、空调机组、风机盘管的进水阀，关闭旁通阀，进行冷水系统管路的充水工作。在充水时，要在系统的各个最高点安装自动排气阀，进行排气。

5.6.2.4　自动调节和监测系统的检验、调整与联动运行试运转及调试记录

1. 资料表式

自动调节和监测系统的检验、调整与联动运行表式见表 5.6.2.1 或按当地建设行政主管部门批准的"地方工程建设标准中的技术资料表式提供的施工文件"直接归存，并列入施工文件中。

2. 应用指导

通风与空调工程的控制和监测设备应能与系统的检测元件和执行机构正常沟通，系统的状态参数应能正确显示，设备联锁、自动调节器、自动保护应能正确动作。

（1）系统投运前的准备工作

1）室内校验：严格按照使用说明或其他规范对仪表逐台进行全面性能校验。

2）现场校验：仪表装到现场后，还需进行诸如零点、工作点、满刻度等一般性能校验。

（2）自动调节系统的线路检查

1）按控制系统设计图纸与有关的施工规程，仔细检查系统各组成部分的安装与连接情况。

2）检查敏感元件安装是否符合要求，所测信号是否正确，是否符合工艺要求，对敏感元件的引出线，尤其是弱电信号线，要特别注意强电磁场干扰情况。

3）对调节器着重于手动输出、正反向调节作用、手动—自动的无扰切换。

4）对执行器着重于检查其开关方向和动作方向，阀门开度与调节器输出的线性关系、位置反馈，能否在规定数值启动，全行程是否正常，有无变差和呆滞现象。

5）对仪表连接线路的检查：着重查错、查绝缘情况和接触情况。

6）对继电信号检查：人为地施加信号，检查被调量超过预定上、下限时的自动报警及自动解除警报的情况等，此外，还要检查自动联锁线路和紧急停车按钮等安全措施。

5.6.2.5　空调房间室内参数的测定和调整试运转及调试记录

5.6.2.5-1　室内温度和相对湿度测定记录

1. 资料表式

室内温度和相对湿度测定记录表式见表 5.6.2.1 或按当地建设行政主管部门批准的

"地方工程建设标准中的技术资料表式提供的施工文件"直接归存，并列入施工文件中。

2. 应用指导

室内温度和相对湿度的测定

室内温度、相对湿度波动范围应符合设计的要求。

室内温度、相对湿度的测定，应根据设计要求来确定工作区，并且在工作区内布置测点。

一般舒适性空调房间应选择在人经常活动的范围或工作面为工作区。

恒温恒湿房间离围护结构 0.5m，离地高度 0.5～1.5m 处为工作区。

1）测点的布置

a　送风、回风口处。

b　恒温工作区内具有代表性的地点（如沿着工艺设备周围布置或等距布置）。

c　室中心（没有恒温要求的系统，温度、湿度只测此一点）。

d　敏感元件处。

测点数按表 5.6.2.5-1 确定。

湿、温度测点数 表 5.6.2.5-1

波动范围	室面积≤50m²	每增加 20～50m²
$\Delta t=\pm 0.5\sim\pm 2$℃ $\Delta RH=\pm 5\%\sim\pm 10\%$	5	增加 3～5
$\Delta t\leqslant\pm 0.5$℃ $\Delta RH\leqslant 5\%$	点间距不应大于 2m，点数不应少于 5 个	

2）有恒温恒湿要求的房间，室温波动范围按各测点的各次温度中偏离控制点温度的最大值，占测点总数的百分比整理成累积统计曲线，90％以上测点达到的偏差值为室温波动范围，应符合设计要求。区域温差以各测点中最低的一次温度为基准，各测点平均温度与其偏差的点数，占测点总数的百分比整理成累积统计曲线，如 90％以上测点的偏差值在室温波动范围内为符合设计要求。

相对湿度波动范围可按室温波动范围的原则确定。

5.6.2.5-2　室内静压差的测定记录

1. 资料表式

室内静压差的测定记录表式见表 5.6.2.1 或按当地建设行政主管部门批准的"地方工程建设标准中的技术资料表式提供的施工文件"直接归存，并列入施工文件中。

2. 应用指导

静压差的测定应在所有门窗关闭的条件下，由高压向低压、由里向外进行，检测时所使用的微压计，其灵敏度不应低于 2.0Pa。

为了保持房间的正压，通常靠调节房间回风量和排风量的大小来实现。

5.6.2.5-3　空调室内噪声的测定记录

1. 资料表式

空调室内噪声的测定记录表式见表 5.6.2.1 或按当地建设行政主管部门批准的"地方工程建设标准中的技术资料表式提供的施工文件"直接归存，并列入施工文件中。

2. 应用指导

空调房间噪声测定，一般以房间中心离地面 1.2m 高度处为测点，噪声测定时要排除本底噪声的影响。

5.6.2.5-4　净化空调系统的测试记录

净化空调系统的测试包括：风量或风速的测试、室内空气洁净度等级的测试、单向流洁净室截面平均速度，速度不均匀度的检测、静压差的检测。

5.6.2.5-4A　净化空调系统风量或风速的测试记录

1. 资料表式

净化空调系统风量或风速的测试记录表式见表 5.6.2.1 或按当地建设行政主管部门批准的"地方工程建设标准中的技术资料表式提供的施工文件"直接归存，并列入施工文件中。

2. 应用指导

单向流洁净室采用室截面平均风速和截面积乘积的方法确定送风量，离高效过滤器 0.3m，垂直于气流的截面作为采样测试截面，截面上测点间距不宜大于 0.6m，测点数不应少于 5 个，用热球风速仪测得各测点的风速读数的算术平均值作为平均风速。

室内各风口风量的测定，可采用风口法或风管法确定送风量。

（1）风口法是在安装有高效过滤器的风口处，根据风口形状连接辅助风管进行测量。即用镀锌钢板或其他不产尘材料做成与风口形状及内截面相同，长度等于 2 倍风口长边尺寸的直管段，连接于风口外部。在辅助风管出口平面上，按最少测点数不少于 6 点均匀布置，使用热球风速仪测定各测点的风速。然后，以求取的风口截面平均风速乘以风口净截面积求取测定风量。

（2）对于风口上风侧有较大的直管段，并且已经或可以打孔时，可以用风管法确定风量。测定断面应位于大于或等于局部阻力部件前 3 倍管径或长边长，局部阻力部件后 5 倍管径或长边长的部位。

（3）对于矩形风管，是将测定截面分割成若干个相等的小截面，每个小截面尽可能接近正方形，边长不应大于 200mm。测点应位于小截面中心，但整个截面上的测点数不宜少于 3 个。

（4）对于圆形风管，应根据管径的大小，将截面划分为若干个面积相等的同心圆环，每个圆环测 4 点。根据管径确定圆环数量，不宜少于 3 个。

5.6.2.5-4B　净化空调系统室内空气洁净度等级的测试记录

1. 资料表式

净化空调系统风量或风速的测试记录表式见表 5.6.2.1 或按当地建设行政主管部门批准的"地方工程建设标准中的技术资料表式提供的施工文件"直接归存，并列入施工文件中。

2. 应用指导

室内空气洁净度等级必须符合设计规定的等级或在商定验收状态下的等级要求，高于等于 5 级的单向流洁净室。在门开启的状态下，测定距离门 0.6m 室内侧工作高度处空气的含尘浓度，亦不应超过室内洁净度等级上限的规定。

（1）检测仪器的选用，应使用采样速率大于 1L/min 的光学粒子计数器。在仪器选用时，应考虑粒径鉴别能力、粒子浓度适用范围和计数效率。仪表应有有效的标定合格证书。

（2）采样点的规定可见表 5.6.2.5-4B1。

测点数 N_L	2	3	4	5	6	7	8	9	10
洁净区面积 $A(m^2)$	2.1～6.0	6.1～12.0	12.1～20.0	20.1～30.0	30.1～42.0	42.1～56.0	56.1～72.0	72.1～90.0	90.1～110.0

注：1　在水平单向流时，面积 A 为与气流方向呈垂直的流动空气截面的面积；
　　2　最低限度的采样点数 N_L 按公式 $N_L = A^{0.5}$ 计算（四舍五入取整数）。

采样点应均匀分布于整个面积内，并位于工作区的高度（距地坪 0.8m 的水平面），或设计单位、建设单位特指的位置。

（3）采样量的确定：

1）每次采样的最少采样量见表 5.6.2.5-4B2。

洁净度等级	粒径（μm）					
	0.1	0.2	0.3	0.5	1.0	5.0
1	2000	8400	—	—	—	—
2	200	840	1960	5680	—	—
3	20	84	196	568	2400	—
4	2	8	20	57	240	—
5	2	2	2	6	24	680
6	2	2	2	2	2	68
7	—	—	—	2	2	7
8	—	—	—	2	2	2
9	—	—	—	2	2	2

2）每个采样点的最少采样时间为 1min，采样量至少为 2L。

3）每个洁净室（区）最少采样次数为 3 次。当洁净区仅有一个采样点时，则在该点至少采样 3 次。

4）对预期空气洁净等级达到 4 级或更洁净的环境，采样量很大，可采用 ISO 14644-1 附录 F 规定的顺序采样法。

（4）检测采样的规定：

1）采样时采样门处的气流速度，应尽可能接近室内的设计气流速度。

2）对单向流洁净室，其粒子计数器的采样管口应迎着气流方向；对于非单向流洁净室，采样管口宜向上。

3）采样管必须干净，连接处不得有渗漏。采样管的长度应根据允许长度确定；如果无规定时，不宜大于 1.5m。

4）室内的测定人员必须穿洁净工作服，且不宜超过 3 名，并应远离或位于采样点的下风侧静止不动或微动。

（5）记录数据评价。空气洁净度测试中，当全室（区）测点为 2～9 点时，必须计算每个采样点的平均粒子浓度 C_i 值、全部采样点的平均粒子浓度 N 及其标准差，导出 95% 置信上限值；采样点超过 9 点时，可采用算术平均值 N 作为置信上限值。

1) 每个采样点的平均粒子浓度 C_i 应小于或等于洁净度等级规定的限值，见表 5.6.2.5-4B3。

洁净度等级及悬浮粒子浓度限值　　　　　　表 5.6.2.5-4B3

洁净度等级	大于或等于表中粒径 D 的最大浓度 C_n（pc/m³）					
	$0.1\mu m$	$0.2\mu m$	$0.3\mu m$	$0.5\mu m$	$1.0\mu m$	$15.0\mu m$
1	10	2	—	—	—	—
2	100	24	10	4	—	—
3	1000	237	102	35	8	—
4	10000	2370	1020	352	83	—
5	100000	23700	10200	3520	832	29
6	1000000	237000	102000	35200	8320	293
7	—	—	—	352000	83200	2930
8	—	—	—	3520000	832000	29300
9	—	—	—	35200000	8320000	293000

注：1　本表仅表示了整数值的洁净度等级（N）悬浮粒子最大浓度的限值；
　　2　对于非整数洁净度等级，其对应于粒子粒径 D（μm）的最大浓度值（C_n），应按下列公式计算求取。
　　　　$C_n = 10^N \times (0.1/D)^{2.08}$；
　　3　洁净度等级定级的粒径范围为 $0.1 \sim 5.0\mu m$，用于定级的粒径数不应大于 3 个，并且其粒径有顺序级差不应小于 1.5 倍。

2) 全部采样点的平均粒子浓度 N 的 95% 置信上限值，应小于或等于洁净等级规定的限值。即：

$$N + \frac{ts}{\sqrt{n}} \leqslant 级别规定的限值$$

式中　N—— 室内各测点平均含尘浓度，$N = \Sigma C_i / n$；

　　　　n—— 测点数；

　　　　s—— 室内各测点平均含尘浓度 N 的标准差：$s = \sqrt{(C_i - N)^2 / (n-1)}$；

　　　　t—— 置信度上限为 95% 时，单侧 t 分布的系数，见表 5.6.2.5-4B4。

t 系数　　　　　　表 5.6.2.5-4B4

点　　数	2	3	4	5	6	7~9
t	6.3	2.9	2.4	2.1	2.0	1.9

5.6.2.5-4C　净化空调系统单向流洁净室截面平均速度、速度不均匀度的检测记录

1. 资料表式

净化空调系统单向流洁净室截面平均速度、速度不均匀度的测试记录表式，见表 5.6.2.1 或按当地建设行政主管部门批准的"地方工程建设标准中的技术资料表式提供的施工文件"直接归存，并列入施工文件中。

2. 应用指导

(1) 洁净室垂直单向流和非单向流应选择距墙或围护结构内表面大于 0.5m，离地面高度 0.5～1.5m 作为工作区，水平单向流以距送风墙或围护结构内表面 0.5m 处的纵断面为第一工作面，测定截面的测点数应符合表 5.6.2.5-2 的规定。

(2) 测定风速应用测定架固定风速仪，以避免人体干扰。不得不用手持风速仪测定时，手臂应伸至最长位置，尽量使人体远离测头。

(3) 室内气流流形的测定，宜采用发烟或悬挂丝线的方法，进行观察测量与记录。然后，标在记录的送风平面的气流流形图上，一般每台过滤器至少对应 1 个观察点。

风速不均匀度 β_0 按下列公式计算，一般 β_0 值不应大于 0.25。

$$\beta_0 = s/v$$

式中　v——各测点风速的平均值（m/s）；

s——标准差。

5.6.2.5-4D　净化空调系统静压差的检测记录

1. 资料表式

净化空调系统静压差的检测记录表式见表 5.6.2.1 或按当地建设行政主管部门批准的"地方工程建设标准中的技术资料表式提供的施工文件"直接归存，并列入施工文件中。

2. 应用指导

静压差的测定应在所有的门关闭的条件下，由高压向低压，由平面布置上与外界最远的里间房间开始，依次向外测定。检测时所使用的补偿微压计，其灵敏度不应低于 2.0Pa。

有孔洞相通的不同等级相邻的洁净室，其洞口处应有合理的气流流向，洞口的平均风速大于等于 0.2m/s 时，可用热球风速仪检测。

为了保持房间的正压，通常靠调节房间回风量和排风量的大小来实现。

5.6.2.6　防排烟系统测定的试运转及调试记录

1. 资料表式

防排烟系统测定的试运转及调试表式见表 5.6.2.1 或按当地建设行政主管部门批准的"地方工程建设标准中的技术资料表式提供的施工文件"直接归存，并列入施工文件中。

2. 应用指导

防排烟系统联合试运行与调试的结果（风量及正压），必须符合设计与消防的规定。

防排烟系统的风量测定可按照 5.6.2.2 系统风量测定的方法进行。

在风量满足设计要求的情况下，按每次开启三个楼层的加压风口，风口风量及相关区域的正压，应符合设计与消防的规定。

5.7　系统节能性能检验报告

(1) 采暖、通风与空调、配电与照明工程安装完成后，应进行系统节能性能的检测，且应由建设单位委托具有相应检测资质的检测机构检测并出具报告。

检测机构出具的检验报告应是经当地建设行政主管部门批准的表式，作为施工文件直接归存。

（2）采暖、通风与空调、配电与照明系统节能性能检测的主要项目及要求见表 5.7，其检测方法应按国家现行有关标准规定执行。

系统节能性能检测主要项目及要求   表 5.7

序号	检测项目	抽样数量	允许偏差或规定值
1	室内温度	居住建筑每户抽测卧室或起居室 1 间，其他建筑按房间总数抽测 10%	冬季不得低于设计计算温度 2℃，且不应高于 1℃；夏季不得高于设计计算温度 2℃，且不应低于 1℃
2	供热系统室外管网的水力平衡度	每个热源与换热站均不少于 1 个独立的供热系统	0.9～1.2
3	供热系统的补水率	每个热源与换热站均不少于 1 个独立的供热系统	0.5%～1%
4	室外管网的热输送效率	每个热源与换热站均不少于 1 个独立的供热系统	≥0.92
5	各风口的风量	按风管系统数量抽查 10%，且不得少于 1 个系统	≤15%
6	通风与空调系统的总风量	按风管系统数量抽查 10%，且不得少于 1 个系统	≤10%
7	空调机组的水流量	按系统数量抽查 10%，且不得少于 1 个系统	≤20%
8	空调系统冷热水、冷却水总流量	全　　数	≤10%
9	平均照度与照明功率密度	按同一功能区不少于 2 处	≤10%

（3）当工程竣工验收时，可能因某种条件限制（如采暖工程不在采暖期竣工或竣工时热源和室外管网工程还未安装完毕等）不能进行测试时，施工单位与建设单位应事先在工程（保修）合同中对该检测项目作出延期补做试运转及调试的约定。

（4）系统节能性能检测的项目和抽样数量也可以在工程合同中约定，必要时可增加其他检测项目，但合同中约定的检测项目和抽样数量不应低于表 5.7 的规定。

5.7.1　系统节能性能检测实施

（1）节能检测宜在下列有关技术文件准备齐全的基础上进行：

1）施工图设计文件审查机构审查合格的工程施工图节能设计文件；

2）工程竣工图纸和相关技术文件；

3）具有相关资质的检测机构出具的对施工现场随机抽取的外门（含阳台门）、户门、外窗及保温材料所作的性能复验报告，包括门窗传热系数、外窗气密性能等级、玻璃及外窗遮阳系数、保温材料密度、保温材料导热系数、保温材料比热容和保温材料强度报告；

4）热源设备、循环水泵的产品合格证或性能检测报告；

5）外墙墙体、屋面、热桥部位和采暖管道的保温施工做法或施工方案；

6）与本条第 5）款有关的隐蔽工程施工质量的中间验收报告。

（2）检测中使用的仪器仪表应具有法定计量部门出具的有效期内的检定合格证或校准证书。除（JGJ/T 132—2009）标准其他章节另有规定外，仪器仪表的性能指标应符合

（JGJ/T 132—2009）标准附录 A 的有关规定。

（3）居住建筑单位采暖耗热量的现场检测应符合（JGJ/T 132—2009）标准附录 B 的规定。

（4）当竣工图中居住建筑物外围护结构的做法和施工图存在差异时，应根据气候区的不同分别对建筑物年采暖耗热量指标和（或）年空调耗冷量指标进行验算，且验算方法应分别符合（JGJ/T 132—2009）标准附录 C 和附录 D 的规定。

5.7.1.1   室内平均温度检测报告

1. 资料表式

室内温度检测报告表式按当地建设行政主管部门批准的试验单位提供的试验报告直接归存。并列入施工文件中。

2. 应用指导

（1）居住建筑每户抽测卧室或起居室 1 间，其他建筑按房间总数抽测 10%。

室内温度性能检测的允许偏差或规定值为冬季不得低于设计计算温度 2℃，且不应高于 1℃；夏季不得高于设计计算温度 2℃，且不应低于 1℃。

（2）室内平均温度检测方法（JGJ/T 132—2009）

1）室内平均温度的检测持续时间宜为整个采暖期。当该项检测是为配合其他物理量的检测而进行时，检测的起止时间应符合相应检测项目检测方法中的有关规定。

2）当受检房间使用面积大于或等于 30m² 时，应设置两个测点。测点应设于室内活动区域，且距地面或楼面（700～1800）mm 范围内有代表性的位置；温度传感器不应受到太阳辐射或室内热源的直接影响。

3）室内平均温度应采用温度自动检测仪进行连续检测，检测数据记录时间间隔不宜超过 30min。

4）室内温度逐时值和室内平均温度应分别按下列公式计算：

$$t_{\mathrm{rm},i} = \frac{\sum\limits_{i=1}^{P} t_{i,j}}{P}$$

$$t_{\mathrm{rm}} = \frac{\sum\limits_{i=1}^{n} t_{\mathrm{rm},i}}{n}$$

式中　t_{rm}——受检房间的室内平均温度（℃）；

　　　$t_{\mathrm{rm},i}$——受检房间第 i 个室内温度逐时值（℃）；

　　　$t_{i,j}$——受检房间第 j 个测点的第/个室内温度逐时值（℃）；

　　　n——受检房间的室内温度逐时值的个数；

　　　P——受检房间布置的温度测点的点数。

（3）室内平均温度的合格指标与判定方法（JGJ/T 132—2009）

1）集中热水采暖居住建筑的采暖期室内平均温度应在设计范围内；当设计无规定时，应符合现行国家标准《采暖通风与空气调节设计规范》GB 50019 中的相应规定。

2）集中热水采暖居住建筑的采暖期室内温度逐时值不应低于室内设计温度的下限；当设计无规定时，该下限温度应符合现行国家标准《采暖通风与空气调节设计规范》GB

50019 中的相应规定。

3）对于已实施按热量计量且室内散热设备具有可调节的温控装置的采暖系统，当住户人为调低室内温度设定值时，采暖期室内温度逐时值可不作判定。

4）当受检房间的室内平均温度和室内温度逐时值分别满足本条的第 1）款和第 2）款的规定时，应判为合格，否则应判为不合格。

5.7.1.2 供热系统室外管网的水力平衡度检测报告

1. 资料表式

供热系统室外管网的水力平衡度检测报告表式按当地建设行政主管部门批准的试验单位提供的试验报告直接归存，并列入施工文件中。

2. 应用指导

（1）每个热源与换热站均不少于 1 个独立的供热系统。

供热系统室外管网的水力平衡度检测的允许偏差或规定值为 0.9～1.2。

（2）室外管网水力平衡度检测方法（JGJ/T 132—2009）

1）水力平衡度的检测应在采暖系统正常运行后进行。

2）室外采暖系统水力平衡度的检测宜以建筑物热力入口为限。

3）受检热力入口位置和数量的确定应符合下列规定：

① 当热力入口总数不超过 6 个时，应全数检测；

② 当热力入口总数超过 6 个时，应根据各个热力入口距热源距离的远近，按近端 2 处、远端 2 处、中间区域 2 处的原则确定受检热力入口；

③ 受检热力入口的管径不应小于 DN40。

4）水力平衡度检测期间，采暖系统总循环水量应保持恒定，且应为设计值的 100%～110%。

5）流量计量装置宜安装在建筑物相应的热力入口处，且宜符合产品的使用要求。

6）循环水量的检测值应以相同检测持续时间内各热力入口处测得的结果为依据进行计算。检测持续时间宜取 10min。

7）水力平衡度应按下式计算：

$$HB_j = \frac{G_{\mathrm{wm},j}}{G_{\mathrm{wd},j}}$$

式中 HB_j—— 第 j 个热力入口的水力平衡度；

     $G_{\mathrm{wm},j}$—— 第 j 个热力入口循环水量检测值(m³/s)；

     $G_{\mathrm{wd},j}$—— 第 i 个热力入口的设计循环水量(m³/s)。

（3）室外管网水力平衡度的合格指标与判定方法（JGJ/T 132—2009）

1）采暖系统室外管网热力入口处的水力平衡度应为 0.9～1.2。

2）在所有受检的热力入口中，各热力入口水力平衡度均满足本条的第 1）款的规定时，应判为合格，否则应判为不合格。

5.7.1.3 供热系统的补水率检测报告

1. 资料表式

供热系统的补水率检测报告表式按当地建设行政主管部门批准的试验单位提供的试验

报告直接归存，并列入施工文件中。

2. 应用指导

（1）每个热源与换热站均不少于 1 个独立的供热系统。

供热系统的补水率检测的允许偏差或规定值为 0.5%～1%。

（2）供热系统补水率检测方法（JGJ/T 132—2009）

1）补水率的检测应在采暖系统正常运行后进行。

2）检测持续时间宜为整个采暖期。

3）总补水量应采用具有累计流量显示功能的流量计量装置检测。流量计量装置应安装在系统补水管上适宜的位置，且应符合产品的使用要求。当采暖系统中固有的流量计量装置在检定有效期内时，可直接利用该装置进行检测。

4）采暖系统补水率应按下列公式计算：

$$R_{mp} = \frac{g_a}{g_d} \times 100\%$$

$$g_d = 0.861 \times \frac{q_q}{t_s - t_r}$$

$$g_a = \frac{G_a}{A_0}$$

式中　R_{mp}——采暖系统补水率；

　　　g_a——采暖系统单位设计循环水量 [kg/(m² · h)]；

　　　g_d——检测持续时间内采暖系统单位补水量 [kg/(m² · h)]；

　　　G_a——检测持续时间内采暖系统平均单位时间内的补水量（kg/h）；

　　　A_0——居住小区内所有采暖建筑物的总建筑面积（m²），应按（JGJ/T 132—2009）标准附录 B 第 B.0.3 条的规定计算；

　　　q_q——供热设计热负荷指标（W/m²）；

　$t_s - t_r$——采暖热源设计供水、回水温度（℃）。

（2）供热系统补水率的合格指标与判定方法（JGJ/T 132—2009）

1）采暖系统补水率不应大于 0.5%。

2）当采暖系统补水率满足本条的第 1）款规定时，应判为合格，否则应判为不合格。

5.7.1.4　室外管网的热输送效率检测报告

1. 资料表式

室外管网的热输送效率检测报告表式按当地建设行政主管部门批准的试验单位提供的试验报告直接归存，并列入施工文件中。

2. 应用指导

室外管网的热输送效率是指"管网输出总热量"与输出管网的总热量的比值。

（1）检测的抽样数量为：每个热源与换热站均不少于 1 个独立的供热系统。

室外管网的热输送效率检测的允许偏差或规定值为≥0.92。

（2）室外管网输送效率检测方法（JGJ/T 132—2009）

室外管网输送效率检测方法可按（JGJ/T 132—2009）室外管网热损失率的检测方法执行。

1）采暖系统室外管网热损失率的检测应在采暖系统正常运行 120h 后进行，检测持续时间不应少于 72h。

2）检测期间，采暖系统应处于正常运行工况，热源供水温度的逐时值不应低于 35℃。

3）热计量装置的安装应符合（JGJ/T 132—2009）标准附录 B 第 B.0.2 条的规定。

4）采暖系统室外管网供水温降应采用温度自动检测仪进行同步检测，温度传感器的安装应符合（JGJ/T 132—2009）标准附录 B 第 B.0.2 条的规定，数据记录时间间隔不应大于 60min。

13.1.5　室外管网热损失率应按下式计算：

$$\alpha_{\mathrm{ht}} = \left(1 - \sum_{i=1}^{n} Q_{a,j}/Q_{a,t}\right) \times 100\%$$

式中　α_{ht}——采暖系统室外管网热损失率；

$Q_{a,j}$——检测持续时间内第 j 个热力入口处的供热量(MJ)；

$Q_{a,t}$——检测持续时间内热源的输出热量(MJ)。

（2）室外管网输送效率的合格指标与判定方法（JGJ/T 132—2009）

1）采暖系统室外管网热损失率不应大于 10%。

2）当采暖系统室外管网热损失率满足本条的第 1）条的规定时，应判为合格，否则应判为不合格。

5.7.1.5　各风口的风量检测报告

1. 资料表式

各风口的风量检测报告表式按当地建设行政主管部门批准的试验单位提供的试验报告直接归存，并列入施工文件中。

2. 应用指导

（1）风口质量是保证通风与空调工程的基础，检测风口质量是为保证通风与空调工程质量的一项重要手段，是必须进行的检测项目之一，应认真做好。

（2）各风口的风量检测抽样数量为：按风管系统数量抽查 10%，并且不得少于 1 个系统。各风口的风量检测的允许偏差或规定值为≤15%。

（3）风量测定按工程实际情况，绘制系统单线透视图，应标明风管尺寸，测点截面位置，送（回）风口的位置，同时标明设计风量、风速、截面面积及风口外框面积。

（4）风口的风量可在风口或风管内测量。在风口测风量可用风速仪直接测量或用辅助风管法求取风口断面的平均风速，再乘以风口净面积得到风口风量值。

当风口与较长的支管段相连时，可在风管内测量风口的风量。

（5）风口处的风速如用风速仪测量时，应贴近格栅或网格，平均风速测定可采用匀速移动法或定点测量法等，匀速移动法不应少于 3 次，定点测量法的测点不应少于 5 个。

5.7.1.6　通风与空调系统的总风量检测报告

1. 资料表式

通风与空调系统的总风量检测报告表式按当地建设行政主管部门批准的试验单位提供

的试验报告直接归存，并列入施工文件中。

2. 应用指导

（1）通风与空调系统总风量的抽样数量为：按风管系统数量抽查 10%，并且不得少于 1 个系统。

通风与空调系统的总风量检测的允许偏差或规定值为≤10%。

（2）开启风机进行风量测定与调整，先粗测总风量是否满足设计风量要求，作到心中有数，有利于做好调试工作。

（3）总的送风量应略大于回风量和排风量之和。新风量与回风量之和应近似等于总的送风量或各送风量之和。

5.7.1.7　空调机组的水流量检测报告

1. 资料表式

空调机组的水流量检测报告表式按当地建设行政主管部门批准的试验单位提供的试验报告直接归存，并列入施工文件中。

2. 应用指导

空调机组水流量的抽样数量为：按系统数量抽查 10%，并且不得少于 1 个系统。

空调机组的水流量检测的允许偏差或规定值为≤20%。

5.7.1.8　空调系统冷热水、冷却水总流量检测报告

1. 资料表式

空调系统冷热水、冷却水总流量检测报告表式按当地建设行政主管部门批准的试验单位提供的试验报告直接归存，并列入施工文件中。

2. 应用指导

空调系统冷热水、冷却水总流量的抽样数量为：全数检查。

空调系统冷热水、冷却水总流量检测的允许偏差或规定值为≤10%。

5.7.1.9　平均照度与照明功率密度检测报告

1. 资料表式

平均照度与照明功率密度检测报告表式按当地建设行政主管部门批准的试验单位提供的试验报告直接归存，并列入施工文件中。

2. 应用指导

（1）按同一功能区不少于 2 处。

平均照度与照明功率密度检测的允许偏差或规定值为≤10%。

（2）在通电试运行中，应测试并记录照明系统的照度和功率密度值。

1）照度值不得小于设计值的 90%；

2）功率密度值应符合《建筑照明设计标准》GB 50034 中的规定。

检验方法：在无外界光源的情况下，检测被检区域内平均照度和功率密度。

检查数量：每种功能区检查不少于 2 处。

附：《建筑照明设计标准》（GB 50034—2004）。

《建筑照明设计标准》
（GB 50034—2004）（摘选）

Ⅰ　照明标准值

（1）居住建筑

居住建筑照明标准值宜符合表1的规定。

居住建筑照明标准值　　　表1

房间或场所		参考平面及其高度	照度标准值(lx)	Ra
起居室	一般活动	0.75m 水平面	100	80
	书写、阅读		300*	
卧室	一般活动	0.75m 水平面	75	80
	床头、阅读		150*	
餐厅		0.75m 餐桌面	150	80
厨房	一般活动	0.75m 水平面	100	80
	操作台	台面	150*	
卫生间		0.75m 水平面	100	80

注：*宜用混合照明。

（2）公共建筑

1）图书馆建筑照明标准值应符合表2的规定。

图书馆建筑照明标准值　　　表2

房间或场所	参考平面及其高度	照度标准值(lx)	UGR	Ra
一般阅览室	0.75m 水平面	300	19	80
国家、省市及其他重要图书馆的阅览室	0.75m 水平面	500	19	80
老年阅览室	0.75m 水平面	500	19	80
珍善本、舆图阅览室	0.75m 水平面	500	19	80
陈列室、目录厅(室)、出纳厅	0.75m 水平面	300	19	80
书库	0.25m 垂直面	50	—	80
工作间	0.75m 水平面	300	19	80

2）办公建筑照明标准值应符合表3的规定。

办公建筑照明标准值　　　表3

房间或场所	参考平面及其高度	照度标准值(lx)	UGR	Ra
普通办公室	0.75m 水平面	300	19	80
高档办公室	0.75m 水平面	500	19	80
会议室	0.75m 水平面	300	19	80
接待室、前台	0.75m 水平面	300	—	80
营业厅	0.75m 水平面	300	22	80
设计室	实际工作面	500	19	80
文件整理、复印、发行室	0.75m 水平面	300	—	80
资料、档案室	0.75m 水平面	200	—	80

3）商业建筑照明标准值应符合表 4 的规定。

商业建筑照明标准值 表 4

房间或场所	参考平面及其高度	照度标准值（lx）	UGR	Ra
一般商店营业厅	0.75m 水平面	300	22	80
高档商店营业厅	0.75m 水平面	500	22	80
一般超市营业厅	0.75m 水平面	300	22	80
高档超市营业厅	0.75m 水平面	500	22	80
收款台	台 面	500	—	80

4）影剧院建筑照明标准值应符合表 5 的规定。

影剧院建筑照明标准值 表 5

房间或场所		参考平面及其高度	照度标准值（lx）	UGR	Ra
门 厅		地 面	200	—	80
观众厅	影 院	0.75m 水平面	100	22	80
	剧 场	0.75m 水平面	200	22	80
观众休息厅	影 院	地 面	150	22	80
	剧 场	地 面	200	22	80
排演厅		地 面	300	22	80
化妆室	一般活动区	0.75m 水平面	150	22	80
	化妆台	1.1m 高处垂直面	500	—	80

5）旅馆建筑照明标准值应符合表 6 的规定。

旅馆建筑照明标准值 表 6

房间或场所		参考平面及其高度	照度标准值（lx）	UGR	Ra
客房	一般活动区	0.75m 水平面	75	—	80
	床 头	0.75m 水平面	150	—	80
	写字台	台 面	300	—	80
	卫生间	0.75m 水平面	150	—	80
中餐厅		0.75m 水平面	200	22	80
西餐厅、酒吧间、咖啡厅		0.75m 水平面	100	—	80
多功能厅		0.75m 水平面	300	22	80
门厅、总服务台		地 面	300	—	80
休息厅		地 面	200	22	80
客房层走廊		地 面	50	—	80
厨 房		台 面	200	—	80
洗衣房		0.75m 水平面	200	—	80

6）医院建筑照明标准值应符合表 7 的规定。

医院建筑照明标准值　　　　表 7

房间或场所	参考平面及其高度	照度标准值（lx）	UGR	Ra
治疗室	0.75m 水平面	300	19	80
化验室	0.75m 水平面	500	19	80
手术室	0.75m 水平面	750	19	90
诊　室	0.75m 水平面	300	19	80
候诊室、挂号厅	0.75m 水平面	200	22	80
病　房	地面	100	19	80
护士站	0.75m 水平面	300	—	80
药　房	0.75m 水平面	500	19	80
重症监护室	0.75m 水平面	300	19	80

7）学校建筑照明标准值应符合表 8 的规定。

学校建筑照明标准值　　　　表 8

房间或场所	参考平面及其高度	照度标准值（lx）	UGR	Ra
教　室	课桌面	300	19	80
实验室	实验桌面	300	19	80
美术教室	桌　面	500	19	90
多媒体教室	0.75m 水平面	300	19	80
教室黑板	黑板面	500	—	80

8）博物馆建筑陈列室展品照明标准值不应大于表 9 的规定。

博物馆建筑陈列室展品照明标准值　　　　表 9

类　别	参考平面及其高度	照度标准值（lx）
对光特别敏感的展品：纺织品、织绣品、绘画、纸质物品、彩绘、陶（石）器、染色皮革、动物标本等	展品面	50
对光敏感的展品：油画、蛋清画、不染色皮革、角制品、骨制品、象牙制品、竹木制品和漆器等	展品面	150
对光不敏感的展品：金属制品、石质器物、陶瓷器、宝玉石器、岩矿标本、玻璃制品、搪瓷制品、珐琅器等	展品面	300

注：1　陈列室一般照明应按展品照度值的 20%～30% 选取；
　　2　陈列室一般照明 UGR 不宜大于 19；
　　3　辨色要求一般的场所 Ra，不应低于 80；辨色要求高的场所，Ra 不应低于 90。

9）展览馆展厅照明标准值应符合表 10 的规定。

展览馆展厅照明标准值　　　　表 10

房间或场所	参考平面及其高度	照度标准值（lx）	UGR	Ra
一般展厅	地　面	200	22	80
高档展厅	地　面	300	22	80

注：高于 6m 的展厅，Ra 可降低到 60。

10）交通建筑照明标准值应符合表.11 的规定。

交通建筑照明标准值　　　　表 11

房间或场所		参考平面及其高度	照度标准值(lx)	UGR	Ra
售票台		台　面	500	—	80
问讯处		0.75m 水平面	200	—	80
候车(机、船)室	普　通	地　面	150	22	80
	高　档	地　面	200	22	80
中央大厅、售票大厅		地　面	200	22	80
海关、护照检查		工作面	500	—	80
安全检查		地　面	300	—	80
换票、行李托运		0.75m 水平面	300	19	80
行李认领、到达大厅、出发大厅		地　面	200	22	80
通道、连接区、扶梯		地　面	150	—	80
有棚站台		地　面	75	—	20
无棚站台		地　面	50	—	20

11）体育建筑照明标准值应符合下列规定：

① 无彩电转播的体育建筑照度标准值应符合表 12 的规定；

② 有彩电转播的体育建筑照度标准值应符合表 13 的规定；

③ 体育建筑照明质量标准值应符合表 14 的规定。

无彩电转播的体育建筑照度标准值　　　　表 12

运动项目			参考平面及其高度	照度标准值(lx)	
				训　练	比　赛
篮球、排球、羽毛球、网球、手球、田径(室内)、体操、艺术体操、技巧、武术			地　面	300	750
棒球、垒球			地　面	—	750
保龄球			置瓶区	300	500
举　重			台　面	200	750
击　剑			台　面	500	750
柔道、中国摔跤、国际摔跤			地　面	500	1000
拳　击			台　面	500	2000
乒乓球			台　面	750	1000
游泳、蹼泳、跳水、水球			水　面	300	750
花样游泳			水　面	500	750
冰球、速度滑冰、花样滑冰			冰　面	300	1500
围棋、中国象棋、国际象棋			台　面	300	750
桥　牌			桌　面	300	500
射击	靶　心		靶心垂直面	1000	1500
	射击位		地　面	300	500
足球、曲棍球	观看距离	120m	地　面	—	300
		160m		—	500
		200m		—	750
观众席			座位面	—	100
健身房			地　面	200	—

注：足球和曲棍球的观看距离是指观众席最后一排到场地边线的距离。

有彩电转播的体育建筑照度标准值 表 13

项目分组	参考平面 及其高度	照度标准值(lx)		
		最大摄影距离(m)		
		25	75	150
A组:田径、柔道、游泳、摔跤等项目	1.0m 垂直面	500	750	1000
B组:篮球、排球、羽毛球、网球、手球、体操、花样滑冰、速滑、 垒球、足球等项目	1.0m 垂直面	750	1000	1500
C组:拳击、击剑、跳水、乒乓球、冰球等项目	1.0m 垂直面	1000	1500	—

体育建筑照明质量标准值 表 14

类 别	GR	Ra
无彩电转播	50	65
有彩电转播	50	80

注：GR 值仅适用于室外体育场地。

Ⅱ 照明节能

照明功率密度值

1) 居住建筑每户照明功率密度值不宜大于表 1 的规定。当房间或场所的照度值高于或低于本表规定的对应照度值时，其照明功率密度值应按比例提高或折减。

居住建筑每户照明功率密度值 表 1

房间或场所	照明功率密度(W/m²)		对应照度值(lx)
	现行值	目标值	
起居室			100
卧 室			75
餐 厅	7	6	150
厨 房			100
卫生间			100

2) 办公建筑照明功率密度值不应大于表 2 的规定。当房间或场所的照度值高于或低于本表规定的对应照度值时，其照明功率密度值应按比例提高或折减。

办公建筑照明功率密度值 表 2

房间或场所	照明功率密度(W/m²)		对应照度值(lx)
	现行值	目标值	
普通办公室	11	9	300
高档办公室、设计室	18	15	500
会议室	11	9	300
营业厅	13	11	300
文件整理、复印、发行室	11	9	300
档案室	8	7	200

3）商业建筑照明功率密度值不应大于表 3 的规定。当房间或场所的照度值高于或低于本表规定的对应照度值时，其照明功率密度值应按比例提高或折减。

商业建筑照明功率密度值   表 3

房间或场所	照明功率密度（W/m²）		对应照度值（lx）
	现行值	目标值	
一般商店营业厅	12	10	300
高档商店营业厅	19	16	500
一般超市营业厅	13	11	300
高档超市营业厅	20	17	500

4）旅馆建筑照明功率密度值不应大于表 4 的规定。当房间或场所的照度值高于或低于本表规定的对应照度值时，其照明功率密度值应按比例提高或折减。

旅馆建筑照明功率密度值   表 4

房间或场所	照明功率密度（W/m²）		对应照度值（lx）
	现行值	目标值	
客　房	15	13	—
中餐厅	13	11	200
多功能厅	18	15	300
客房层走廊	5	4	50
门　厅	15	13	300

5）医院建筑照明功率密度值不应大于表 5 的规定。当房间或场所的照度值高于或低于本表规定的对应照度值时，其照明功率密度值应按比例提高或折减。

医院建筑照明功率密度值   表 5

房间或场所	照明功率密度（W/m²）		对应照度值（lx）
	现行值	目标值	
治疗室、诊室	11	9	300
化验室	18	15	500
手术室	30	25	750
候诊室、挂号厅	8	7	200
病　房	6	5	100
护士站	11	9	300
药　房	20	17	500
重症监护室	11	9	300

6）学校建筑照明功率密度值不应大于表 6 的规定。当房间或场所的照度值高于或低于本表规定的对应照度值时，其照明功率密度值应按比例提高或折减。

学校建筑照明功率密度值   表 6

房间或场所	照明功率密度（W/m²）		对应照度值（lx）
	现行值	目标值	
教室、阅览室	11	9	300
实验室	11	9	300
美术教室	18	15	500
多媒体教室	11	9	300

6 其他相关技术文件资料

6.1 通水、淋水检查试验记录

1. 资料表式

表 6.1

_____通水、淋水检查试验记录(通用)

工程名称			施工单位	
试水日期	年 月 日 时起 年 月 日 时止		试水部位	
淋水简况:				
强制性条文执行:				
检查结果:				
评定意见: 年 月 日				

参加人员	监理(建设)单位	施 工 单 位		
		项目技术负责人	专职质检员	工 长

2. 应用指导

淋水试验

淋水试验是用花管在所有外墙上喷淋，淋水时间不得小于 2h，淋水后检查外墙壁有无渗漏现象，应请建设单位参加并签认。

无条件做浇水试验的屋面工程，应做好雨季观察记录。每次较大降雨时施工单位应邀请建设单位对屋面进行检查（重点查管子根部、烟囱根部、女儿墙根等凸出屋面部分的泛水及下口等细部节点处），检查有无渗漏，并做好记录，双方签认。经过一个雨季，如屋面无渗漏现象视为合格。

6.1.1 幕墙冷凝水收集与排放通水试验记录

1. 资料表式

幕墙冷凝水收集与排放通水试验记录表式见表 6.1 或按当地建设行政主管部门批准的"地方工程建设标准中的技术资料表式提供的施工文件"直接归存，并列入施工文件中。

2. 应用指导

冷凝水的收集和排放应通畅，并不得渗漏。为了避免幕墙结露的水渗漏到室内，室内的装饰发霉、变色、腐烂等，应对冷凝水进行收集和排放并进行通水试验。

检验方法：通水试验、观察检查。

检查数量：按检验批抽查 10％，并不少于 5 处。

6.1.2 天窗淋水检查记录

1. 资料表式

天窗淋水检查记录表式见表 6.1 或按当地建设行政主管部门批准的"地方工程建设标准中的技术资料表式提供的施工文件"直接归存，并列入施工文件中。

2. 应用指导

天窗安装的位置、坡度应正确，封闭严密，嵌缝处不得渗漏。

检验方法：观察、尺量检查；淋水检查。

检查数量：按（GB 50411—2007）规范第 6.1.5 条执行。

第 6.1.5 条 建筑外门窗工程的检查数量应符合下列规定：

建筑门窗每个检验批应抽查 5％，并不少于 3 樘，不足 3 樘时应全数检查；高层建筑的外窗，每个检验批应抽查 10％，并不少于 6 樘，不足 6 樘时应全数检查。

6.1.3 采光屋面淋水检查记录

1. 资料表式

采光屋面淋水检查记录表式见表 6.1 或按当地建设行政主管部门批准的"地方工程建设标准中的技术资料表式提供的施工文件"直接归存，并列入施工文件中。

2. 应用指导

采光屋面的安装应牢固，坡度正确，封闭严密，嵌缝处不得渗漏。

检验方法：观察、尺量检查；淋水检查。

检查数量：全数检查。

6.2　建筑节能工程施工文件报送组排目录

建筑节能工程施工文件报送组排目录表　　　表 6.2

序号	资 料 名 称	应用表式编号	说明
一、建筑节能工程质量验收文件			
1	分部工程质量验收记录		
2	建筑节能分项工程质量验收汇总表		
3	检验批质量验收记录		
(1)	墙体节能工程检验批/分项工程质量验收记录表　表 411-1		
(2)	幕墙节能工程检验批/分项工程质量验收记录表　表 411-2		
(3)	门窗节能工程检验批/分项工程质量验收记录表　表 411-3		
(4)	屋面节能工程检验批/分项工程质量验收记录表　表 411-4		
(5)	地面节能工程检验批/分项工程质量验收记录表　表 411-5		
(6)	采暖节能工程检验批/分项工程质量验收记录表　表 411-6		
(7)	通风与空调节能工程检验批/分项工程质量验收记录表　表 411-7		
(8)	空调与采暖系统冷热源及管网节能工程检验批/分项工程质量验收记录表　表 411-8		
(9)	配电与照明节能工程检验批/分项工程质量验收记录表　表 411-9		
(10)	监测与控制节能工程检验批/分项工程质量验收记录表　表 411-10		
注:建筑节能工程为一分部工程。10 项检验批验收文件资料应提送数量按"(GB 50411—2007)标准验收划分原则"的划分结果,提送检验批验收数量。			
二、建筑节能工程施工文件			
1	设计文件、图纸会审记录、设计变更和洽商记录		
(1)	设计文件		
1)	建筑与围护结构热工设计的施工图设计		
2)	采暖、通风和空气调节节能设计的施工图设计		
(2)	图纸会审记录		
(3)	设计变更		
(4)	洽商记录		
2	主要材料、设备和构件质量证明文件,进场检验记录、进场核查记录,进场复验报告,见证试验报告		
(1)	主要材料、设备和构件的合格证或质量证明文件		
1)	合格证或质量证明文件、试验报告汇总表和合格证粘贴表		
①	合格证或质量证明文件、试验报告汇总表(通用)		
②	＿＿＿＿＿合格证(质量证明文件)粘贴表		
③	设备开箱检验记录		
2)	合格证或质量证明文件		
①	墙体节能工程合格证或质量证明文件		
②	幕墙节能工程合格证或质量证明文件		

序号	资 料 名 称	应用表式编号	说明
③	门窗节能工程合格证或质量证明文件		
④	屋面节能工程合格证或质量证明文件		
⑤	地面节能工程合格证或质量证明文件		
⑥	采暖节能工程合格证或质量证明文件		
⑦	通风与空调节能工程合格证或质量证明文件		
⑧	空调与采暖系统冷热源及管网节能工程合格证或质量证明文件		
⑨	配电与照明节能工程合格证或质量证明文件		
⑩	监测与控制节能工程合格证或质量证明文件		
(2)	**进场检验记录、进场核查记录**		
1)	墙体节能工程材料(设备)进场检验(或核查)记录		
2)	幕墙节能工程材料(设备)进场检验(或核查)记录		
3)	门窗节能工程材料(设备)进场检验(或核查)记录		
4)	屋面节能工程材料(设备)进场检验(或核查)记录		
5)	地面节能工程材料(设备)进场检验(或核查)记录		
6)	采暖节能工程材料(设备)进场检验(或核查)记录		
7)	通风与空调节能工程材料(设备)进场检验(或核查)记录		
8)	空调与采暖系统冷热源及管网节能工程材料(设备)进场检验(或核查)记录		
9)	配电与照明节能工程材料(设备)进场检验(或核查)记录		
10)	监测与控制节能工程材料(设备)进场检验(或核查)记录		
(3)	**进场复验报告(见证取样)**		
1)	绝热(保温)材料或产品检验报告		
①	绝热用模塑聚苯乙烯泡沫塑料检验报告		
②	绝热用挤塑聚苯乙烯泡沫塑料(XPS)检验报告		
2)	胶粉聚苯颗粒外墙外保温系统检验报告		
①	胶粉聚苯颗粒外保温系统检验报告		
②	建筑节能界面砂浆性能检验报告		
③	胶粉料性能检验报告		
④	聚苯颗粒检验报告		
⑤	胶粉聚苯颗粒保温浆料检验报告		
⑥	抗裂剂及抗裂砂浆性能检验报告		
⑦	耐碱网布性能检验报告		
⑧	弹性底涂性能检验报告		
⑨	柔性耐水腻子性能检验报告		
⑩	外墙外保温饰面涂料抗裂性能检验报告		

续表

序号	资　料　名　称	应用表式编号	说明
⑪	面砖粘结砂浆性能检验报告		
⑫	面砖勾缝料性能检验报告		
⑬	热镀锌电焊网性能检验报告		
⑭	饰面砖性能检验报告		
⑮	塑料锚栓和附件性能检验要求		
3)	膨胀聚苯板薄抹灰外墙外保温系统检验报告		
①	薄抹灰外保温系统的性能检验报告		
②	胶粘剂的性能检验报告		
③	膨胀聚苯板主要性能及允许偏差检验报告		
④	抹面胶浆的性能检验报告		
⑤	耐碱网布主要性能检验报告		
⑥	锚栓技术性能检验报告		
4)	建筑保温砂浆检验报告		
5)	其他节能绝热材料检验报告		
①	膨胀珍珠岩绝热制品检验报告		
②	绝热用玻璃棉及其制品检验报告		
③	绝热用岩棉、矿渣棉及其制品检验报告		
④	柔性泡沫橡塑绝热制品检验报告		
6)	胶粘材料检验报告		
①	建筑用硅酮结构密封胶检验报告		
②	丙烯酸酯建筑密封胶检验报告		
③	聚硫建筑密封胶检验报告		
④	幕墙玻璃接缝用密封胶检验报告		
⑤	中空玻璃用复合密封胶条检验报告		
7)	建筑门窗试验报告		
①	建筑外窗的气密性试验报告		
②	建筑外窗的保温性能试验报告		
③	建筑外窗的传热系数、中空玻璃露点、玻璃遮阳系数和可见光透射比试验报告		
8)	建筑门窗玻璃检验报告		
①	建筑门窗玻璃检验报告		
②	平板玻璃检验报告		
③	中空玻璃检验报告		
④	夹层玻璃检验报告		
⑤	阳光控制镀膜玻璃检验报告		

续表

序号	资 料 名 称	应用表式编号	说明
⑥	低辐射镀膜玻璃检验报告		
⑦	钢化玻璃检验报告		
⑧	半钢化玻璃检验报告		
9)	建筑节能用散热器检验报告		
①	钢制板型散热器检验报告		
②	铸铁采暖散热器检验报告		
③	钢管散热器检验报告		
④	铜管对流散热器检验报告		
⑤	铜铝复合柱翼型散热器检验报告		
10)	建筑节能用风机盘管机组		
11)	建筑节能用电线、电缆		
①	电工圆铜线检验报告		
②	电工圆铝线检验报告		
③	建筑节能用电缆检验报告(额定电压 450/750V 及以下聚氯乙烯绝缘电缆)		
3	**隐蔽工程验收记录和相关图像资料**		
(1)	**墙体节能工程隐蔽验收记录**		
1)	保温层附着的基层及其表面处理隐蔽工程验收记录		
2)	保温板粘结或固定隐蔽工程验收记录		
3)	锚固件隐蔽工程验收记录		
4)	增强网铺设隐蔽工程验收记录		
5)	墙体热桥部位处理隐蔽工程验收记录		
6)	预制保温板或预制保温墙板的板缝及构造节点隐蔽工程验收记录		
7)	现场喷涂或浇注有机类保温材料的界面隐蔽工程验收记录		
8)	被封闭的保温材料厚度隐蔽验工程收记录		
9)	保温隔热砌块填充墙体隐蔽工程验收记录		
(2)	**幕墙节能工程隐蔽验收记录**		
1)	被封闭的保温材料厚度和保温材料的固定隐蔽工程验收记录		
2)	幕墙周边与墙体的接缝处保温材料的填充隐蔽工程验收记录		
3)	构造缝、结构缝隐蔽工程验收记录		
4)	隔汽层隐蔽工程验收记录		
5)	热桥部位、断热节点隐蔽工程验收记录		
6)	单元式幕墙板块间的接缝构造隐蔽工程验收记录		
7)	冷凝水收集和排放构造隐蔽工程验收记录		
8)	幕墙的通风换气装置隐蔽工程验收记录		

序号	资 料 名 称	应用表式编号	说明
(3)	**门窗节能工程隐蔽验收记录**		
1)	外门窗框与洞口之间的间隙用弹性闭孔材料的密封隐蔽工程验收记录		
(4)	**屋面节能工程隐蔽验收记录**		
1)	基层隐蔽工程验收记录		
2)	保温层的敷设方式、厚度；板材缝隙填充质量隐蔽工程验收记录		
3)	屋面热桥部位隐蔽工程验收记录		
4)	隔汽层隐蔽工程验收记录		
(5)	**地面节能工程隐蔽验收记录**		
1)	地面基层隐蔽工程验收记录		
2)	地面被封闭的保温材料厚度隐蔽工程验收记录		
3)	地面保温材料粘结隐蔽工程验收记录		
4)	地面隔断热桥部位隐蔽工程验收记录		
(6)	**采暖节能工程隐蔽验收记录**		
1)	井道、地沟、吊顶内的采暖隐蔽工程验收记录		
2)	低温热水地板辐射采暖地面、楼面下敷设盘管隐蔽工程验收记录		
(7)	**通风与空调节能工程隐蔽验收记录**		
1)	井道、吊顶内管道或设备隐蔽验收记录		
2)	设备朝向、位置及地脚螺栓隐蔽验收记录		
(8)	**空调与采暖系统的冷热及管网节能隐蔽验收记录**		
1)	锅炉及附属设备安装隐蔽工程验收记录		
(9)	**配电与照明节能工程隐蔽验收记录**		
1)	电气工程隐蔽工程验收记录		
2)	电导管安装工程隐蔽工程验收记录		
3)	电线导管、电缆导管和线槽敷设隐蔽工程验收记录		
4)	重复接地（防雷接地）工程隐蔽工程验收记录		
5)	配线敷设施工隐蔽工程验收记录		
(10)	**监测与控制节能工程隐蔽验收记录**		
1)	隐蔽工程（随工检查）验收		
2)	智能建筑通信网络系统隐蔽工程验收记录		
3)	智能建筑信息网络系统隐蔽工程验收记录		
4)	智能建筑建筑设备监控系统隐蔽工程验收记录		
5)	智能建筑火灾自动报警及消防联动系统隐蔽工程验收记录		
6)	智能建筑安全防范系统隐蔽工程验收记录		
7)	智能建筑综合布线系统隐蔽工程验收记录		

序号	资　料　名　称	应用表式编号	说明
8)	智能建筑智能化系统集成隐蔽工程验收记录		
9)	智能建筑电源与接地隐蔽工程验收记录		
10)	智能建筑环境隐蔽工程验收记录		
11)	智能建筑住宅(小区)智能化隐蔽工程验收记录		
4	**施工试验**		
(1)	**建筑围护结构节能构造现场实体检验记录**		
1)	外墙节能构造钻芯检验报告		
2)	预制保温墙板现场安装淋水试验检查记录		
(2)	**严寒、寒冷和夏热冬冷地区外窗气密性现场检测报告**		
1)	严寒、寒冷和夏热冬冷地区外窗气密性现场检测报告		
2)	幕墙气密性检测报告		
(3)	**风管及系统严密性检验记录**		
1)	风管及系统严密性检验记录		
(4)	**现场组装的组合式空调机组的漏风量测试记录**		
1)	现场组装的组合式空调机组的漏风量测试记录		
(5)	**设备单机试运转及调试记录**		
1)	设备单机试运转及调试记录		
2)	风机类设备试运转与调试记录		
①	离心通风机试运转与调试记录		
②	防爆通风机和消防排烟通风机试运转与调试记录		
3)	泵类设备试运转与调试记录		
4)	冷却塔设备试运转与调试记录		
5)	电控防火、防排烟风阀(口)试运转与调试记录		
6)	制冷设备单机试运转与调试记录		
①	活塞式制冷压缩机和压缩机组试运转与调试记录		
②	螺杆式制冷压缩机组试运转与调试记录		
③	离心式制冷机组试运转与调试记录		
④	溴化锂吸收式制冷机组试运转与调试记录		
7)	热源设备试运转与调试记录		
①	锅炉设备的烘炉试运转与调试记录		
②	锅炉设备的煮炉试运转与调试记录		
③	锅炉设备的试运转与调试记录		
(6)	**系统联合试运转及调试记录**		
1)	采暖节能工程室内采暖系统试运转及调试记录		

序号	资　料　名　称	应用表式编号	说明
①	室内采暖系统水压试验记录		
②	采暖管道系统吹洗(脱脂)检验记录		
③	采暖系统联合试运转及调试记录		
2)	通风与空调工程系统联合试运转及调试记录		
①	通风与空调工程系统联合试运转及调试记录		
②	通风与空调系统风量的平衡测试记录		
③	空调工程水系统连续运转与调试记录		
A	空调工程水系统的冷却水系统调试		
B	空调工程水系统的冷冻水系统调试		
④	自动调节和监测系统的检验、调整与联动运行试运转及调试记录		
⑤	空调房间室内参数的测定和调整试运转及调试记录		
A	室内温度和相对湿度测定记录		
B	室内静压差的测定记录		
C	空调室内噪声的测定记录		
D	净化空调系统的测试记录		
a)	净化空调系统风量或风速的测试记录		
b)	净化空调系统室内空气洁净度等级的测试记录		
c)	净化空调系统单向流洁净室截面平均速度、速度不均匀度的检测记录		
d)	净化空调系统静压差的检测记录		
⑥	防排烟系统测定的试运转及调试记录		
(7)	**系统节能性能检测报告**		
1)	系统节能性能检测实施		
①	室内温度检测报告		
②	供热系统室外管网的水力平衡度检测报告		
③	供热系统的补水率检测报告		
④	室外管网的热输送效率检测报告		
⑤	各风口的风量检测报告		
⑥	通风与空调系统的总风量检测报告		
⑦	空调机组的水流量检测报告		
⑧	空调系统冷热水、冷却水总流量检测报告		
⑨	平均照度与照明功率密度检测报告		
5	**其他相关技术文件资料**		
(1)	**幕墙冷凝水收集与排放通水试验记录**		
(2)	**天窗淋水检查记录**		
(3)	**采光屋面淋水检查记录**		

附录1 建筑节能工程监测与控制系统功能复核项目表

监测与控制系统的施工图设计、控制流程和软件是保证施工质量的重要环节。

建筑节能工程涉及很多内容,因建筑类别、自然条件不同,节能重点也应有所差别。在各类建筑能耗中,采暖、通风与空气调节、供配电及照明系统(即冷、热、电),是建筑耗能检测验收的重点内容。

监测与控制系统的施工图设计、控制流程和软件通常由施工单位完成,规范提出的对原施工图设计进行复核,并在此基础上进行深化设计和必要的设计变更。对建筑节能工程监测与控制系统设计施工图进行复核时,具体项目及要求可参考下表。

建筑节能工程监测与控制系统功能综合表

类型	序号	系统名称	检测与控制功能	备注
通风与空气调节控制系统	1	空气处理系统控制	空调箱启停控制状态显示 送回风温度检测 焓值控制 过渡季节新风温度控制 最小新风量控制 过滤器报警 送风压力检测 风机故障报警 冷(热)水流量调节 加湿器控制 风门控制 风机变频调速 二氧化碳浓度、室内温湿度检测 与消防自动报警系统联动	
	2	变风量空调系统控制	总风量调节 变静压控制 定静压控制 加热系统控制 智能化变风量末端装置控制 送风温湿度控制 新风量控制	
	3	通风系统控制	风机启停控制状态显示 风机故障报警 通风设备温度控制 风机排风排烟联动 地下车库二氧化碳浓度控制 根据室内外温差中空玻璃幕墙通风控制	
	4	风机盘管系统控制	室内温度检测 冷热水量开关控制 风机启停和状态显示 风机变频调速控制	

续表

类型	序号	系统名称	检测与控制功能	备注
冷热源、空调水的监测控制	1	压缩式制冷机组控制	运行状态监视 启停程序控制与连锁 台数控制(机组群控) 机组疲劳度均衡控制	能耗计量
	2	变制冷剂流量空调系统控制		能耗计量
	3	吸收式制冷系统/冰蓄冷系统控制	运行状态监视 启停控制 制冰/融冰控制	冰库蓄冰量检测、能耗累计
	4	锅炉系统控制	台数控制 燃烧负荷控制 换热器一次侧供回水温度监视 换热器一次侧供回水流量控制 换热器二次侧供回水温度监视 换热器二次侧供回水流量控制 换热器二次侧变频泵控制 换热器二次侧供回水压力监视 换热器二次侧供回水压差旁通控制 换热站其他控制	能耗计量
	5	冷冻水系统控制	供回水温差控制 供回水流量控制 冷冻水循环泵启停控制和状态显示 (二次冷冻水循环泵变频调速) 冷冻水循环泵过载报警 供回水压力监视 供回水压差旁通控制	冷源负荷监视,能耗计量
	6	冷却水系统控制	冷却水进出口温度检测 冷却水泵启停控制和状态显示 冷却水泵变频调速 冷却水循环泵过载报警 冷却塔风机启停控制和状态显示 冷却塔风机变频调速 冷却塔风机故障报警 冷却塔排污控制	能耗计量
供配电系统监测	1	供配电系统监测	功率因数控制 电压、电流、功率、频率、谐波、功率因数检测 中/低压开关状态显示 变压器温度检测与报警	用电量计量
照明系统控制	1	照明系统控制	磁卡、传感器、照明的开关控制 根据亮度的照明控制 办公区照度控制 时间表控制 自然采光控制 公共照明区开关控制 局部照明控制 照明的全系统优化控制 室内场景设定控制 室外景观照明场景设定控制 路灯时间表及亮度开关控制	照明系统用电量计量
综合控制系统	1	综合控制系统	建筑能源系统的协调控制 采暖、空调与通风系统的优化监控	
建筑能源管理系统的能耗数据采集与分析	1	建筑能源管理系统的能耗数据采集与分析	管理软件功能检测	

建筑节能工程的设计是工程质量的关键，也是检测验收目标设定的依据。

1　建筑节能工程设计审核要点：

1）合理利用太阳能、风能等可再生能源。

2）根据总能量系统原理，按能源的品位合理利用能源。

3）选用高效、节能、环保的先进技术和设备。

4）合理配置建筑物的耗能设施。

5）用智能化系统实现建筑节能工程的优化监控，保证建筑节能系统在优化运行中节省能源。

6）建立完善的建筑能源（资源）计量系统，加强建筑物的能源管理和设备维护，在保证建筑物功能和性能的前提下，通过计量和管理节约能耗。

7）综合考虑建筑节能工程的经济效益和环保效益，优化节能工程设计。

2　审核内容包括：

1）与建筑节能相关的设计文件、技术文件、设计图纸和变更文件。

2）节能设计及施工所执行标准和规范要求。

3）节能设计目标和节能方案。

4）节能控制策略和节能工艺。

5）节能工艺要求的系统技术参数指标及设计计算文件。

6）节能控制流程设计和设备选型及配置。

附录2　《民用建筑外保温系统及外墙装饰防火暂行规定》

第一章　一般规定

第一条　本暂行规定适用于民用建筑外保温系统及外墙装饰的防火设计、施工及使用。

第二条　民用建筑外保温材料的燃烧性能宜为 A 级，且不应低于 B_2 级。

第三条　民用建筑外保温系统及外墙装饰防火设计、施工及使用，除执行本暂行规定外，还应符合国家现行标准规范的有关规定。

第二章　墙　体

第四条　非幕墙式建筑应符合下列规定：

（一）住宅建筑应符合下列规定：

1. 高度大于等于 100m 的建筑，其保温材料的燃烧性能应为 A 级。

2. 高度大于等于 60m 小于 100m 的建筑，其保温材料的燃烧性能不应低于 B_2 级。当采用 B_2 级保温材料时，每层应设置水平防火隔离带。

3. 高度大于等于 24m 小于 60m 的建筑，其保温材料的燃烧性能不应低于 B_2 级。当采用 B_2 级保温材料时，每两层应设置水平防火隔离带。

4. 高度小于 24m 的建筑，其保温材料的燃烧性能不应低于 B_2 级。其中，当采用 B_2

级保温材料时，每三层应设置水平防火隔离带。

（二）其他民用建筑应符合下列规定：

1. 高度大于等于 50m 的建筑，其保温材料的燃烧性能应为 A 级。

2. 高度大于等于 24m 小于 50m 的建筑，其保温材料的燃烧性能应为 A 级或 B_1 级。其中，当采用 B_1 级保温材料时，每两层应设置水平防火隔离带。

3. 高度小于 24m 的建筑，其保温材料的燃烧性能不应低于 B_2 级。其中，当采用 B_2 级保温材料时，每层应设置水平防火隔离带。

（三）外保温系统应采用不燃或难燃材料作防护层。防护层应将保温材料完全覆盖。首层的防护层厚度不应小于 6mm，其他层不应小于 3mm。

（四）采用外墙外保温系统的建筑，其基层墙体耐火极限应符合现行防火规范的有关规定。

第五条　幕墙式建筑应符合下列规定：

（一）建筑高度大于等于 24m 时，保温材料的燃烧性能应为 A 级。

（二）建筑高度小于 24m 时，保温材料的燃烧性能应为 A 级或 B_1 级。其中，当采用 B_1 级保温材料时，每层应设置水平防火隔离带。

（三）保温材料应采用不燃材料作防护层，防护层应将保温材料完全覆盖，防护层厚度不应小于 3mm。

（四）采用金属、石材等非透明幕墙结构的建筑，应设置基层墙体，其耐火极限应符合现行防火规范关于外墙耐火极限的有关规定；玻璃幕墙的窗间墙、窗槛墙、裙墙的耐火极限和防火构造应符合现行防火规范关于建筑幕墙的有关规定。

（五）基层墙体内部空腔及建筑幕墙与基层墙体、窗间墙、窗槛墙及裙墙之间的空间，应在每层楼板处采用防火封堵材料封堵。

第六条　按本规定需要设置防火隔离带时，应沿楼板位置设置宽度不小于 300mm 的 A 级保温材料。防火隔离带与墙面应进行全面积粘贴。

第七条　建筑外墙的装饰层，除采用涂料外，应采用不燃材料。当建筑外墙采用可燃保温材料时，不宜采用着火后易脱落的瓷砖等材料。

第三章　屋　顶

第八条　对于屋顶基层采用耐火极限不小于 1.00h 的不燃烧体的建筑，其屋顶的保温材料不应低于 B_2 级；其他情况，保温材料的燃烧性能不应低于 B_1 级。

第九条　屋顶与外墙交界处、屋顶开口部位四周的保温层，应采用宽度不小于 500mm 的 A 级保温材料设置水平防火隔离带。

第十条　屋顶防水层或可燃保温层应采用不燃材料进行覆盖。

第四章　金属夹芯复合板材

第十一条　用于临时性居住建筑的金属夹芯复合板材，其芯材应采用不燃或难燃保温材料。

第五章 施工及使用的防火规定

第十二条 建筑外保温系统的施工应符合下列规定：

（一）保温材料进场后，应远离火源。露天存放时，应采用不燃材料完全覆盖。

（二）需要采取防火构造措施的外保温材料，其防火隔离带的施工应与保温材料的施工同步进行。

（三）可燃、难燃保温材料的施工应分区段进行，各区段应保持足够的防火间距，并宜做到边固定保温材料边涂抹防护层。未涂抹防护层的外保温材料高度不应超过 3 层。

（四）幕墙的支撑构件和空调机等设施的支撑构件，其电焊等工序应在保温材料铺设前进行。确需在保温材料铺设后进行的，应在电焊部位的周围及底部铺设防火毯等防火保护措施。

（五）不得直接在可燃保温材料上进行防水材料的热熔、热粘结法施工。

（六）施工用照明等高温设备靠近可燃保温材料时，应采取可靠的防火保护措施。

（七）聚氨酯等保温材料进行现场发泡作业时，应避开高温环境。施工工艺、工具及服装等应采取防静电措施。

（八）施工现场应设置室内外临时消火栓系统，并满足施工现场火灾扑救的消防供水要求。

（九）外保温工程施工作业工位应配备足够的消防灭火器材。

第十三条 建筑外保温系统的日常使用应符合下列规定：

（一）与外墙和屋顶相贴邻的竖井、凹槽、平台等，不应堆放可燃物。

（二）火源、热源等火灾危险源与外墙、屋顶应保持一定的安全距离，并应加强对火源、热源的管理。

（三）不宜在采用外保温材料的墙面和屋顶上进行焊接、钻孔等施工作业。确需施工作业的，应采取可靠的防火保护措施，并应在施工完成后，及时将裸露的外保温材料进行防护处理。

（四）电气线路不应穿过可燃外保温材料。确需穿过时，应采取穿管等防火保护措施。